城市生态绿带的规划实施

理论与案例

袁也 著

中国建筑工业出版社

图书在版编目（CIP）数据

城市生态绿带的规划实施：理论与案例／袁也著
．—北京：中国建筑工业出版社，2019.12
ISBN 978-7-112-16906-1

Ⅰ.①城… Ⅱ.①袁… Ⅲ.①城市绿地—绿化规划—
研究Ⅳ.①TU985.2

中国版本图书馆CIP数据核字（2019）第270100号

责任编辑：王晓迪　郑淮兵
版式设计：锋尚设计
责任校对：刘梦然

城市生态绿带的规划实施　理论与案例
袁也　著

*

中国建筑工业出版社出版、发行（北京海淀三里河路9号）

各地新华书店、建筑书店经销

北京锋尚制版有限公司制版

北京市密东印刷有限公司印刷

*

开本：787毫米×1092毫米　1/16　印张：18½　字数：294千字
2020年12月第一版　　2020年12月第一次印刷
定价：**68.00**元
ISBN 978-7-112-16906-1
（35048）

目　录

第 1 章
绪　论

第 2 章
理论基础：规划实施的解析维度

第 3 章

案例回顾：上海市外环绿带的规划演进

第 4 章

现象研判：外环绿带的实施状况

第 5 章
历程剖析：外环绿带的实施过程

第 6 章
贡献评估：外环绿带的实施效果

第 7 章

案例检视：规划绿带为何没能如期实现

第 8 章

结语：实施视角下的规划研究

第 1 章

绪　论

1.1
背景：城市生态绿带规划的
重要性

　　党的十九大以来，我国进入了生态文明发展的新时期，营建适宜的城市绿色空间，推动形成城市中的"山水林田湖生命共同体"，成为城市规划建设的首要任务。而在城市的绿色空间中，大型绿化带（Green Belt）无疑是推动形成"山水林田湖"空间格局的要素。这一类用地要素的规划建设是否成功，直接影响城市生态文明的物质基础，同时也是完善城市生态战略布局的重要依托，故而非常关键。而站在城市规划本身的立场上来看，城市生态绿带的重要性还体现在以下几个方面：

　　（1）绿带规划对城市空间结构具有决定性

　　绿带在布局、规模、形态、效益等方面都能给城市空间结构带来巨大的影响，比如，城市的发展方向在一定程度上要依靠绿带的制约和引导才能形成；城市的功能分区和用地布局需要绿带空间加以分割与限定；城市综合交通体系在很多情况下都要与城市的绿带网络进行协调布局，特别是大型的城市交通廊道；绿带的布局还对形成城市的"禁建区"和"限建区"有着决定性的影响。

　　（2）绿带规划能塑造城市空间形态的布局特色

　　作为城市非建设用地的主要形式，绿带在界定城镇建设范围边界和塑造城镇空间形态方面的作用不可替代。在世界范围内，伦敦的"绿带"、兰斯塔德的"绿心"、鹿特丹的"绿网"、哥本哈根的"绿楔"、巴黎的"绿环"等，都成了城市空间结构的重要基础，也使这些城市成为现代城市规划发展中的经典案例。

（3）绿带规划能提供大量的公共空间，服务于公众

城市绿带不但是城市规划管理部门引导城镇有序且健康发展的空间布局政策之一，也是政府主导的大型市政公益类项目，具有很强的公共特征，在较大程度上代表了民众的公共利益，这和城市规划所倡导的公众价值立场是一致的。

可以发现，城市生态绿带在城市总体布局规划中具有明显的"框架性"作用，若绿带未能按规划实施落地，那么规划所设想的空间结构便会因此受到巨大的影响。进一步来看，在城市规划中，以结构绿带、楔形绿地、生态廊道、隔离绿带等多种类型为主的绿带空间，在优化城市布局形态、界定城镇建设范围、划分城镇建设组团、提供开敞空间等方面的作用都不可替代。如果没有上述各类绿色空间的建设，城市便会成为一片没有任何生机的"混凝土森林"，这将给城市的生活品质和公共健康带来巨大的消极影响。

1.2
意义：研究绿带规划实施问题的
必要性

尽管绿带空间在城市规划体系中被赋予的作用和地位非常重要，但在实施过程中，面临的问题与困境也非常明显，很多城市的绿带规划在实际的建设中并未达到规划的预期。那么，究竟是什么样的具体原因导致这样的现象？该现象背后的深层次原因是怎样的？如何正确看待这一现象——它究竟是我们所认为的"规划失效"，还是社会经济发展大背景下的必然趋势？这些问题，已经触及规划实施评估的核心。

正是由于城市规划在实施中经常因为不确定性因素而偏离预期，故而对规划进行实施评估已成为规划实践中的重要环节。21世纪以来，国内的深圳（2002年）、余姚（2005年）、广州（2007年）、徐州（2007年）、无锡

（2008年）、上海（2009年）、长沙（2009年）、杭州（2010年）、北京（2010年）、兰溪（2010年）等城市，都对总体规划实施评估的内容和方法等进行了探索（欧阳鹏 等，2012）。与此同时，住房和城乡建设部也于2009年颁布了《城市总体规划实施评估办法（试行）》，进一步强调了规划实施评价工作在总体规划实践中的重要性与不可替代性。在《办法》中，明确提出了城市总体规划实施评估中应该包括的内容①，为当前城市规划实施评估的实践提供了内容依据。

绿带作为城市总体规划的组成部分，研究其规划实施的方法完全可参照总体规划实施评估的方法。而当前较为常见的规划实施评估主要围绕规划用地布局和重要空间设施的实施状况来开展，这一类空间性的评估构成了整个总体规划实施评估体系的主体（田莉 等，2008；吕传廷 等，2012；赵毅 等，2012；邹兵，2003）。在此基础上，总体规划实施评价通常还包括了对城市发展综合指标所进行的评价（汤海孺，2012；吴琳 等，2012）；对规划实施的决策环境所进行的评价，如对部门之间的协调情况进行考察等（李智慧 等，2010；丁卓明 等，2012）；以及公众对城市建成环境的满意度评价（李王鸣 等，2007；赵民 等，2013）等内容。上述有关规划实施评估的方法，主要以阶段修编为导向，且实施评估所涉及的内容也非常全面，是规划实施研究中必不可少的内容。

然而，值得注意的是，研究规划的实施问题，仅仅围绕空间规划本身是否实现是完全不够的，任何空间都是一定时期社会各方力量的综合性产物，城市规划作为其中一股统筹空间要素的政策性力量，在这一过程中的作用是肯定存在的。但由于规划实施过程的错综复杂性，我们很难将规划因素在这一过程中所发挥的作用与效力单独剥离出来。在这一背景下，通过还原整个规划实施过程，尽量还原与规划相关的重要事件，以此来解答规划实施与规划预期之间产生差异的缘由，便显得非常必要。这对我们了

---

① 内容包括六个方面：（1）空间结构层面，城市发展方向与空间布局是否与规划具有一致性；（2）综合目标层面，规划的各项阶段性目标的实现程度如何；（3）规划的强制性内容的执行与落实情况；（4）规委会制度、公众参与制度等决策机制的建立和运行情况；（5）土地、交通、产业、环保部门等相关政策对规划实施的影响；（6）近期规划、专业规划及控规等下级规划的编制和实施情况。

解规划实施的具体运作及其角色担当，明确规划实施背后的促进与制约因素，并形成更为合理的有关规划政策实施与制度设计的建议，有重要的理论和实践意义。

1.3
初心：全面理解规划实施

检视规划实践的作用和有效性，以辨析规划的得失与局限，是非常宏大的命题，要做到这一点并不容易。在这之前，需要建立一个相对全面的理论视角，这样才能以此为依托，对案例进行翔实分析，以达到研究目的。因此，本书以有关"实施"的理论探索为先导，提出主要问题：

（1）若要全面理解规划实施，选择考察哪些内容会更恰当？

这是一个理论问题，涉及我们称之为"实施理论"的这一议题。尽管"实施"是一个较为常见的概念，但如果把这个词代入城市规划这类综合性实践中，也会无从下手。国内外有关实施的理论和相关研究已有一定的积累，并涉及多种类型。本书力图综合国内外既有的一些代表性研究，从多个维度来解析"实施"所涉及的范畴，进而建立本书有关"实施"的理论框架。

（2）若要完整地解析城市生态绿带的规划实施，哪些内容值得关注？需要一个怎样的研究框架？

尽管城市生态绿带在规划图上只是一圈相对单纯的绿色空间，但在实施中所涉及的问题和内容是错综复杂的。大到城市发展战略的制定与调整，小到具体地块的设计和维护，都是绿带规划的内容。那么，如果要整体性地理解绿带的规划实施，我们需要一个什么样的内容框架？哪些有关实施的内容在这一框架中是值得关注的，而哪些有关实施的内容又并不那么重要？如何以由表及里的方式，借助相应的叙事框架，解析绿带规划实施背后的特征与规律？

（3）若要找出制约城市绿带规划实施的"罪魁祸首"，哪些问题比较突出？规划的问题在哪？我们应该如何应对？

显而易见，在涉及复杂关系及多方权益的绿带空间规划过程中，并非某一项或几项因素直接阻碍了绿带规划的实施，因为这并非一个单纯的物理过程。站在规划政策的立场，影响并制约绿带规划实施的因素，更多的是由于某些必要条件的匮乏或各类条件之间未能有效协同而产生的。因此，在这一过程中，这些制约因素会以某些问题的形式展现出来，而破解这些问题，正是进一步推动绿带空间规划有效实施的关键。因此，如果能找出这些问题，便有机会为相关的规划实施找到更好的出路。

1.4
案例：上海外环绿带

本书选取上海市的外环线环城绿带①为案例，其原因如下：

（1）时代背景的典型性

上海市外环绿带于20世纪90年代提出，二十多年来，外环绿带一直都作为上海市的重要工程进行推进，逐渐改观了上海市的生态环境。90年代以来，不但是我国城市化发展的高速时期，也是上海市由中华人民共和国成立后的工业城市逐步成长为国际大都市的重要阶段。快速的城镇化与开发建设是外环绿带规划不得不面临的时代背景。在此背景下，绿带的规划

---

① 根据笔者查阅到的文献，"外环线环城绿带"主要有两个简称，在市政府颁布的专项法规中称为"环城绿带"，这一命名强调了绿带是围绕中心城而建的；在很多文献中也称其为"外环绿带"或"外环线绿带"，这一命名强调了绿带的位置是在外环线上。本书在写作中以"外环绿带"为主，但在部分地方由于涉及法规政策中的命名，也会用到"环城绿带"，特此说明。

实施所面临的考验非常直接，故其所涉及的问题具有一定的典型性。

（2）规划地位的特殊性

外环绿带规划的提出源自1993年的一次会议，后来融入当时的城市发展战略框架，成为上海市迈向新世纪的重大工程。在1995年出版的相关文献中，外环绿带规划被设定为上海市新世纪六大城市空间发展战略中的一项，被称作"世纪绿环"，在城市建设中备受关注。同时，外环绿带也是中华人民共和国成立以来最早的一条进行专项立法的绿化带，地位特殊。

（3）空间影响的显著性

在1999年版的总体规划中，外环绿带被定位为上海城市绿化空间布局中"环、楔、廊、林"中的"环"结构；随着绿带的建设，在2010年的上海市基本生态网络结构中，外环绿带又被定位为市域"双环"结构中的"内环"要素；直到2016年版总体规划①中又提出了"双环、九廊、十区"的市域生态空间体系，外环绿带依然是其中的"市域内环"。可以发现，上海外环绿带对城市空间结构的影响是明显的。二十多年来，外环绿带在上海市各类重要的规划政策文献中都获得了相应的认可，已成为上海市都市空间结构中最为重要的环形结构性要素之一。

本书之所以只选择一个绿带案例，其目的在于深入剖析生态绿带规划实施运作的来龙去脉，形成具有整体视野和多重维度的研究成果，为进一步理解生态绿带的规划实施提供可靠经验。同时，不足也体现在案例的选择上：一方面，在众多类型的城市规划项目中，绿带是相对比较特殊的非建设用地，在规划周期、实施方式、运作特征和管控途径等方面，与其他建设类的规划项目有较大不同；另一方面，由于不同的绿带个案有着不同的实施特征，其规划定位、实施阶段和建设历程都存在一定差异，故个案研究会影响研究结论的普适性，这是本书的局限之一。

---

① 即《上海市总体规划（2016—2040年）》，相关资料可参见上海市规划院网站（http://www. supdri.com/）。

1.5
思路：问题导向下的写作框架

本书主要围绕提出的三个主要问题展开，为了回答这三个问题，形成了写作框架（图1-1）。

第一个问题是，若要恰当地理解规划实施、考察规划实施，应从哪些方面入手。该问题主要涉及概念定义和解析视角。这部分主要采用了文献分析和归纳总结的方法。前人对于规划实施有不同类型的定义，而对于规划实施的分析，也存在不同视角、不同思路和不同案例类型的研究。这部分基于前人的工作，凝练出本书解析规划实施的基本维度，形成了第2章的主体内容。

第二个问题是，如果要完整地解析城市生态绿带的规划实施，哪些内容值得我们去关注？需要一个怎样的框架？这部分内容是在研究过程中逐步完善的。尽管确立了初步的研究维度，但各个维度关注什么问题，包括哪些具体内容，内容之间的前后逻辑如何完善，都需要在实证资料的搜集和分析过程中逐步明确。这部分主要依托对案例的深度分析，搜集了案例相关的二十多年来的多种档案资料进行文献分析。搜集的资料包括与新闻报道、图像文件、规划资料、论文专著、法规文件等多方文献，采用文献比较、图像分析、数据统计等多种手段，将整个外环绿带规划实施的演进脉络、总体过程、阶段状况等信息梳理出来，在此基础上，进一步完善案例分析的理论框架，形成了第3~6章的主体内容。

第三个问题是，如果要找出制约城市生态绿带规划实施的"罪魁祸首"，哪些问题比较典型？规划的问题在哪？我们应当如何应对这些问题？这些问题建立在对案例进行深入理解和分析的基础之上，是对案例的重新解读。这部分内容主要采取归纳法，结合案例的发展脉络及案例分析的相关发现，对案例的经验教训和得失进行总结。本书力图通过对个案的深入解析，提炼城市生态绿带在规划实施中的一些突出问题，并对规划的有效性问题进行讨论，为今后的相关建设提供借鉴。第7章主要围绕上述内容展开。

本书的研究框架如下：

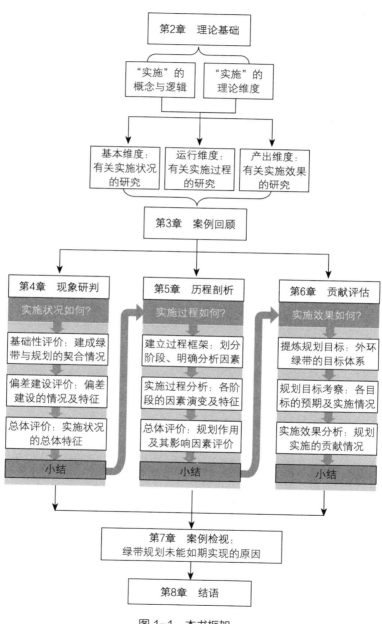

图 1-1 本书框架

第 2 章

理论基础：规划实施的解析维度

2.1
概念、逻辑与维度

2.1.1　什么是规划实施

城市规划作为一项有关空间资源分配的公共政策，其最终的目的在于通过实施规划政策，干预城市空间的资源分配结构，引导城市走向健康而有序的发展道路。在干预过程中，"实施"扮演了极其重要的角色。如果一项规划实施得好，那么规划便可在城市发展中贡献相应的力量；反之，规划便可能被认为是"纸上画画、墙上挂挂"的蓝图，而这也正是多数城市规划项目被人们质疑和诟病的主要原因。

就概念而言，"实施"对应的英文为"implementation"，在国内公共政策领域内被翻译为"执行"。在汉语的语境中，"执行"一词更偏向于过程和行动，而"实施"一词则强调了行动的落实情况，但这两个词所关注的核心是一样的。在公共政策领域中，"实施"一般认为是"在政策期望与（感知到的）政策结果之间所发生的活动"，即因某种政策期望和目标而开展的各项行动。而关于"实施"有影响力的解释之一，来自于马兹曼尼安和萨巴蒂尔（Mazmanian and Sabatier）的阐述："实施是贯彻基本的政策决定。一般说来，这样的政策决定体现在法规、条例或法令中，也可采取行政命令或法院决定的形式。从理论上来讲，这样的决定界定所提出的问题，确立要实现的目标，并以多种方式建构执行的过程。这一过程通常经由一系列阶段——始于基本的法令或法规的通过，执行机构的政策输出，目标群体对政策的依从，政策输出产生包括预期的和未曾预料的实际影响，政策执行机构感知的政策效果，最后，是对基本法令和法规的修正（或试图修正）。"（Hill，et al.，2011）

由此可见，规划实施的基本概念具有强烈的政治主导性和决策推动性，是一项关乎政策与治理的城市空间干预行为，而非传统规划设计领域中单纯的空间构型和蓝图描绘工作。当然，在规划实施的空间干预过程中，空间构型和蓝图描绘是必不可少的手段之一，但这仅为规划实践中的部分工作。

2.1.2 规划实施解析的逻辑与维度

说到规划实施解析，就需要提到与之类似的议题—规划实施评价。这两者其实是紧密相关的。一方面，对规划实施进行分析是评价的基础；另一方面，对规划实施进行评价是分析的归宿。目前有关城市规划实施评价的理论阐述日渐丰富，尤其是大量国内学者在西方既有理论的基础上，结合我国的具体需求开展了相关的探索（孙施文 等，2003；欧阳鹏，2008；宋彦 等，2010；汪军 等，2011；周国艳，2010，2012，2013；吴江 等，2013；桑劲，2013；周珂慧 等，2013；贺璟寰，2014；袁也，2016；马璇 等，2017；张尚武 等，2018）。通过这些文献，可以了解到规划实施所涉及的多种内容层次。

在有关规划实施评价的研究中，对规划"实施"所进行的分析有多个角度，主要有狭义和广义两个角度。就狭义来看，根据希尔等人的理解，实施分析是对"执行差距"（即政策预期与实际结果之间的差距）的原因所进行的分析（Hil et al.，2011）；孙施文则认为规划实施评估应当是对规划实施过程（planning）所进行的分析，这也是定义本身所要求的（孙施文，2012）。而就广义来看，对"实施"的分析与评估则包括了多种类型，不仅只针对政策的执行环节。如，亚历山大（E.R.Alexander）以实施评价为讨论对象，将"实施分析"分为：①事前评价（exante evaluation）：规划实施之前的分析，预测方案的可能影响，确定最适宜的行动方案；②过程中的评价（ongoing evaluation）：与规划实施同步进行，管控规划项目的实施进展，作为管理工具；③事后评价（expost evaluation）：规划实施完成后的分析与评价，从过去的规划实践中获得经验和教训（V. Oliveira et al.，2010）。另外，塔伦则将"实施评价"分为四个大类：①规划实施前的评价（evaluation prior to plan implementation）：包括备选方案评价和规划文件分析；②规划实践评价（evaluation of planning Practice）：包括规划师的行为研究和规划方案产生的影响研究；③政策实施分析（policy implementation analysis）：即借助公共政策的相关理论来对规划实施进行研究；④规划方案实施评价（evaluation of the implementation of plans）：对规划方案在现实中体现出的实施情况进行分析，以定性和定量方法来开展（E.Talen，1996）。此外，孙施文也提出了分析规划实施的三种类型：①法定规划实施情况分析，经法定程序批准的规划内容是否得到执行，实现了多少；②城市规划作用分析，对整个规划系统在城市建设过程中所体现出的作用进行评价；③城市规划实施绩效分析，主要是对城市规划实施的结果及社会效应进行评价（孙施文，2012）。

结合上述学者对规划实施分析与评估的不同理解，可以发现规划实施分析可有多种维度，简单而言，可分为三个层次：第一个层次是针对规划方案本身的实施分析，这是最基本的分析途径；第二个层次是针对规划运行过程的回溯与分析，这是以纵向时间轴为路径的分析方式；第三个层次是针对规划实施后的效果与影响，从多个角度总结规划实践的成败与得失，这是以实用性为导向的规划实施分析。依照上述层次递进的逻辑，本书初步确立了规划实施分析的三个维度：

（1）基本维度：规划实施分析重在讨论规划政策目标与最终实施效果之间的差距到底有多大，即对"执行差距"进行考证，主要是从物质空间层面来客观反映城市规划实施前后的实际情况。

（2）运行维度：在上一维度的基础上，继续深入揭示规划实施运行过程，并对其背后错综复杂的因素进行分析。这样的考察和分析，有助于探查规划实施如何发挥作用，且能了解哪些因素造成了当前的结果。

（3）产出维度：该实施分析重在揭示规划实施所产生的影响与成果，即规划实施对城市发展的总体推动情况与贡献，尤其是对城市、社会、经济、生态等各个方面所带来的影响。

本书将依托上述三个维度，对既有的有关规划实施分析的文献进行梳理，以明确国内外规划实施研究所采用的基本方法与思路。

2.2
基本维度：规划的实施状况

作为透析规划实施情况的基本维度，实施状况分析在任何有关规划实施研究的工作中都是必不可少的内容。而分析实施状况的标准主要依靠

"一致性"或"契合度"，即规划实施的结果应符合规划的预设目标，符合程度越高，则规划实施的状况相对越好。国内外既有的涉及规划实施状况研究的文献主要涉及以下三类分析途径。

2.2.1　实施现状与规划蓝图的空间比对

将实施状况与规划成果进行图形比对，是将空间蓝图作为规划实施的标准，符合度越高，则规划实施状况越好，这一思想普遍认为由威尔达夫斯基（Wildavsky，1973）确立。他认为规划是对控制未来行动的尝试，但由于规划过程中面临太多的不确定性，因此要真正评判其成败是很困难的。如果非要找一个标准，那么就应当从规划的本质意义入手，因为政府部门编制规划的目的就是用来实施的，所以规划是否成功，就应该根据规划蓝图的实现情况来判断，也就是以实施结果与蓝图的"一致性"为标准。如果规划没有实施，就说明规划没有发挥"控制未来"的作用，因此是失败的；反之，如果规划蓝图实施了，说明规划部门在"控制未来"方面是有一定成效的。虽然这样的思路在之后受到了批评[①]，但这种以终极蓝图为导向的评价思路，却是城市规划实施评估等相关工作开展的重要基础。

早在20世纪70年代，奥特曼和希尔（Alterman and M.Hill，1978）便通过考察建设许可的方式，对以色列海法北岸Krayot卫星城地区总体规划的实施情况进行了分析。研究选取1964—1974年间的数据，对实际发生的建设与总体规划的空间布局进行了比对分析，发现有大约66%的建设许可符合总体规划的引导。作者之后还用多元回归分析，对影响规划一致性的变量进行了解释，这些变量包括三个方面——政治制度因素、规划属性因素和城镇体系因素。近年来，依然有很多学者依靠这种传统的思路对规划进行检查。布罗迪和海菲尔德（Brody et al.，2005）对美国佛罗里达的环境规划实施进行了分析，他们对10年来发生在湿地空间内的开发许可进行了检查，

---

① 亚历山大（E.R.Alexander）和法卢迪（A.Faludi）认为，威尔达夫斯基的这种评价方式过于线性化，绕开了复杂的规划决策过程，而规划的作用恰恰体现在决策咨询的过程中。在一些情况下，即使规划没有实施，但却很可能有效地服务了决策，因此判断规划是否成功，应当基于对规划过程所进行的分析，而不能只看规划的实施结果。

尤其对总体规划的用地布局和后来的开发行为进行了"一致性"比对分析。研究发现，尽管大部分的建设许可符合规划的要求，但还是有明显的、成片的开发许可（占总数的15%以上）违背了已经采纳的州际土地使用规划图，这些明显违背了规划意图的开发许可，都发生在比较特殊的区位，并且是在相对特殊的情形下获得许可的。在我国，田莉等（Tian et al., 2011）以广州市总体规划为例，对快速城市化背景下的规划实施进行了分析。他们采取了空间图形叠加的方法，对规划土地使用和实际土地使用的一致性进行了比对，找出了偏移规划的建设和没有实施的建设。研究通过对土地类型和控规单元进行分析，发现了土地使用规划与实际发展建设之间的矛盾。基于对一些案例的分析，他们认为在快速城镇化背景下，市场主导的开发建设对弹性的要求，是影响规划的重要因素，在这样的形势背景下，弹性管控确实是有意义的，尽管可能会影响法定规划的权威性。

国内较早对此进行实证探索的是刘旭辉，他对国内24个中小城市的规划实施进行了分析，其中20万人以下的小城市占绝大部分。作者将这些城市新世纪以来的建设实施情况进行了综述，并从城市规模、发展方向、用地结构、城市形态等方面与20世纪90年代各城市制定的规划方案进行了数据比对和图形叠加分析。研究发现，很多城市的发展建设都偏离了规划布局，而且呈现分散化的形态，紧凑度不高（刘旭辉，2004）。在这以后，李王鸣的研究团队等以浙江省余姚市的评价实践工作为基础，对总体规划空间布局实施评价进行系统的探索，并建构了相应的评价体系。该评价体系主要分为规划目标实施、空间组织与布局和公众对规划的满意度三个方面。其中在空间组织与布局评价中，研究团队以定性描述和定量方法对余姚市的现有空间格局和各类建设用地进行了特征分析，对不符合规划的建设进行了原因解释和相关评分，由此揭示了规划实施遇到的现实问题（费潇，2006；李王鸣 等，2007）。与此同时，随着GIS等信息数据平台的发展，借助这项技术，一些学者对规划实施中的空间布局进行了相应的一致性分析。国内较早运用此方法的是蒲向军，他以天津为例，对1984年和1995年两版总体规划实施进行了分析。在方法上，主要运用GIS对符合规划的建设、尚未实施的规划和违反规划的建设进行了区分，并由此对这两版规划的实效进行了评价和比较。在此基础上，他还对最新一版规划中未实施的建设项目进行了调查，并找出了其中的原因和影响因素（蒲向军，2005）。之后田莉等学者也利用了GIS数据对广州市的规划用地实施情况进行了分析，他们分别对建设的居住用地、公共设施用地、工业用地、仓储用地和开敞空间用地进行规划与现状的叠加比对分析，结果表明，公益性用地的规划实施好于非公益性用地，居住、商业、工业等建设类用地的实施率不足30%。作者随后借助ALterman和Hill的观点，对影响总体规划实施的因素进行了分析（田莉 等，2008）。此外，借助类似的手段，相关学者对兰州市和长沙市的总体规划进行了相应的实施分析（汪昭兵 等，2009；段鹏 等，2011）。总体而言，上述这一类研究在评价方法上采用的是比较直接的空间比对分析，其着力点主要在建设用地的"空间蓝图"层面，这种描述性的分析手段是最为基础的分析方法。

从上文可以看出，与规划成果进行比对的方法通常都是以规划蓝图为标准，通过图像叠加的方式，找出符合规划的、偏离规划的和尚未实施规划的用地，并对这背后的原因进行讨论和分析。这种方法是实施状况分析中最为直观、最为基础的分析方法。

2.2.2 建设项目对规划政策的遵循情况考察

另一种研究规划实施状况的方法，是站在地方开发建设项目的角度，对其是否遵循了规划政策的要求进行考察。这种思路并不注重传统的空间比对分析，而是专注于规划政策如何体现在实际的地方开发建设项目中。这其中比较有代表性的是一个由美国和新西兰学者组成的研究团队（Laurian et al.，2004）所提出的PIE方法（plan implementation evaluation）。该方法主要分为五个步骤：①选择规划中的某个主题及相关部分作为评价对象；②确证与此规划主题相关联的政策，以及落实各条政策的相关技术条例（techniques）；③选择与规划主题相关的建设许可，对每个建设许可所采用的技术条例及政策条款进行考察；④建立规划政策与建设许可之间的关联，评价每个建设许可所体现出的规划政策情况；⑤测算评价指标，一个是实施广度，即体现了规划政策的建设许可在所有建设许可中的比例，反映了规划政策实施的涵盖面；另一个是实施深度，即每一个建设许可所依据的政策条例中，规划政策所占的比例情况，反映了规划政策在建设活动中的实际影响程度。研究团队用PIE方法对新西兰的6个规划和400多个开发许可进行了分析，结果表明，规划政策的实施广度要好于实施深度，也就是说，规划政策在大量的建设许可中被考虑了，对实施活动产生了广泛的影响；但是，对于单个建设许可而言，规划政策（技术条款）并非是唯一要遵从和贯彻的内容，还有其他多方面的因素影响了实施活动，因此规划没能体现较好的实施深度。

另外一些学者则比较直接地从地方发展对规划政策的采纳情况入手，考察规划政策在地方发展中的遵循情况。阿玛迪和横张真对伦敦绿带的政策演进和地方演变问题进行了研究（Amati et al.，2006）。研究首先对伦敦绿带在不同历史背景下的目标进行了回溯；其次在地方政府具备自由裁量权的基础上，对各地绿带实施目标的条款内容进行了聚类分析，发现其中最主要的目标是控制城镇增长、强化景观保护和提升景观质量。如果没有这三个方面的需求，地方政府便会把绿带作为细枝末节，这从侧面反映了伦敦地方的发展规划对绿带政策的遵从意愿并不是很强。诺顿认为地方当局对州立规划的遵从与恪守，是规划发生作用并能有所产出的必要条件，他对北卡罗来纳州20世纪90年代制定的一项沿岸资源保护规划在地方的实施情况进行了调查（Norton，2005）。研究从地方当局负责人对规划的遵从、总体规划质量和规划方案使用等三个方面入手，考察了地方发展对规划的遵从情况及其影响因素。结果表明，地方当局总体上未能实现州立规划的目标，其原因很大程度上是因为地方的发展需求对规划的贯彻产生了阻力。另外，布罗迪等人也对佛罗里达的减量规划政策进行了评价，其方法是测度地方当局对控制蔓延政策的采纳情况（Brody et al.，2006）。研究对南部佛罗里达46个行政辖区的总体规划进行了分析，利用评价技术对其中体现遏制蔓延规划的政策表述进行了检视，结果表明，研究区域对规划政策的采纳情况进行了清晰的表述，并指出地方特定的社会经济和人口特征影响了其对减量规划政策的采纳。

可以看到，上述这种方法更加注重规划政策在地方发展和实际建设中的体现。这种评价一般需要以相应的开发建设信息作为基础。对于城市规划项目的实施分析而言，由于涉及大量的建设项目，在实施中可能会有未能遵循规划政策控制范围而建设的项目，对这一类偏差建设的分布情况、建成现状和实施背景等问题进行考察，也是实施状况分析应当关注的重要内容。

2.2.3　规划目标的偏差情况分析

实际上，在第一种"空间比对"的分析中，如果对空间建设数据进行定量分析，其偏差情况能明显地表现出来，但由于"空间比对"更加专注于空间布局形态，因而定量分析通常作为辅助手段。而在城市规划实施的分析中，道路交通要素的实施研究相对比较注重对预期目标的实现程度进行定量分析，尤其是对预期指标的"偏差度"进行测算。如国内交通规划学者向前忠基于"前后对比法"的思想，运用相关数学手段，确立了公路网规划后评价的指标体系、标准及方法。他以陕西省的干线公路网为实证对象，建构了评价的指标体系。指标体系架构主要分为规划发展后评价（包括社会经济指标、运输量发展预测指标、交通量预测指标）、路网发展规模测算后评价（包括路网规模测算、路网结构测算、资金规模测算）、实施安排后评价（包括空间安排、时间安排、等级安排）三个方面。确立指标体系后，再对这些指标的规划预测值与当前实际数据进行比对，并对其偏差率进行计算，由此来判断路网规划的实现程度（周伟 等，2003）。之后，国内另外一些学者也继承了这种基于"一致性"思想的"指标偏差法"，对公路网规划、交通规划和公共交通规划的后评价指标体系及测算方法进行了进一步探索（温旭丽，2006；刘俊娟 等，2007；刘俊娟，2007；朱丽娜，2015）。可以看到，在交通网络要素的实施评价中，"指标偏差"是衡量规划实施状况的重要方式，但前提是要确定预期的指标值，在此基础上便可对规划预期目标的偏差进行分析。

2.3
运行维度：规划的实施过程

　　城市规划的实施实际上是一项空间性公共政策的执行过程，在这个过程中，规划因素与其他各类相关因素共同运作，以此推动符合规划目标愿景的具体项目逐步落地，最终改善城市的建成环境。因此，对规划项目的实施运行进行分析，是认识实施状况背后规划政策动因及其影响因素的重要途径。

2.3.1　规划实施过程理论

　　在规划实施过程的理论研究中，亚历山大和法卢迪（Alexander et al.，1989）提出的PPIP模型和PPPP分析框架受到了广泛的关注，国内已有学者引介过此体系（孙施文 等，2003；周珂慧 等，2013）。该理论体系由于统筹考虑了规划实施的一致性问题、规划决策过程的演进问题和规划结果的实效问题，实际上已经建立起了一个评价规划"成败"的综合框架。PPIP模型将规划实施过程分解为"刺激（stimulus）""政策（policy）""计划/项目（plan/programme）""实施（implementation）"这四个流程，明确了流程之间的演进与互动关系。比如，首先是某种问题刺激生成了政策的需求，接下来是通过具体的计划项目来支撑政策，最后才是对政策的实施，而这四个步骤之间同时也存在着互动的影响。在此流程的基础上，他们又基于五个标准建立了相应的PPPP（policy-plan-programme-project）分析框架。这五个标准分别是：①目标是否一致——规划实施的结果是否符合设想；②过程理性——规划实施的过程逻辑是否合理，并能被理解；③事前最优——规划方案是否是实施时的最佳选择；④事后最优——规划方案在事后看来是否是最好的选择；⑤实用性——规划方案是否在决策系统中发挥了参考作用，如果没有，原因是什么。

　　罗震东等基于我国政府运行的视角，以奉化市的总体规划实施为案例，对总体规划实施过程的评价进行了讨论。将总体规划分为规划体系和政府运作这两个维度，前一个维度是规划体系内的细化和深化，后一个维度是政府运行角度的采纳与配合。基于这个思路，建构了相应的评价方法，在空间布局方面，提出应对规划期内历年的政府工作报告和发展规划进行分析，对其中的城市重大项目建设、重点发展区块和空间结构方向进行考察，探讨其建设情况与总体规划布局方案的一致性（罗震东 等，2013）。这种思路一方面强调了政府运行与规划系统之间的互动，另一方面也注重了政府对建设项目的实施推动过程。

上述实施过程研究带来的最大启示在于：①作为战略性规划的城市绿带项目，其实施过程也有着类似PPPP模型中的演进流程，因此，建构相应的流程框架是实施过程分析中不可或缺的；②基于我国政府运行的视角，推动城市规划项目的部门并非只是规划相关部门，而是以政府为主的决策系统，因此规划部门本身应当是政府推动城市规划项目中的环节之一。

2.3.2 公共政策执行框架

公共政策领域早已形成了大量的有关政策执行过程的分析方法，为认识规划实施的政策过程提供了很好的参照。希尔和休普在其著作《执行公共政策》（*Implementing Public Policy*）一书中对近25年来（1973—1998年）有关政策执行的21种理论进行了全面的综述，其中对规划实施的过程分析较有参考价值的是以下几位学者的理论：

美国学者范米特与范霍恩在前人[①]的基础上，对政策执行过程的框架进行了理论性的建构（图2-1），不但提供了一个经典的"自上而下"的研究方法，也为实施研究创造了一个理论起点（Meter et al.，1975）。在这个框架之中，政策过程可以简化为以下六组因素：①政策的标准与目的，也就是政策执行的具体指向是什么；②相应的政策资源有哪些，比如财力、法规和激励机制的配套；③执行机构的特征，比如是由什么部门、以什么样的结构来组织实施的；④执行架构下的组织交流与活动强化，如主导部门

---

① 这里是指普雷斯曼和威尔达夫斯基的《实施》一书。

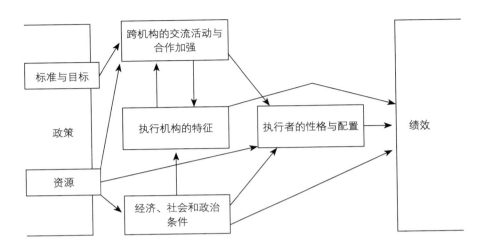

图 2-1　范米特与范霍恩的执行过程研究框架
来源：译自Van Meter et al., 1975

与参与部门、一级机构与二级机构之间的行动协调；⑤执行过程所面临的经济、社会与政治条件；⑥具体执行者的态度和处理方式，比如对政策任务的解读、执行行动的取向、对原始目标的回应程度等，都是决定实施结果的重要因素。上述六组要素相互作用，最后产生了政策实施的绩效，其中，直接对最终绩效产生影响的是③、⑤、⑥组要素。这个框架基本上厘清了政策的实施运作，并由此产生绩效的过程，不但在政策研究领域内是一个很好的理论起点，也为研究空间规划的实施过程提供了借鉴。

　　之后，萨巴蒂尔和马兹曼尼安等人基于政策过程的阶段演进，对影响实施的各种要素进行了归纳：①政策问题的易处理性，也就是政策要解决的问题难度有多大，这其中包括相关理论和技术的适用性、政策目标群体的多样性、政策目标群体占人口的比例等因素；②法定机构及要素的执行能力，包括政策导向的一致、财政资源、实施机构的组织层级、实施机构的决策规则等因素；③影响政策执行的非法定因素，包括社会经济条件、媒体关注、公众支持、选区的态度和资源、政权的支持、执行官员的承诺和领导力技能（图2-2）。通过以上三组因素的共同作用，政策便得以输出，通过目标群体对政策的遵从，政策在现实领域中发生影响（Sabatier et al., 1980）。

　　另外两位美国学者帕隆博和凯里斯特则强调，应当把实施研究放在一个更为宽广的政策制定过程中来进行（Hill et al.，2011）。他们表明了以下观点：①早期的政策研究采取了"政治—行政"两分法（politics-administration dichotomy）的立场，政策的实施是以行政的方式来实现政治目标，但近来有关实施的研究则破除了这个陈旧的理念；②实施其实是政策制定过程中的一个合理部分，实施的行动及其相应的经验认识，将有助于政策制定的完善；③我们既不能用经验主义的目光来批评它，也不能因为它不符合规范而质疑其合理性。而一些另外的观点也强化了这样的认识，比如有人认为，在政策的初始阶段，很少有十分清晰的构想和设计，因此在后续的执行过程中，则需要参与者和执行者的多次协商来完善政策

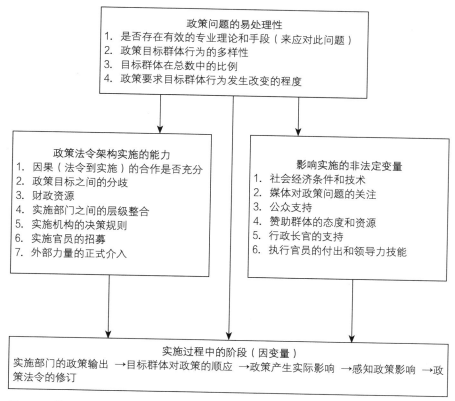

图 2-2　萨巴蒂尔与玛兹曼尼安的政策过程框架
来源：译自 Sabatier et al.，1980

的进一步实施。这种阶段性的调整，被普遍认为是政策过程的一部分。另外，他们还强调了政治妥协的问题，政策过程中肯定会有妥协，而对妥协的真相进行认识，能避免将政策失效的责任转移到执行者的身上。

　　上述三种公共政策的分析方法给本书带来的最大启示在于：①作为一项空间性的公共政策，城市规划项目实施的影响因素是多方面的，因此在规划的实施分析中，需要借助各类因素之间的关联来建立恰当的理论框架。像范米特和萨巴蒂尔等学者的框架就提供了很好的范例；②城市绿带规划项目作为一项大型的空间战略政策，根据帕隆博等学者的观点，在实施的过程中肯定也会出现方案调整的现象，那么为什么会有妥协与调整，也是实施分析中需要涉及的关键因素。

2.3.3　规划实施的历史及问题研究

　　城市绿带规划项目是一项持续性的、长期的都市战略政策，因此从历史视角来对其进行研究也非常必要。在这方面，国内外已有很多学者对此进行了尝试。如澳大利亚学者阿玛迪对世界各地的绿带（Green Belt）实施案例进行了开创性的文献整理工作，并主要对英国之外[①]的世界各地区20世纪的结构绿带实施情况和规划变革进行了回顾，并由此对21世纪都市绿带的发展方向进行了讨论（Amati，2008）。在他编写的《21世纪的都市绿带》（*Urban Green Belt in the Twenty-First Century*）一书中，广泛选取了全球范围内的12个代表性城市或地区的有关绿带实施的研究文献，并将这些案例分为四个大类，分别以四个问题为视角探讨了结构绿带实施过程中的种种问题和历史经验。四个问题包括：①结构绿带实施过程中面临的抵抗问题及其历史成因，案例包括东京和首尔的绿带（Wantanabe et al.，2008；Kim et al.，2008）；②结构绿带实施因政府改组而被"架空"，案例包括克里斯特彻奇（Christchurch）和墨尔本的绿带（Miller et al.，2008；Buxton et al.，2008）；

---

① 阿玛迪在书的第一章中提到，由于英国已经有大量关于绿带的研究成果，因此该书在研究案例的选取和汇集中，有意识地转向了世界其他地区的学者和相关人士。

③结构绿带在新的规划体系中被重新定义而得以实施，案例包括阿德莱德、渥太华和华盛顿普吉特海湾的绿化带（Garnaut，2008；Gordon et al. 2008；Bassok，2008）；④结构绿带实施过程中的多样而灵活的推动方式，案例包括维也纳、柏林、米兰和大巴黎地区的绿化带（Breilinget al.，2008；Kuhn et al.，2008；Senes et al.，2008；Laruelle et al.，2008）。上述文献涉及了大量影响绿带推进的重要因素，对本书的案例研究有较大的启发性。

在国内的相关文献中，对北京"绿隔"的历史研究较有代表性，如谢欣梅对北京"绿隔"规划的有关政策进行了回顾，并对其实施问题，如失地农民的拆迁、安置、就业等情况进行了揭示，之后对其中的两项政策进行了分析，认为"绿隔"政策的制定，未能充分考虑市场的变化因素和区位的具体条件，由此造成了相应的问题（谢欣梅，2008）。杨小鹏则对北京绿化隔离地区的规划历史阶段进行了全面的回顾，并对当前的实施问题进行了较为完整的总结（杨小鹏，2009）。研究将北京"绿隔"的实施分为三个阶段：第一阶段是计划经济时代（1958—1978年）和有计划的商品经济时代（1979—1992年），这一时期"绿隔"并未严格实施，导致了一些建设项目的进驻；第二阶段是1993—1999年期间，政府将土地征为国有后，又划拨给绿带内的村集体经济负责，以房地产开发为资金渠道，建设绿带的同时对农民进行安置，但后来的实施效果并不明显；直到2000—2007年间，为了迎接"绿色奥运"，"绿隔"的建设重新启动，不但成立了专门的管理机构，相关的规划方案与配套政策也密集出台，在市场力量和多种土地获取方式的促进下，"绿隔"地区的实施规模和进展取得了较为显著的成果，截至2007年共完成了126.42km²的绿带建设，比前一阶段增加了84km²。基于上述内容，杨小鹏对北京"绿隔"当前的问题进行了总结。这一类研究的启发在于需要通过对相关历史文献的考证来还原结构性要素实施历程中的具体事件和相关问题，在此基础上，才能与实施过程理论或公共政策分析框架进行较好的结合，才能对实施过程进行完整的解读。

本书的研究案例是上海环城绿带，而在既有的文献中，已有部分对外环绿带实施的历史及问题进行了介绍，均由外环绿带部门的管理人员或相关人士所撰写①。如鹿金东等对上海外环绿带的早期建设情况进行了回顾和总结（鹿金东 等，1999）；陈伟基于2003年的实施情况提出了后续管养的思路（陈伟，2003）；管群飞对2004年以前的环城绿带建设工作进行了回顾，揭示了实施中遇到的各种问题，并提出了进一步的规划对策（管群飞，2004）；李斌对2006—2010年间的外环生态专项的实施进行了回顾，对其中的问题及其原因进行了总结（李斌，2013）。这一部分文献对了解上海外环绿带的实施历程有较大的参考价值。

2.4
产出维度：规划的实施效果

有关规划实施效果的内容是实施分析中比较常见的话题，在实际的研究中，诸如"实施后果""实施结果""实施效果""实施影响""实施绩效"等概念都呈现一定的相互包含的情况。广义而言，"实施效果"可以包括以下两方面内容：一是规划实施的目标性效果，如规划目标是否实现，实现了多少，取得了什么成绩等；二是规划实施的过程性效果，如规划实施的作用发挥，以及规划实施的有效性等问题（孙施文，2016）。大体而言，有关规划实施效果的内容，可以分为以下三个方面。

2.4.1 政策目标的实现情况

如果说空间布局蓝图是规划结构性要素的直接目标，那么蓝图背后所要实现的政策意图，则相当于城市规划项目的"中心思想"，即通过规划项目的实施来达成的各项"政策目标"。这里就涉及政策项目评估领域里经典的目标达成评价方法。在这方面，较早意识到规划意图的重要性，并将其纳

---

① 这里面不包括有关上海外环绿带规划设计的文献，这一类文献的数量较多，但都是关于设计原则和规划构想之类的内容，没有对环城绿带的实施情况进行介绍。

入其分析框架的学者是卡尔金斯（Calkins，1979）。他在一篇文章中提出了"规划监控"（the planning monitor）的理论，该方法将规划内容分为理念（slogans）、意图（goal）、目标（objectives）、内生项目与政策、外延项目与政策等五个层面，并在各个层面建立了相应的规划内容体系和对应的监控指标体系，以评价规划的实施是否符合目标。在此基础上，作者建立了运算体系，给出了判断规划目标是否实现的数理原则和方法。卡尔金斯的一个重要贡献是，他将规划的一致性分析分为多个层次，由此将规划意图、规划目标、规划项目和政策行为整合到一个评价框架之中。到了20世纪90年代，塔伦注意到了规划意图的评价问题，并将其运用到了具体的实证研究中（Talen，1996）。塔伦以美国科罗拉多州普埃布罗（Pueblo）的公园绿地规划为对象，研究了其空间布点的服务范围与人口分布的关系。塔伦提出，作为公园绿地规划而言，其意图和目标是最大范围地服务居民，也就是让公园的服务半径尽可能覆盖所有的社区。因此，最终的公园绿地分布即使与规划布局有一定出入也没有关系，只要能实现规划的意图便可以认为是有成效的规划。需要注意的是，塔伦的评价思路主要是针对公共设施布局规划的，而公共设施的目标主要就是最大范围地服务居民，因此设施布局本身是否符合规划并不一定就是评判规划成败的最佳标准，而能否为居民提供充足的便利，才是规划评价所应当重点关注的。

　　而到20世纪90年代末期，为了合理配置财政资源，欧盟委员会（European Commission）发布了MEANS作为社会经济项目的评价方法。在MEANS的方法体系中，除了重点对项目本身的关联、效率、效力和实效性进行评价外，还注重对项目目标的分析。其内容主要包括三个方面：①目标本身的确切性（clarity）；②项目目标体系内在的一致性；③项目与外在关联政策的目标一致性。这种对目标进行深入分析的方式，有助于正确认识规划项目背后的意图，由此开展合理的评价分析。与此同时，英国也开展了对土地利用规划的有效性评估，而这种有效的标准，正是建立在对"目标一致性"的分析基础之上（Morrison et al.，2000）。莫里森和皮尔斯在研究中提出了评价土地使用规划的"四步"框架：①对政策目标进行分析，包括目标的类型、对象、方向和预期；②对目标的输出内容（outputs）进行考察，包括因政策目标而产生的各种规划，以及最终的发展控制决策；③对政策的产出（outcomes）和影响（impacts）进行分析，其中前者是添加给规划的"噪声"，后者则是由于规划而产生的影响，两者都分为中期和最终两种情形；④基于前三类信息，确立相应的指标体系，其中最关键的是土地使用规划在这其中的优选性，由此探讨规划的实用性。上述欧盟和英国的评价方法，完全围绕政策目标本身展开分析，尽管评价目的更注重有关"效"的问题，但这种回归政策意图的思路，是非常典型的一致性方法。

实际上，对于目标达成方法而言，在政策评价领域内早已经形成了成熟的理论体系。虽然城市规划一直以来也被认为是公共政策的一种，但至少有一点使其有别于其他公共政策，那就是城市规划政策的实现，既要以空间配置为目标，也要以空间配置为手段；既要引导未来发展，也要解决现实问题。而一般意义上的公共政策，通常是直接启用相应的措施来解决现实问题。也正是由于这样，规划评价才会过分注意空间的问题，而没有把足够的精力放在空间背后的政策意图之上。但至少政策评价领域的先驱们已经替我们推进了这样的工作。著名公共政策学者韦唐总结了8种经典的评价方法（Vedung，2004），这8种方法目前已经被国内的公共政策教材广泛引用，其中第一种就是目标达成方法。韦唐将这种方法分为两个基本类别：①公共干预的结果是否与目标相符合，需要通过目标测量和结果监测来完成；②公共干预的影响和目标范围内所产生的结果，是否存在联系，也就是说，结果是否是由干预而引起。而从具体方法上来看，韦唐设置了两个步骤：①识别和确认公共干预的意图，并对其目标体系进行精确化、具体化、主次化，使之成为可测度的对象；②确定干预的对象范围，考察干预目标在现实中的推进情况——实现了多少，失败了多少，并进行量化（图2-3）。

可以发现，第一步的识别政策干预的意图是非常关键的，直接决定了后面测度工作的开展。而对于总体布局结构性要素的实施评价而言，规划目标不仅仅是规划蓝图的实现，更为重要的是，政府推行该规划项目的政策意图是什么，通过这项规划干预所要达到的目的是什么。就像塔伦认为公园绿地的规划意图，是让尽可能多的居民享受便利，这才是规划的真正目的。

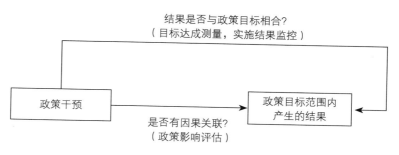

图 2-3　目标达成评价方法的基本思路
来源：译自Vedung, 2004

2.4.2　规划实施的结果与影响分析

在通常的规划实施分析中，对规划实施的影响进行研究是比较普遍的，这类研究主体涵盖的范围非常广，所涉及的主题也极为多样，内容层次与方法差别也非常大（桑劲，2013）。概括而言，有两种类型的文献最为常见：一类是采用观察访谈等人类学调查方法对建成环境的实施结果进行评价，继而对规划工作进行反思，很多规划学科的经典著作都是基于这种研究思路。如雅各布斯（J.Jacobs）在《美国大城市的死与生》中通过大量的实地考察和走访，揭示了现代城市规划理念所带来的诸多问题；怀特（W.H.Whyte）以录像为重要手段，对纽约市中心区的小型公共空间进行了深入的研究；霍尔斯顿（J.Holston）以人类学方法为基础，对现代主义城市规划的典型——巴西利亚进行了研究（孙施文，2012）。这一类文献的研究对象是规划实施后的建成环境，因此对其进行评价能为相应的规划实施提供依据和参照。另一类是借助城市的社会经济运行数据，借助统计学的相关手段，对规划布局政策的实施影响进行分析。如在20世纪70年代，通过调查当时的社会经济数据，霍尔对英格兰的绿带政策的实施影响进行了研究。结果表明，绿带在早期取得了预想的政策效果，疏散了一部分人口和就业，也遏制了城镇的扩张。但后期发现，绿带实际上只是把重度城市化的地区疏散到了郊区，将外围更多的乡村地区变成了高密度的城镇化区域。与此同时，规划实施还产生了一些预期之外的影响，如城市的发展空间被围实；出现了较为明显的"职住分离"现象；限制了土地供应，造成土地升值与通货膨胀，由此引起了社会物质、财富分配的不公平[①]（Hall，1974）。柯雷尔等学者以美国科罗拉多博尔德（Boulder）的绿带为例，基于该地区的地产数据进行了建模分析，以评估绿带实施对房产价值所带来的影响（corel et al.，1978）。研究表明，绿带给周边邻里的住房带来了"溢价效应"，距离绿带越远的邻里，住房价格越低。尼尔森以俄勒冈州塞勒姆（Salem）马里昂县的UGB[②]为实证案例，用数据建立起地价与距离的回归模型，验证了绿带实施给当地的土地市场带来了"分割效应"（Nelson，1986）。

在国内文献中，有关规划实施结果的讨论较为常见。如很多学者对结构绿带实施结果中的负面问题进行了揭示和分析，尤其以北京和深圳的案例最为典型。在深圳的案例[③]中，盛鸣对深圳生态控制线的实施过程进行了介绍，并揭示了实施后出现的各种问题（盛鸣，2010）：①根据绿化覆盖率和相应指标所规划的深圳市生态线方案，出于对空间结构完整性和连续性的考虑，不得不将一些旧的村庄、社区和产业区纳入其中，这使相关地区的发展机会受到了极大的限制，引发了诸多的不满，由此对生态线的科学性、合理性及必要性进行了质疑；②生态线内严格的刚性管控模式，是和工商环保部门一致实施的，形成了生态线内外"两重天"的状况，这不但限制了内部地区的发展和更新机会，也给一些重大项目的选址落地带来了困难，如南方科技大学和地铁5号线的某车辆段。可以看到，这种刚性管制的手段，虽然取得了较好的实施效果，但在深圳快速发展的步伐和紧缺的

---

① 也有学者认为，霍尔夸大了规划体系的作用，因为社会财富的分配问题很大程度上是由市场运行造成的，规划只是引导空间布局的政策工具，对财富分配没有决定性的作用（Taylor，2006）。

② 美国部分地区在城市绿带政策中广泛采用城市增长边界（urban growth boundary）的办法，相当于是直接设定绿带的内边界，由此限制城镇的发展规模。

③ 深圳自2005年率先在全国提出了"基本生态控制线"的规划措施，制定了《深圳市基本生态控制线管理规定》，包括了974km²的控制用地，占全市总面积的一半。之后几年内，深圳市每年都利用卫星遥感对其中的违法建设进行普查和修正，完善了实施法规和优化方案，取得了较好的控制效果。

土地资源这两个因素的夹击下，还是比较困难的。因此，作者最后在文中提出了动态优化、分级分类的管控模式，并完善配套政策，为生态线的实施提供了更为适宜的思路。孙瑶等对深圳生态线实施后出现的"邻避"①效应进行了研究，特别是刚性的生态管控使线内社区的土地权益和经济收益受到了极大的影响，引起了居民的反对。作者借助美国和香港的一些实践经验，以大鹏街道为例，提出线内线外社区应发展多元的"一体化"产业协作模式，由此走出生态线"邻避"的困局（孙瑶 等，2014）。张林对深圳生态控制线实施后给不同群体居民的影响进行了调研，并以上岭排社区为例，对线内社区的村集体、村民和外来务工者分别受到的影响进行了分析，提出了生态控制线虽然在宏观层面是有利于城市健康发展的策略，但在具体实施中却给基层村民的发展机遇带来了限制。这样的结果，一方面，是生态线的刚性管制造成的；另一方面，村民劳动和职业技能的相对不足也是一个重要的原因（张林，2014）。

　　而在对北京"绿隔"的实施研究中，学者们从不同视角对绿带的实施影响及问题进行了总结。杨小鹏认为北京"绿隔"在实施后主要存在以下3个问题：①作为绿带政策重要组成部分的新村建设，由于市场因素的影响，其实际需要的建设资金大大超出预期，加上相应的市政设施配套滞后，造成实施进展过慢，部门拆迁居民得不到及时安置；②规划产业用地的不足，以及新增产业用地的定位过高，使得绿带内因"农业产业结构调整"而失去土地使用权的农民难以实现再就业，并且由于保障体系的空白，这些农民往往没有相应的保障，于是他们便不得不在自己的宅基地内外扩建住房，以租房来维持生计，而这又为绿隔地区带来了大量的违章建设；③绿化建设的养护成本过高，市政府的补贴有限，给作为实施主体的集体经济组织带来了很大的负担，而与此同时，一些高端的高尔夫球场在绿带中却以绿色产业的名义，圈占了大量的公共绿带，使绿带的公共性大打折扣。此外，绿带剩余的用地上，还有大量的乡镇企业和国有单位，因为拆迁成

---

① "邻避"（NIMBY），全称为"Not In My Back Yard"，最早源于描述美国人对化工垃圾极度反感的态度，后被用于城市社会研究中，主要用来描述新的计划或项目，因其带来极大的负外部效应，而导致邻近地区居民反对的现象。

本过高的问题，一直未能实施为绿带。文萍等对北京第一道"绿隔"的实施后果及影响进行了总结，研究表明：①空间方面，"绿隔"未能实现分散式布局，反而被纳入中心城蔓延的范围；②环境方面，"绿隔"中的绿地离散分布，虽然结构隔离功能未能体现，但其与周边用地紧密联系，提升了人居环境质量；③社会方面，"绿隔"内先是出现了城中村，形成了大量外来务工人员的租户群体，后来政府对城中村进行了改造和市场再开发，吸引了中高收入阶层入住，而原有中低阶层的租户群体不得不被疏解到更外围的村庄中去；④经济方面，"绿隔"内依靠村民自发形成的租房经济，形成了"卧城"现象，并带动了相应的商业服务，而在政府改造后，这样的租房经济更加繁荣，也带动了地区的发展，与中心城的联系则更为紧密了（文萍 等，2014）。

　　而就本文的上海外环绿带案例而言，其实施影响评价主要集中在生态效益方面。如有学者等对环城绿带中"宫胁生态造林法"的样板林的生长情况进行了回顾和评估（陈伟峰 等，2004）；有学者基于CITY Green模型对2003年外环绿带的生态效益进行了测算（郑中霖，2006）；有学者对上海环城绿带的生态效益及其服务功能进行了研究（张凯旋，2010；范昕婷，2013），并测算出了绿带的生态价值（沈沉沉，2011；范昕婷 等，2013）；有学者对上海外环绿带中的植物多样性和群落物种特征等内容进行了评价（张凯旋 等，2011；刘宏彬，2012；蔡北溟 等，2012）；还有学者对上海环城绿带对都市热岛效应的改善功能进行了分析（高凯 等，2012）。可以发现，有关上海外环绿带实施结果的评价研究，目前较多地集中在生态学领域，而对外环绿带"实施"本身所带来的结果和影响的研究并不常见，本书力图在这方面进行一定的探索。

　　总而言之，上述有关实施结果与影响的研究文献，其最大启发在于，由于一项城市规划项目通常涉及城市空间布局的整体变化，因而其实施影响也是广泛而深远的，对其实施结果的考察也应当是多方面的。除了对主要规划目标的实施情况进行考察外，还应关注次要的乃至并不属于正式目标的，但却在实施结果中产生了明显影响的内容，这样才能较为全面地反映规划实施结果的总体情况。

2.4.3　规划实施的绩效分析

由于规划的实施是由多方面的力量参与而成的，那么在实施过程中规划本身体现了多大的作用和影响，便成了一个值得关注的问题。荷兰学派（Dutch School）的学者们就比较注重这一方面的研究，以判断规划对决策系统的影响能力（Oliveira et al., 2010）。这种方式被称为"绩效"评价，与"一致性"的评价标准形成了鲜明的对比。他们认为，传统的"一致性"方法只适合项目规划，而对于更具政策性的战略规划而言，这种方法是不适用的。传统的项目规划都是建设性的引导，有固定导向的规划蓝图；而战略规划则提供的是参考性的发展框架，是开放而弹性的、基于现实问题的决策引导，两者的差异是非常明显的（表2-1）。这种"绩效"方法更加强调对决策的过程进行分析，以考察规划起到了什么样的"干预"作用，是否对决策体系施加了影响（Mastop et al., 1997）。该方法的特点在于，能够深入决策系统的运行过程，由此打开规划实施过程的"黑匣子"（Mastop et al., 1997）。在此基础上，法卢迪提出了规划产生作用的四种情形，他认为只要规划对最终的操作性决策起到了直接的参照作用，哪怕最后不符合、违背，乃至调整了规划，规划本身都是有效的（Faludi, 2000）。

项目规划与战略规划的区别　　　　　　　　　　表2-1

	项目规划（project plans）	战略规划（strategic plans）
作用对象	作用于物质空间建设	作用于政府决策系统
如何生效	审批采纳后方可生效	持续的有效性
未来设定	固定的、闭合的	开放的、灵活的
时间要素	受限于规划建设的周期和阶段	以问题为导向，没有固定的周期
成果形式	空间蓝图	持续性的会议记录
规划影响	确定性的建设引导	参考性的战略框架

来源：Mastop et al., 1997

这一学派的研究，提供了一种分析规划实施的开放性思路：将规划作为政府决策体系中的一个环节，只要影响了决策体系，就是有效的。该思想也影响了后人的实施评价研究。如葡萄牙学者奥利维拉与皮尼奥提出的

PPR评价标准①，其中提出了9项判断标准，其中第6项便是决策过程中对规划方案的使用，包括政客对规划制定施加的影响、政客对规划方案的有效使用情况、规划实施和发展控制过程中对规划的利用等（Oliveira et al.，2009，2010）。

国内文献中，有关规划实施决策绩效的研究并不常见，即使有些文献中提到了"绩效"一词，但更多的还属于实施效果的评价范畴，并没有涉及规划决策和实施过程的内容。其中比较类似的研究是对规划调控作用的探索，由于规划实施的重要目的之一就是调控空间结构，因而规划的调控研究也属于实施绩效的范畴。国内学者毛蒋兴等对深圳城市规划的调控效能进行了研究，研究者基于GIS等规划数据信息，从空间结构布局、建设用地分布、审批用地分布特征等三方面，对规划方案的实现情况进行了分析。结论认为，深圳城市规划对空间结构的控制引导十分有效，尤其是对土地利用的调控效果最好，此外，规划的审批管理也对土地转化起到了重要的调控作用（毛蒋兴 等，2008）。龙瀛等基于北京的案例，提出了利用Logistic回归模型和GIS数据的规划实施时空动态评价方法。作者在回顾实施评价现有方法的基础上，提出应注重对城市空间发展的规划驱动因素进行分析，并建立了相应的数理模型。之后，作者对1958、1973、1982、1992和2004年编制的五版总体规划进行了实证分析，并对这五个阶段中规划对城市建设用地扩张的规划方面驱动因素进行了识别。研究表明，随着时间的推移，中华人民共和国成立后北京市城市规划的控制作用呈现增强的趋势，规划在远郊区县的作用高于近郊和中心地区（龙瀛 等，2011）。上述研究利用相应的数据对规划的调控作用进行了判断，但由于未能对规划的决策运行过程进行解读，因而能反映出的问题是相对有限的。

综上所述，在规划实施绩效分析中，对规划实施过程及其所在的决策体系进行考察是第一步，在明确各项实施过程因素如何运作的基础上，规划实施对项目决策体系的推动作用，即实施绩效，才能通过相应的分析得以揭示。

---

① 全称plans-processes-results，是对规划方案—过程—结果所进行的评价，以此衡量规划的成效。

2.5
本章小结：规划实施研究的
理论框架

　　本章基于城市规划实施的基本概念，结合国内外学者对规划实施的理解，演绎出了多层次的规划实施分析以及相应的理论维度。在此基础上，从基本维度、运行维度和产出维度等三个方面，综述了国内外文献中有关规划实施的研究，并对其主要采取的分析途径进行了归纳。而就规划实施分析的三个层次来看，主要包括以下内容：

　　1）基本维度

　　主要对规划的实施状况进行分析，其目的是通过比对规划方案与实施结果，找出当前的实施状况是否与规划的蓝图相契合，是否出现了偏差，偏差情况怎样。这一问题是实施评价最为基础的问题。但由于在实施过程中形成了不同的调整方案，因而实施状况评价中应考虑选取最有代表性的方案与实施结果进行比对，如最能代表规划理想的方案，或最为典型的法定规划方案。总之，实施状况评价的目的是为了评价实施结果是否偏离了预期，如果偏离了预期，就应当对实施过程进行检视。

　　2）运行维度

　　主要对规划的实施过程进行分析，这部分内容进一步深入实施过程领域，以探讨规划实施的演进过程是怎样的，其中哪些因素对规划实施造成了明显的影响，并造成了当前的结果。在多因素框架的基础上，针对规划实施过程中"规划因素"的作用进行分析，并对影响规划作用的多方面因素进行提炼和分析，以探讨规划实施发挥作用的主要表现及途径。因此，通过实施过程评价，可对规划实施不符合预期这一现象背后的深层次原因进行探寻和揭示。

　　3）产出维度

　　主要对规划的实施效果进行分析，基于前面对实施过程的还原与解读，这部分进一步讨论规划实施对各项规划目标的贡献情况如何，给城市发展带来了怎样的影响。这一部分首先应分析规划项目潜在的政策目标有哪些，在此基础上，再来考察各项规划目标在实施结果中的实现程度如何，并由此探讨规划实施在各项目标的推进过程中，是否体现了相应的贡献。总之，实施效果分析专注于探寻规划实施在不同规划目标实现过程中所体现出来的实际贡献。

第 3 章

案例回顾：上海市外环绿带的规划演进

3.1
外环绿带规划的出台

3.1.1 "世纪绿环"的提出

　　1993年初，为了更好地服务经济发展，上海市政府决定在原有基础上继续增加对城市建设的投入，并提出要加快建设步伐，初步形成以道路交通为中心，包括通信、能源、给排水和环境保护在内的现代化基础设施体系（黄菊，1993）。其中，拟建在上海城乡接合部、连接上海市周边区域的外环线高速路规划，被认为是上海新世纪对外交通战略中最为关键的组成部分，也是上海市区基础设施体系中的重大工程。这条外环线不但界定了上海城市中心城区的范围，同时也将成为上海连接全国高速公路网的绕城公路，是上海"三环十射"[①]交通体系里的主要环线。1993年5月，在经历了长期的调查和论证之后，上海市规划局向市建设委员会上报了《上海市外环线规划方案》。该规划明确了上海市外环高速路的选线方案，并提出其走向为：以宝山吴淞为起点，沿泰和路向西，绕过大场机场后向南，经虹桥机场东侧后至莘庄，并在长桥地区跨黄浦江，经三林，在孙小桥附近向北至外高桥地区，然后过黄浦江到吴淞（图3-1）。外环线方案的这一走向，奠定了外环绿带规划的空间基础。

图3-1　上海市外环线的走向
来源：《上海市城市总体规划（1999—2020年）》

---

① "三环"分别为外环、中环和内环，"十射"按逆时针分别是逸仙路高架、共和新路高架、沪嘉高速入城段、沪宁高速入城段、沪清平高速入城段、沪闵高架、济阳大道、罗南大道、龙东大道、五洲大道。

　　1993年6月29日，上海市政府召开了第三次规划工作会议，该会议对正在筹备中的新一轮城市总体规划提出了以下要求：①必须要着眼于21世纪上海的发展和上海城市功能的调整；②必须着眼于上海城市布局正在发生的深刻变化和上海经济体制的改革；③应加快形成上海市的中央商务区，建成现代化的交通体系和通信网络；④要按照国际经济中心城市的格局调整产业结构布局，并设置"大型绿化圈"，把上海建成一个清洁、优美、舒适的生态城市[①]。正是在这次会议上，时任市长黄菊同志明确提出："要抓紧规划，在外环路的外侧规划至少500m的大型绿化带，从根本上改善上海的生态环境，并将其作为上海迈向21世纪、造福子孙后代的一项重大举措。"此次会议后，上海市规划局便向市规划院下达了编制外环绿带的规划任务（图3-2）。同年10月，市政府又召开了第四次规划工作会议，对上海迈向21世纪的城市总体规划修订工作作出了进一步的部署。这两次规划工作会议的讨论成果，为上海市新一轮城市总体规划的编制提供了重要依据。

　　可以发现，上海市第三次规划工作会议正式提出外环绿带规划的战略设想，使得外环线外侧又多出了宽度达500m的大型环城绿化圈。这条完整而独立的都市绿化带，如果能按预期建成，将同时对上海市的城镇体系格局和市域生态体系布局产生重大影响，成为上海新世纪城市发展蓝图中极为重要的组成部分。

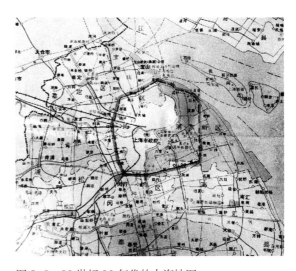

图 3-2　20 世纪 90 年代的上海地图

---

① 参见《上海市城市总体规划（1999—2020年）》说明书的"规划编制背景"部分。

3.1.2 外环绿带方案的编制

　　根据第三次规划工作会议的精神，上海市规划院承担了编制外环绿带规划的任务。经过调查和论证，上海市规划院于1994年2月1日上报了《上海城市环城绿化系统规划》，对环城绿带的空间走向、规划原则、用地分类和控制实施等方面提出了粗略的设想和建议（图3-3左）。在市规划院编制上述规划方案后，规划局便会同园林局进行审核，后上报上海市建设委员会审批。1994年7月底，市建委批复同意了该方案，提出应继续深化，要求市规划局、市园林局及各区县政府就外环绿带在外环线上的具体分布、绿地的具体分类、开发的方式和步骤等内容，编制实施性的详细规划，并使环城绿带在对接城市规划的同时，与楔形绿带的布局相互结合。

　　1994年8月，市建委、规划局和园林局等部门共同完成了《二十一世纪上海环城绿带建设研究报告》，时任上海市副市长的夏克强召开会议，听取了该报告的基本情况。会议肯定了该报告的内容框架，但环城绿带究竟该如何具体实施，绿带的控制线究竟该怎样具体落地，则是下一步的工作重点。接下来，市规划院又在此基础上编制了《上海城市环城绿带规划》（图3-3右），对绿带的规划方案进行了进一步的深化。

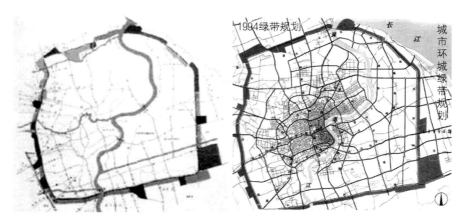

图 3-3 1994 年的外环绿带的初步规划（左）和详细规划（右）
来源：鲍承业，2008（左）/孙平，1999（右）

　　此次环城绿带规划，对绿带的功能和定位进行了较为详细的考虑，规划主要提出了以下几个方面：①形成城市开发建设的界限，以遏制城市"摊大饼"式的蔓延扩张。这是环城绿带所要达到的调控城市空间结构的目的，也是绿带在城市规划领域中被认为的最为经典的功能之一。②保护城郊农业，增强上海市蔬菜瓜果等农产品自给自足的能力。③提升城市的生态环境质量，为居民提供更多的休闲场所和景观游憩地。环城绿带的建设将使全市的公共绿地总量增加约4595.6hm²，绿地面积增加约6011.5hm²，人均绿地面积也会因此而大大提升。④环城绿带的形成，可以确保中心城区与外围城镇和乡村的发展边界，使城乡空间得以协调。

　　从规划的原则上，规划方案不但更加着眼全局，也在实施层面提出了更具操作性的建议，主要包括：①城市结构方面：环城绿带的规划应服从上海市城市总体规划的布局，与上海市的都市发展形态相结合，为优化城市的结构布局发挥作用。②绿带规模方面：环城绿带的基本宽度应保证在500m，在条件允许的地段，应将绿带适当加宽；另外，毗邻外环线外侧100m以内的绿带将作为纯林带，以乔木种植为主。③绿带开发建设方面：应结合现状土地情况，结合绿带的性质对土地进行多样化的综合性开发，特别是纯林带以外的400m绿带，应最大限度发挥土地效益。④绿地系统方面：作为城市布局中重要的结构性绿地，环城绿带应与城市的楔形绿地有机结合，形成均衡的城市绿带系统。

　　此次外环绿带的规划用地总面积为7241hm²，主要将绿带分成了六个大类的用地（图3-4），分别是公园用地、体育设施用地、低密度建筑用地、旷地型交通市政用地、林带和生产性绿化用地、远期转变的绿化用地。其中，

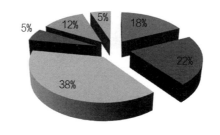

图 3-4　1994 年环城绿带规划方案中的用地构成

林地等生产性绿地的比例最大，占总用地的38%，绿化率的控制指标在90%以上。其次是体育设施用地和公园用地，两者所占的比例均在两成左右，但前者的比例比后者稍高，而从绿化率的指标来看，公园的绿化率为80%，比体育设施所要求的绿化指标高出了20个百分点。旷地型交通市政用地的比例约为一成，其绿化率也只要求在30%以上，这是规划环城绿带中，绿化率最低的一类用地，但由于城郊本来就是大型基础设施的聚集地，因此为了保证外环绿带空间形态上的整体性，便将其纳入绿带的规划空间，并对其绿化率提出要求，这也能促使基础设施对城市生态环境建设作出积极的回应。此外，还有一成以上的用地，分别被用来作为低密度建筑用地和远期转变为绿带用地，其中前者的绿化率指标要求较高，被设定在60%左右，而后者由于是现状，除了控制其发展规模以外，将暂时作为远期目标来实施（表3-1）。

1994年环城绿带规划的用地分类及其控制指标　　　　表3-1

指标 分类	面积 / hm²	占总用地的 比例	主要用途与功能	绿化面积率	其他
公园用地	1283.4	17.7%	主要规划市、区级公园、植物园、动物园、主体公园和大型露天娱乐园地等	≥ 80%	建筑面积 ≤ 8%，控制高度
体育设施用地	1571.53	21.7%	主要规划高尔夫球场、赛车场地和各种体育活动场地	≥ 60%	
低密度建筑用地	388.7	5.49%	主要规划低密度住宅区、休闲疗养基地和夏令营用地等	≥ 60%	容积率 ≤ 0.25，建筑高度 ≤ 10m
旷地型市政交通用地	850.69	11.7%	主要规划各类市政交通设施用地，如机场、港口、轨道交通基地、水厂、电厂等旷地型设施	≥ 30%	
林带、生产性绿化用地	2741.32	37.9%	主要规划防护林带、农业用地、果园、苗圃和纪念林等	≥ 90%	
远期转变为绿带用地	405.36	5.6%	近期保留现状，并控制其发展，远期根据实际情况调整为绿地		

来源：根据《上海市城市规划志》（孙平，1999）整理。

从外环绿带的用地布局形态来看，考虑到现实的用地条件，规划布局了"长藤结瓜"式的空间结构，即长条形的带状绿地与集中式的块状绿地相互结合的空间形态。其中，"藤"包括了外环线外侧的100m纯林带和纯林带外侧的400m多功能绿带，共有500m宽；而"瓜"则包括了"藤"上面的几个大型生态节点，将作为主题公园、环城公园和体育中心来建设。

由于《上海市城市环城绿带规划》对环城绿带方案进行了较为具体的深化，具备一定的可操作性，上海市规划局于1994年10月中旬召开会议，会同市园林局和有关区、县政府的同志，对环城绿带的方案进行审议。会上原则上同意了该方案，并提出由规划局配合各有关区（县）政府和建设单位，根据各区的实际情况编制各地段的详细规划，报批后以备实施。而与此同时，上海市政府在这一段时期组织的《迈向21世纪的上海》研究课题，经过一年多的讨论，到1994年底，形成了较为丰富的研究成果[①]。其中，上海市人民政府经济研究中心[②]在空间规划的基础上，编制了《21世纪上海环城绿带建设研究》，就环城绿带的战略意义、规划构想、实施策略、投资预算、政策措施、养护管理和实施阶段等内容，做了更进一步的补充和完善[③]。

3.1.3　外环绿带的开工建设

1995年9月23日，为了尽快推进外环线及环城绿带的工程的实施，时任副市长的夏克强召开市政府专题会议，对外环绿带工程的建设进行了详细的部署和安排。会议通过了以下决定：①市政府组建上海市外环线及环城绿带工程建设领导小组，小组下分别设立环城绿带指挥部和外环线道路工程指挥部，相关区、县成立相应的领导小组和指挥部；②以《上海市城市环城绿带规划》所编制的内容为基础，对绿带规划范围中的征地建设问题进行处理：对于已经征用但还未开工建设的用地，均按规划调整为绿带用

---

① 这套成果于1995年2月由上海人民出版社整理出版，书名为《迈向21世纪的上海》。
② 该中心于1980年12月成立，1995年12月正式更名为上海市人民政府发展研究中心，主要承担市政府的决策咨询研究和相关的组织协调工作。
③ 课题中外环绿带战略构想的内容由于细节繁复，作者在此不作赘述，其总体内容和相关分析可参见第5章实施过程分析中第一阶段的"5.2.2 规划应对"部分。

地；对于已经在建但尚未建成的用地，除保证沿外环路留出100m宽度作为林带用地外，可采取更改项目范围、变更用地性质或修改项目的具体设计等措施，以达到绿带规划中所要求的绿化控制指标；对于已经建设完成并投入使用的项目，应根据其占用绿带的面积大小，征用补偿相应的林带建设用地；③对规划100m林带范围内的违章建筑、违反城市规划并对生态环境有严重影响的所有已建及在建项目，坚决予以纠正和拆除，并调整为绿化用地。

　　1995年11月1日，根据上述专题会议纪要（1995—43）所传达的精神，上海市建设委员会向各区、县建委（建设局）和规划局下发了《上海市建设委员会关于外环线环城绿带工程规划控制和梳理项目用地的紧急通知》。通知①指出：①各区县应立刻组织力量，配合市建设委员会、市规划部门和园林部门，对外环线的道路红线，以及外环绿带通过本区县行政区域内的范围，进行界定和控制；②以市规划局1994年10月所批复的方案②为准，抓紧对外环绿带范围内已经征用的用地或批租开发的地块，进行严格的梳理和适宜的调整。凡是尚未开工的用地，一律都调整为绿带用地；已经开工的在建项目，除让出沿路100m作为林带建设用地外，还应采取退让土地、转变性质、改变设计方案等措施，以满足绿带规划设定的控制指标；已建好的项目，应根据其占地规模，按一定的比例代征相应的100m林带用地。对占用100m林带建设的建筑，一律拆除，为100m林带让步；对违反规划、对环境有严重污染的已建或在建项目，坚决纠正，并转变为绿带用地。

　　上述法规通知的出台，体现了市政府对规划绿带范围内的建设活动所进行的严格控制，这为即将开工建设的外环线和环城绿带铺平了道路，也预示着外环绿带政策实施的开端。1995年12月12日，南北高架工程建成通车的第三天，跨世纪的上海绿化工程——上海市外环线环城绿带第一期工程正式在普陀区的桃浦镇开工建设（图3-5）。按照当时的计划，最开始建设的一期工程100m林带在外环线的西南段，与外环线的道路建设同步实施。

---

① 《通知》内容来自于法律咨询网（www.110.com）。
② 也就是前面提到的外环绿带详细规划。

该工程以普陀区桃浦地区的沪嘉高速公路为起点，向南沿线方向推进，沿线经过了嘉定、长宁、闵行、徐汇、浦东、南汇等6个区，最后以孙小桥立交为终点。

外环绿带一期工程工程全长37km，包括100m林带、400m林带和主体公园，总规划面积

图 3-5　上海市外环绿带动工建设的新闻图片
来源：肖强华，1996

为2041hm²。一期建设计划以100m林带的建设为主，同时考虑了部分400m绿带及主题公园的建设，以"先易后难"为方针，逐步通过招商引资等渠道来对绿带进行综合开发。从当时的年度重大工程计划来看，一期工程中也安排了一些公园类的项目，如浦东南林主题公园、宝山纪念林、南汇横河主题公园和浦东南大绿园等大型绿地[①]。

3.2

早期的建设与修正

3.2.1　初现端倪的"绿色城墙"

外环绿带一期100m林带工程自1995年底启动后，普陀区于1996年和1997年先后完成了约13hm²集中绿地和15hm²的林带，浦东新区、徐汇区和闵行区则于1997年一齐完成了自浦东杨高路到闵行朱梅路全长约11km的100m林带，

---

① 参考上海市建设与交通委员会网站上的"上海历年重大工程"（该网站在2014年建交委"分家"后被注销，作者是在2013年获得的相关资料）。

实施面积为69hm^2。截至1997年底，外环线已完成100m林带约97hm^2，其中普陀区28hm^2、闵行区3hm^2、徐汇区11.3hm^2、浦东新区54.7hm^2，初步实现了与外环线道路工程的同步建设。但从总量上来看，这两年来完成的数量大概只有外环100m林带总面积的1/10，离最终面积达7241hm^{2}的环城500m"绿环"目标更是相距甚远。

1998年2月上旬，在被上海市政府列为当年的重大工程和实事工程后，环城绿带启动了新一轮的建设，计划在9月以前完成自闵行区朱梅路到普陀区沪嘉高速这一路段的100m林带建设，该路段长21.7km，面积为139hm^2，主要涉及嘉定、长宁和闵行三个区。作为当时上海绿化系统所提出的"点、线、面、环、楔"的重要构成部分，外环绿带的建设标准自然也会比较严格。园林部门在新一年的计划中，根据"城市与自然共存"的原则制定了"点上绿化成景、线上绿化成荫、面上绿化成林、环上绿化成带"的发展战略[1]。这就意味着，"环"的建设目标首先要成为"带"——具有规模生态效益的郊区林带。而这种大型林带的建设，既要保证高速推进，以推动市区的绿化建设"一年一个样"，更必须保证质量，从土壤的改造和优化，到苗木的选择及具体的施工，每一个环节都十分关键。任何一个环节的失误，都可能影响绿带的整体质量和最后所发挥的生态效益。因此，当时外环绿带建设部门的工作人员几乎是拼尽全力在推进绿带的施工建设[2]。

环城绿带工程的大力推进，也为上海市的城市功能和未来发展勾画了美好的蓝图。1998年8月初，在面对首都21家新闻媒体组成的"98中华环保世纪行"记者团的采访时，时任上海市副市长韩正总结到，经过1992—1998年这6年来的快速发展，上海基本已经显现出了"金厦""银都""城区""蓝带"和"绿洲"等五大城市功能。其中，"金厦"是指外滩及陆家嘴金融贸易区所组成的约5km^{2}的金融核心区；"银都"则由约40km^{2}的都市中心区构成；"城区"是指内环线以内的都市功能区；"蓝带"是连绵近100km

---

① 申城绿化：点线面环齐头并进，明后两年发展步子更大［N］. 解放日报，1998-06-15（5）.
② 向绿色长城挺近［N］. 城市导报，1998-05-12（5）.

的外环线环城绿带，这将是大上海未来中心城区的"绿色城墙"；而外环线
以外的大片农田和郊区林带则构成了都市外围的"绿洲"①。可以发现，此时
的外环绿带，被认为是上海正在成长的都市空间结构中的重要功能区之一。

　　但是，不得不面对的一个残酷现实是，1998年计划实施的这一段外环
绿带，由于先后穿过了莘庄开发区、航华小区和虹桥机场等发展势头较为
迅猛的城镇化区域，其中所涉及的土地批租、地产开发和规划控制等方面
的问题极为复杂，因此在实施中遇到的困难是异常突出的，这一段林带可
以说是外环线上难度最大的一段（图3-6）。截至1998年6月中旬，外环绿带
在闵行段只完成了1.5hm²，而闵行、长宁、嘉定和普陀四个区正在建设的、
尚未完工的外环林带，加起来也只有22hm²多一点，这个数据还不到年计划
139hm²的1/5，况且还没有完工②。8月22日，市政府召开了环城绿带重点实

事工程立功竞赛动员大
会，涉及该年度绿带建
设的闵行、长宁、嘉定
等区的领导在会上立下
了"军令状"，分别与环
城绿带建设指挥部签订
了协议书，保证在接下
来的5个月内，建成从普
陀沪嘉高速至闵行区朱
梅路的、长22km、总面
积为139hm²的外环100m
林带，以实现绿带与外
环线同步竣工的目标③。
截至8月底，环城绿带一

图3-6　1998年的计划实施的外环100m林带一期工
程（框中范围）

----

① "金厦""银都""城区""蓝带""绿洲"，申城出现五大功能区［N］. 城市导报，1998-
08-04（1）.

② 数据源于1998年6月15日《解放日报》的相关报道。

③ 闵行、长宁、嘉定、普陀四区立下"军令状"，22km环城绿带年内建成［N］. 解放日报，
1998-08-22（3）.

期工程征地、设计和施工的招投标工作刚刚完成，落实的建设资金约有2亿元，此时建成的样板林带已有28hm²，并有92hm²的林带正在建设之中，环城绿带的一期工程进入关键期。

1998年下半年，涉及外环绿带建设任务的各区县政府迎难而上，想尽各种办法推进绿带实施。如闵行区的区、镇两级政府，为了确保动迁工作顺利进行，对村民推行了"借资金、安民心"的政策，以保证农民的经济利益。另外，结合上海市"依法治绿"的整顿措施，闵行区还拆除了若干违章建设的小别墅，确保了绿带实施的工期。而普陀区则在绿带建设中，采取了与中药厂合作的模式，在土壤改造环节中引入了药渣作为肥料，使其与泥土混合，有效地提高了土壤的肥力，优化了林木的长势①。

1999年初，环城绿带前一轮的工程任务告一段落，市里召开了建设表彰会，在总结前一年成绩的同时，提出新一年要完成120hm²的绿化任务。尽管1998年度的计划总量是138hm²，但各个区县的领导排除万难，在很多地块已经出让且有大量违章建筑需要清理的情况下，种植乔木52万株、灌木142万株、草坪147万平方米，共实施林带159hm²，超额完成了绿化任务。这样，在上海市外环线的西段、西南段和南段，从浦西的沪嘉高速到浦东的杨高路，形成了一条宽100m、长25km、总面积达256hm²的大型林带，上海的"绿色城墙"初现雏形。

3.2.2　建设模式的转变

1999年是上海外环100m林带一期工程实施的最后一年，市绿化部门制定了120hm²的绿化任务，计划在8月底之前完成从浦东杨高路到孙小桥立交全长约11km、面积为95hm²的林带，进一步将外环100m林带的范围向浦东延伸，形成连续的"南半圈"外环林带。与此同时，外环沿线的徐汇、闵行和嘉定等区，也打算合力对沪嘉高速到徐浦大桥这一段外环林带范围内的违章建设进行清理，使规划范围内的林带更加完整。

----

① 多方努力，各施巧计，上海环城绿带一期工程百日内将完成［N］. 城市导报，1998-08-25（1）.

　　为了进一步提升林带建设的工程质量，环城绿带建设首次引入了市场竞争机制。管理部门在1999年的绿化建设中，对园林设计、施工和监理全部进行了招投标，吸引了一批经验丰富、技术能力较强的企业来参与环城绿带的实施。其中，设计中标的上海园林设计院、上海农学院和上海园林工程公司等3家设计单位和施工中标的上海绿化建设公司、上海园林工程公司等30多家企业，都表示要积极参与市政府重大工程的立功竞赛活动，同时把环城绿带建成一流的绿化工程[①]。根据计划，到1999年3月底前将完成绿带的土方地形整理工作，并先行植栽槐树、杨树等落叶乔木；6月底前完成一部分常绿乔木的种植；8月底前争取完成从浦东杨高路到孙小桥立交的、面积约为95hm^{2}的100m林带。

　　在这一年，外环绿带的建设还引起了日本同行的关注，并推动了相应的国际合作。1999年5月，日本著名生态学家宫胁昭教授来到上海，与环城绿带建设指挥部的相关同志一起开展生态造林方面的实践。宫胁昭先生是乡土自然植被恢复和重建方面的专家，他提出的结合乡土物种[②]的生态造林方法，可以让林带在15—20年成长为自然森林，该方法在许多国家都取得了很好的效果，其中包括我国的北京和马鞍山等地[③]。为此，上海市绿化部门专门划出一块1km长的100m林带，与日本同行合作开展生态造林实践，而日本方面也为此向环城绿地工程捐资30万元作为科研经费[④]。借助国际经验对生态造林进行研究，不但为外环绿带的建设探索了一条新的路径，而且还能恢复一批上海的乡土树种，形成具有上海特色的、多样化的园林生态群落。

　　与此同时，在1999年初引入市场机制进行环城林带建设的时候，中标单位便在方案的设计中引入了营造生态园林的多样性原则，提出了建设有多样品种、多种层次、多维景观和多重效果的生态林带。在多样性原则的指

---

① 根据1999年2月11日《文汇报》和《解放日报》的相关报道整理。
② 乡土物种是指在没有人为作用的情况下，自然分布在特定地区的树种。它们能天然适应当地的环境、气候、土壤等自然条件（张凯旋 等，2011）。按其分布范围的大小，乡土植物又可分为世界地理区域性乡土植物、国家地域性乡土植物和地方性乡土植物。文中是指适合上海本地生存的物种。
③ 环城绿带引起日本同行的关注［N］. 城市导报，1999-05-11（2）.
④ 中日合作开展生态造林研究试点［N］. 文汇报，1999-05-07（6）.

导下，外环绿带上半年工作进展顺利。1999年7月14日，上海市召开全市绿化工作会议，会议对上半年所取得的绿化佳绩进行了肯定，其中环城绿带上半年已落实建设土地126hm²，动迁农民300余户，并种植乔木17万株、灌木40万株①。而此时的外环林带，多样性原则在具体的建设中已逐步展露出来：①林带的营建更符合大自然的法则，在种植方式上采用了多种苗木的间种、自然式的点种等多样化方式，并辅以错落的地形及自然蜿蜒的水系，使环城林带更贴近大自然；②林带大力推行植物多样化，新引进了木荷、枫香、黄连木等41类乔木，还有无花果、柿子、枣树、柑橘等果树，并在乔木下加种了20种地被植物和50多种灌木，极大地丰富了植物的层次；③林带建设更加重视地形营造，在嘉定区实施了填埋渣土、营造地形的试点，方法是在一定规模的林带内，将5万平方米的垃圾和渣土填埋，然后在上面覆盖2m厚的种植土，最后形成了高达8m的绿色小丘，不但有效处理了固体废物，还丰富了环城林带的景观体验②。该试点后来被绿化部门授予外环林带1999年度的工程质量金奖③。总之，1999年是外环绿带建设历程中的一个重要转折，尤其是在转变生态造园方式（表3-2）的探索方面，为今后的绿带建设乃至城市园林建设积累了宝贵的经验。

1999年前后外环绿带营造方式的变化　　　　　　　　　表3-2

年份	1995—1998 年	1999 年以后
景观形象	林木主要以行列式进行密植，林冠线平缓，缺乏布局上的变化和竖向的层次	自然式的随机种植，林冠线错落有致，有疏有密，层次丰富
苗木种类	品种较为单一，难以抵御毁灭性的病虫灾害	品种多样，增加到 300 多个品种、500 多种规格，抗灾害能力加强
树种类型	多为速生型的景观树种	景观树种为主，经济树种为辅
水系规划	人工河岸，整齐划一，采用规则式的明渠作为河道	自然河岸，在原有水系基础上适当改造，河岸以植物护坡为主
地形设计	地形起伏不大，排水不畅，局部有积水	注重地形的起伏变化，排水通畅

---

① 上海绿化成绩显著［N］. 解放日报，1999-07-15（2）.
② "绿色项链"绕申城，环城绿带建设贴近大自然［N］. 新民晚报，1999-08-18（3）.
③ 垃圾山披上绿装，外环线嘉定区绿化景观喜获金银奖［N］. 新民晚报，2000-03-01（3）.

　　2000年2月，环城绿带工程不但按预期完成了浦东杨高路至孙小桥立交的绿化工程，还将其延伸到了迎宾大道，最终实现了全长11.6km，总面积为126hm²的环城100m林带建设，再一次超额完成了年计划。这一年的绿带建设，共种植了乔木约11.7万株、灌木约36.7万株、竹类3.6万株和地面植物40.3万平方米。另外还开挖了各类明沟、明渠约1万米、步行道1.2万米。截至2000年初，上海已经基本建成从普陀沪嘉高速公路至浦东迎宾大道长46km，总面积达380hm²的"绿色长城"（图3-7），外环线100m林带的一期工程圆满竣工。

图 3-7　外环 100m 林带一期工程的起始范围示意

3.2.3　规划方案的修正

随着环城绿带一期工程的完成，建设过程中遇到的种种问题也开始被媒体曝光，并引起了社会的关注。2000年7月15日，100m林带一期工程刚刚竣工后的五个月，《新民晚报》对绿带建设所遇到的困境进行了披露[①]，报道指出，环城绿带在具体的实施过程中，规划控制与土地使用现状产生了"激烈的碰撞"，规划部门不得不将原来笔直而规整的绿化控制线改得弯弯扭扭。实际上，规划部门对于这一类的问题早有准备，早在1996年，为了配合外环绿带工程的顺利进行，及时应对绿带建设进程中可能面临的各种问题，上海市城市规划设计院就决定在1994年环城绿带规划方案的基础上，逐步落实《上海市中心城外环绿带实施性规划》的具体方案（韦东，1998）。但这一方案并没能迅速出台，所以早期的外环绿带建设没有明确的法定范围作为参照。

自1995年外环绿带建设开工以来，虽然市政府对沿线绿带范围里的建设活动作出了严格的规定，并联合各区政府和相关职能部门对规划范围内的建设进行了清理，但大量的建设活动还是打破了绿带规划的最初设想，外环沿线地区的一些城市化建设已经成为无法更改的事实[②]。因此，在外环绿带原来的规划范围中，出现了一些"无法实施"的绿带用地。

从各区县的具体情况来看（图3-8），可以分为两大类：①嘉定、长宁和徐汇等地区，由于城市化进程较快，因此原规划绿带范围内可实施绿带的面积只占较少的比例，尤其是徐汇区，可以实施绿带的面积只有71.9hm²，而无法实施绿带的面积却达到了178.7hm²，后者为前者的两倍以上。②而从宝山、普陀、闵行、浦东新区和南汇县等几个地区的情况来看，原规划绿带范围内无法实施的绿带面积是远远小于可实施绿带面积的，特别是南汇县，由于是上海的农业大县，城镇化速度相对较慢，所以在原规划676hm²的绿带范围中，有568hm²的用地是可以实施的，但也还有107.5hm²的用地不能实施。最后从总量上来看，在原规划7241.6hm²的绿带范围中，有2484.6hm²

---

① "绿线"无奈走弯路：来自环城绿带的报告之一［N］. 新民晚报，2000-07-15（5）.

② 关于外环沿线城镇化用地的相关背景和具体情况，可参见第4章中1994年与1999年版规划方案的比对分析。

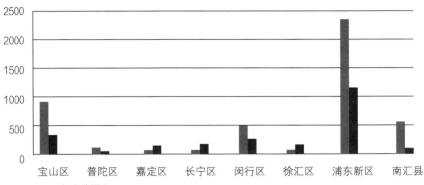

图 3-8　1999 年外环绿带各区规划用地的实施条件差异

的用地无法实施绿带，这个比例占总量的1/3左右，总体而言是很不乐观的。

　　由于各个区县绿带范围内有大量的用地无法顺利实施绿带，为了提高绿带实施的可操作性，在1999年新编制的实施性规划中，便重新对绿带的面积和范围作出了相应的调整（表3-3）。为了最大限度地维持绿带的完整性和连续性，新一轮规划也在原规划的基础上延续了之前的原则性要求。比如保证500m宽度、维持总量平衡、外环内外侧灵活布置绿带、保留100m绿化控制线等原则。而在措施方面，实施性规划提出：①将1995年11月1日以后的外环绿带范围内的建设工程，无论是批准还是未经批准的，一律视为违章，对其拆除并调整为绿地；②对于建筑质量较差、建设年限较长的用地，也调整为绿带用地；③对于新建和在建的无法更改的项目，采取近期控制发展，远期视情况转化为绿带用地；④对于土地已经征用，但却尚未开工建设的用地，应立即控制，并将其转化为绿带用地；⑤2005年以前完成100m林带，到2010年基本完成对400m绿带的用地调整。

《上海市外环线绿带实施性规划》
对各区绿带面积指标所作的修正　　　　　　　　表3-3

	绿带原规划面积 /hm²	其中		修正后绿带规划面积 /hm²	其中		
		可以实施	无法实施		已实施	近期实施	远期实施
宝山区	1271.0	923.5	347.5	1040.6	12.9	183.4	844.3

续表

	绿带原规划面积/hm²	其中		修正后绿带规划面积/hm²	其中		
		可以实施	无法实施		已实施	近期实施	远期实施
普陀区	194.0	132.0	62.0	141.6	—	70.2	71.4
嘉定区	246.0	87.2	158.8	120.1	—	81.3	38.8
长宁区	281.5	96.6	184.9	96.6	—	57.9	38.7
闵行区	794.6	513.6	281.0	513.6	—	229.7	283.9
徐汇区	250.5	71.9	178.7	71.9	12.7	4.3	54.9
浦东新区	3528.0	2363.8	1164.2	3475.1	36.4	302.9	3135.4
南汇县	676.0	568.5	107.5	674.5	—	81.1	593.4
合计	7241.6	4757.0	2484.6	6133.9	62.4	1010.8	5060.7
比例（%）	—	65.7%	34.3%	—	1.0%	16.5%	82.5%

　　根据上述的规划原则和措施，新一轮的实施性规划以各区的现状为依据，对外环绿带的实施范围进行了进一步的深化和调整。规划将无法实施的绿带都调出了绿带范围，并在此基础上补偿了一些绿地。比如将外环线外侧无法实施的规划用地转移到了内侧，或者是选择外环周边的毗邻地带作为补偿绿地。经过补偿调整，新一轮实施性规划增加了1380hm²绿带用地，虽然难以完全填补绿带损失面积（2484.6hm²）的"空白"，而且调整后的绿带总量也只有原规划面积的85%左右（6134hm²），但这似乎已经是在当时的条件下所能做出的最大努力了。

　　根据调查情况和地形特征，此次实施性规划重新安排了外环绿带的建设范围和布局形态，对其中每一个片区的功能性质都进行了详细的安排（图3-9左），并对各区绿带范围内各项绿带用地和非绿带用地的指标进行了统计与核算。而为了进一步对绿带实施进行引导，规划还制定了较为详细的控制性图则（图3-9右）。其方法是以黄浦江、苏州河、川杨河为界限，将外环绿带分为西北、西南、东南和东北4个区段。每个区段下再细分为6～7个小段，作为控制性的单元。此次规划一共细分了27个小段作为控制单元，对每个单元内的用地现状和实施困难进行了详细的分析，在此基础上确定绿带的控制范围，并提出相应的绿化实施方针。

以西南一段的实施性控制图则为例，该地段位于长宁区吴淞江以南，虹桥机场以北的外环线沿线地区，长约2.9km。规划范围内现状用地情况混杂，除了大量的村镇工业用地集中在区段的中南部以外，整个范围内

图 3-9　上海市外环绿带 1999 年版实施性规划方案
来源：韦东，1998

还有不少农业用地和宅基地（图3-10左）。由于该地段内70%以上是建设
用地，如果要全部转化为绿带，其动迁量和工作难度可想而知。更重要
的是，由于原规划范围涉及机场的配套设施建设以及一些市政项目的选
址，因此在控制性图则中，不得不将原规划中500m宽的沿外环线绿带压缩
到100m，以便为T类和U类用地让出空间。该地段的实施性规划除了保证
100m的沿线绿化外，还计划在北翟路以南形成一片约为40hm²的纯林带用地
（图3-10右）。参照最早的规划范围，西南一段将形成约165hm²的绿带，但
经过实施性规划的调整，绿带的规划量不到70hm²，减少了近100hm²。

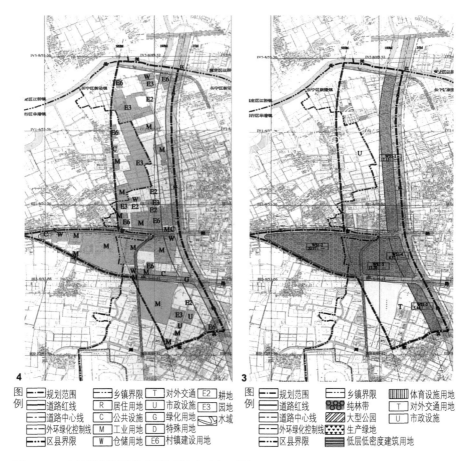

图3-10　实施性规划的控制性图则（西南一段）
来源：韦东，1998

1999年6月，上海市规划委员会办公室批准了调整后的《上海市外环绿带实施性规划》[沪规委办（1999）第422号]。2000年，市规划局正式批准了外环绿带控制性规划图纸，发布了《关于外环线绿带绿化控制线图纸发放的通知》[沪规划（2000）第0330号]并向各区下发了外环绿带的控制图则，外环绿带规划的总面积最终锁定在6204hm²。

3.3
新世纪的巩固与加速

3.3.1 "规划绿线"

早在1995年《迈向21世纪的上海》课题报告中，政策设计者们便提出了外环绿带应该尽早立法，通过空间管制手段对土地的开发和使用提前进行控制，以确保规划绿带能顺利实施。到1999年，《文汇报》发文提出，400m经济林带是外环绿带的重头戏，是完成500m宽度的关键。各区应尽早将具体规划落实下来，借助法律手段，对规划范围内的土地进行严格控制，这样的规划才有严肃性，也才能避免绿带被其他建设用地所蚕食。另外，由于经济林带的产品要参与市场竞争，因此还应尽早准备相应的苗木种子。如果现在规划不具体，土地管控不力，一旦项目启动，又要赶任务和进度，会影响项目成果。以往这样的教训很多，在外环经济林带的建设上，千万不要重蹈覆辙①。

2000年8月，建设部在上海召开了城市绿化市长座谈会，会议主要讨论了当前我国城市绿化建设的一些问题：①绿化法规很不健全，因而大量的"非法占绿"行为难以得到有效控制；②在城市总体规划中，绿化空间的贯彻力度和实施深度体现得不够；③绿化建设的管理体制和机制还较为落后。另外，时任建设部部长俞正声在会议上还对上海市近年来的绿化工作进行

---

① 应重视外环线经济林带建设[N]. 文汇报，1999-03-23（9）.

了肯定，认为上海的绿化建设"水平高、难度大"，但市委市政府"决心大"，因此这几年上海的绿化建设"变化大"，对全国各大城市都具有借鉴意义。时任副市长韩正在会上汇报了"上海21世纪绿化建设"的战略思路，提出要高起点规划和高速度建设，并要高水平管理，巩固现有成果，形成长效的绿化管控机制①。

　　2000年底，上海城市绿化建设管理终于有了相应的法律依据。11月1日，经上海市第十一届人民代表大会常务委员会第二十二次会议所修订的《上海市植树造林绿化管理条例》开始正式施行。该《条例》明确提出了要以"绿线"为手段，对已经建成的绿地和城市规划所确定的绿地（包括公园用地、楔形绿地、外环绿带，以及城市主要道路与河道两侧的规划绿带）进行严格管理，禁止在划定绿线的绿带范围内新建、扩建各类建筑物和构筑物（图3-11）。按照《条例》的规定，如果在规划绿线内出现了违章建设，不但会被规划管理部门责令限期改正，还会对其处以工程土建造价5%至30%的罚款。

　　市或区（县）规划管理部门应当会同绿化、林业管理部门对已建成的绿（林）地、规划确定的公园用地、楔形绿地、外环线绿带，以及城市主要道路、铁路、公路、江堤、河道（湖泊）、海塘沿线的绿（林）地划定规划绿线。
　　未经法定程序不得调整规划绿线。不得在规划绿线内新建、扩建建筑物、构筑物。

图 3-11　2000 年上海市关于"规划绿线"的法规宣传画
来源：本刊《上海人大月刊》辑编，2000

---

① 全国城市绿化市长座谈会在沪举行［N］. 解放日报，2000-08-08（4）.

对绿带用"规划绿线"进行管控，是上海市在全国城市规划系统率先引入的一个新理念[①]。在这之前，人们最为熟悉的莫过于"规划红线"，也就是道路和地块的边界，这样的边界由于具备了相应的法律效力，因此受法律保护且不得擅自改动。在绿化管理法规中引入"绿线"的概念，是上海市在新世纪城镇化发展和城市绿化建设齐头并进的时期，为了保证规划绿地不被其他城市建设活动占用所采取的一个管控手段，体现了上海市政府"规划建绿、依法治绿"的决心。并且，在法规中，外环绿带被明确指出是"规划绿线"应当控制的范围，这对于当时外环绿带的建设管理者而言，无疑是如鱼得水、如虎添翼。

3.3.2　总体规划的肯定

进入20世纪90年代以来，由于国家对上海提出"一个龙头、三个中心"的发展要求和战略定位，上海市的城市性质和定位便由中华人民共和国成立初期的"后卫"向改革开放的"前锋"开始转变（姚凯，2007）。为了适应这一转变所带来的问题，市政府于1993年6月底召开了上海市第三次城市规划工作会议，会议提出要以上海21世纪的发展战略为依据，重新修订上海市的城市总体规划。也正是在这次会议中，外环绿带的规划构想被正式提出，并成为新一轮城市总体规划空间布局的重要内容。

而仅仅四个月以后的1993年10月中旬，市政府又召开了第四次规划工作会议，黄菊同志在会上又提出了修订上海市城市总体规划的指导思想和发展设想。其中，规划编制的指导思想要体现"四个立足于"，一是要立足于把上海建设为国际经济、金融和贸易的中心城市之一，体现面向世界、服务全国的要求；二是立足于21世纪的长远发展，要有超前意识，充分体现"现代化"和"国际化"的要求；三是立足于发展阶段，规划的起点要高，并能反映社会发展趋势；四是要立足于经济、社会和城市规划的有机统一。此外，会议还提出了确立国际中心城市的战略目标、培育服务全国面向世界的城市功能、形成合理的城市空间和产业结构布局，建设现代化的城市

---

① 上海规定：已建绿地内不许建房［N］. 解放日报，2000-11-30（4）.

基础设施等方面的具体蓝图和设想（文慧，1994）。在这其中，当时所提出的总体规划初步方案，一共包括八大类现代化的城市基础设施，其中第八项中明确指出要建设好500m宽的环城绿带，以改善上海的城市生态环境（黄吉铭，1995）。

　　这两次规划工作会议之后，经过市、区、县各级政府和部门的努力，上海市城市总体规划的征求意见稿于1996年基本编制完成。1997年初又征集了人大、政协、各区县政府及部分机构等58家单位的意见和建议，明确了征求意见稿中的一些问题。之后，市委市政府分别从近期建设规划、中长期发展框架和长三角大都市圈战略规划等三个方面对总体规划进行深化和细化，对规划进行了进一步完善。1998年，市政府又重点对城镇体系、综合交通、产业布局、历史保护、城市环境等内容进行了专题研究，并对方案做了相应的调整，至此上海市城市总体规划的编制基本完成。经过市规划委员会、市人大、政协的审议程序，1999年11月，上海市城市总体规划方案在市委七届五次全体会议上原则通过，并在3个月后，经市人大常委会审议通过后上报国务院审批。

　　在审议过程的会议中，新一轮城市总体规划在编制内容的突破和创新方面被给予了较好的评价，特别是在对外交通和通信、城市体系布局、环境保护、生态建设和历史文化传统等方面尤为突出（方角，1999）。时任副市长徐匡迪也在市规划委员会的审议会议上强调，新一轮城市总体规划在内容方面有几个新突破：一是突出了对外交通和通信系统的框架问题；二是明确了"多层多核多轴"的城镇体系布局；三是突出了绿化建设，形成了有特色的城市绿化系统；四是在重视历史文化保护的同时，也兼顾了社会事业发展（《上海城市规划》，1955）。可以看到，在总体规划的编制过程中，外环绿带所体现出来的重要性是不言而喻的。绿带不单是实现城镇体系布局和预期空间结构的主要的辅助要素，也是提升生态环境和绿化建设的直接手段。由此可以看到，总体规划所体现出来的"新突破"，比如"多层多核多轴"的结构，以及"特色的城市绿化系统"，这两方面都需要借助外环绿带的顺利实施，才有机会圆满实现。

　　2001年5月21日，国务院颁布了《国务院关于上海市城市总体规划方案的批复》（国函〔2001〕48号），文件原则同意《上海市城市总体规划

（1999—2020）》的方案（图3-12），并要求严格实施总体规划。国务院的批复文件一共有九条，其中肯定了上海市作为全国经济中心的定位，同意了总体规划所确定的6340km²的规划区范围，提出了要合理规划产业与用地布局，并严格控制城市人口和建设用地的规模，要求应加强城市基础设施的建设、城市生态环境的改善和历史文化名城保护和城市景观规划的工作，文件最后还强调，应严格实施城市总体规划，规划区内的一切建设活动必须符合总体规划的要求，并应继续深入编制分区规划、详细规划和各项专业规划，进一步建立健全城市规划、建设和管理的各项法规。

在这九条批文中，涉及外环绿带的是在第七条，文件里是这样表述的："……加强城市环境综合治理，保护和改善生态环境……提高人均公共绿地指标，调整绿地布局结构，完善绿地类型，加紧建设外环绿化带和滨海防护林，形成以'环、楔、廊、园'为基础的中心城绿化系统和以大型生态绿地为主的市域绿色空间体系……"

可以看到，在国务院的批复文件中，外环绿带的重要地位十分明显。首先，外环绿带获得了国务院的认可，并在批复中明确提出要"加紧"建设，这说明国务院对外环绿带的建设是持积极态度的，也希望外环绿带能够尽早完成。其次，外环绿带在城市绿地布局中的结构性作用也得到了认可，批复中明确了要建设以"环、楔、廊、园"为基础的中心城绿化系统，

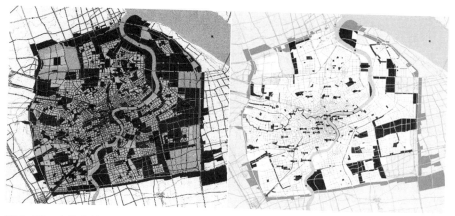

图3-12　上海市总体规划（1999—2020）与绿地系统布局（右图浅绿色为外环绿带）
来源：《上海市城市总体规划（1999—2020）图集》（上海市人民政府，2001）

而外环绿带正是这个"环"形结构。最后，外环绿带的地位，从地方的工程项目写入国务院的批复文件，成为一项重要的国家法令，具备相应的法律效力，成为上海市新世纪城市建设的重要准则之一。

3.3.3　专项法规的出台

从1996年开始动工的外环绿带，计划的建设年限是15年，分为三期实施，尽管市政府于2000年11月出台了关于"规划绿线"的管制法规，但由于外环绿带的建设涉及范围大、时间跨度长、投资来源广、开发形式多样，如何对其进行有效的监督和后续管理是政府部门一直以来所面临的一个难题。

实际上早在1998年6月，上海市人大法治办公室、市建委、市园林局就专门针对环城绿带管理的法制化问题进行过相关的课题研究，形成了相应的调查报告和成果，并在此基础上形成了环城绿带管理办法大纲［本刊《领导决策信息》，2002］。21世纪以来，由于诸如违章建筑、用地建设变更等问题频频在环城绿带的范围内出现，外环绿带法制保障的完善和管理机制的优化变得尤为迫切。在这样的情况下，2002年3月5日，上海市人民政府发布了《上海市环城绿带管理办法》（上海市人民政府第116号），并规定自2002年6月1日起施行此办法①。

这套办法出台以后，在当时的社会舆论界产生了一定的影响，媒体均以"尚方宝剑""保护神"等词汇强调《办法》的重要性。实际上，这一时期也正好是环城绿带建设的关键时期，因为2002年正好是100m林带基本完成、400m林带即将动工的一年。但由于当时100m林带中已经出现了一些违章建设的问题，因此接下来的规模更大、用途更为多元、情况更为复杂的400m绿带，亟须借助相关法规的完善来确保规划的顺利实施。在这样的背景下，市政府常务会议在2002年上半年便颁布了《上海市环城绿带管理办法》，这也是国内第一套针对城市大型绿化带的实施所制定的法律规范。

---

① 该法规的基本内容，可参见第5章实施过程评价中第二阶段的"实施条件"部分。

这套《办法》的出台，是上海市城市总体规划实施的重要补充。一方面，总体规划是《办法》的依据和前提，因为外环绿带是因为总体规划的上报而获得国务院批准的，并由此成为国家法令中的重要内容，所以与绿带相关的法规保障的制定和完善，便成了地方城市规划法规建设中的主要任务之一。另一方面，《办法》的制定又是总体规划实施的延伸，因为总体规划的实施必须依靠城市建设各个系统和领域中的规章制度来规范建设活动，作为总体规划结构布局中的重要内容，外环绿带之前缺乏相应的法规保障，而《办法》的出台正好填补了这个空白，这体现出了城市总体规划实施的法制化特点。

3.3.4　走向社会共建

2000年初，在外环绿带100m工程一期建设顺利完工之时，二期工程的实施也开始积极筹备了。该工程的实施范围分为浦西和浦东两个部分，浦西以沪嘉高速公路为起点向北一直到宝山区的黄浦江；浦东从黄浦江三岔港起到孙小桥立交。此段100m林带主要涉及普陀、宝山和浦东三个区，总长约52km，规划面积为520hm²。在绿化部门大力推进和市委市政府的大力支持下[①]，经过为期两年的建设，2002年10月，外环线100m林带的二期工程终于接近尾声，除了宝山区尚有20hm²的林带还在建设以外，其他地段均已完工。至此，全长为98km、总面积达920hm²的上海市外环线环城100m林带基本建成。截至10月底，100m林带共种植乔木169万株、灌木447万株，铺设地面植被125万平方米。这项跨世纪的工程几乎是和外环线道路工程同期推进的，也几乎在同一时期完成。[②]

回顾外环线100m林带的建设历程可以发现，这一项原计划实施五年、规划面积为980hm²的工程，最终工期延长了两年，之所以会出现这样的情况，主要是由于三个方面的原因：①外环周边城镇开发建设的影响，阻碍了绿带的进展；②绿化部门推进建设，有一个主观经验积累的过程。回顾

① 申城"大手笔"铺绿［N］. 解放日报，2000-05-29（4）.
② 上海最大跨世纪生态工程绿带绕申城［N］. 解放日报，2002-10-25.

100m林带的实施过程，一、二期100m林带的建设都是前两年实施面积小、后面一两年却突飞猛进式增长（表3-4）。实际上，这样的过程从侧面反映了绿带建设者们"边建设、边摸索、边总结、边提高"的渐进模式（陈伟，2003）；③尽管环城绿地是在市委市政府的高度重视下推进实施的，但由于实际遇到的困难比预想得要多，虽然资金得到了保障，但并不算丰厚。在100m林带实施期间，就曾有专家建议绿带走产业化道路，要与苗木生态和发展经济林相结合，以收益来服务建设，并号召全市人民设立一个绿色基金，以保障工程顺利实施。[①]也就是说，如果要外环绿带顺利推进，必须通过全社会力量的参与，这样也体现了"人民的城市人民建"的宗旨。

环城绿带100m林带一、二期实施进展情况表　　　表3-4

项目名称	实施年份	所涉区名	建成区段	建成面积/hm²
环城绿带100m林带一期工程	1995-1996	普陀	桃浦镇	13
	1997	浦东新、徐汇、闵行	浦东杨高南路至闵行朱梅路	69
	1998	闵行、长宁、嘉定、普陀	闵行朱梅路至沪嘉高速公路	144.7
	1999	南汇、浦东	浦东孙小桥立交至杨高南路	138.4
		徐汇、闵行、嘉定	拆违建绿	
环城绿带100m林带二期工程	2000	宝山	走马塘至江杨路	75
	2001	宝山	走马塘至吴淞	45
	2002	宝山、普陀、浦东	外环二期沿线	435.2
合计	1995-2002	外环路全线贯通		920.3

来源：管群飞，2004

　　2002年5月，上海市第八次党代会提出，为了提高上海的环境质量，落

---

① 市郊绿化造林遭遇困难，专家建议走产业化道路［N］. 新民晚报，2001-09-17（5）.

实"三个代表"重要思想，体现以人为本，致力于人民安居乐业，并造福于子孙后代，上海将加快城市生态绿化建设的速度，以创建"国家园林城市"①。在当时，已经获得"国家园林城市"称号的城市有29个②，其中绝大部分是生态基础较好的二、三线城市。从当时的实际情况来看，上海市的各项"园林城市"指标确实不突出。截至2002年初，上海的人均公共绿地为5.56m²/人，绿化覆盖率为23.8%（上海市统计局，2009），这距离人均公共绿地7.5m²/人，绿化覆盖率35%的园林城市标准，还有较大的距离。

2002年7月，为了顺利实现2003年创中华人民共和国成立家园林城市的目标，上海市政府提出了要在2003年新建绿地4000hm²的"超常规"发展计划。作为实现这一计划的主体工程和"重头戏"，面积超过2600hm²的外环绿带400m一期工程自然也需要通过"超常规"的方式来完成，而不能走100m林带工程那种由政府统一征地、统一建设的老路子。实际上，早期的环城绿带建设方案就提出，考虑到政府的资金问题和农业产业结构调整的问题，外环400m绿带工程最好能通过吸引社会力量参与来进行建设，而不是由政府统一征地建设，这样才具备可操作性。绿化部门的管理人员也提出应结合社会与市场的多元化力量来建设400m绿带，共建"绿色家园"，让所有的上海市民都成为"绿色神话"的创造者。③而在具体的建设实践中，上海市政府分别从两个方面引导社会参与绿化建设：④一方面是"政府带头、群众参与"，另一方面则是"政府搭台、企业经营"。

与此同时，为了提升全社会参与绿带建设的积极性，上海市政府于2002年8月批准了由市计委、农委和农业局制定的《关于促进本市林业建设的若干意见》（沪府〔2002〕87号）。该《意见》旨在结合郊区的农业结构调

---

① 未来5年上海将建成国家园林城市［N］. 人民日报，2002-05-24.
② 国家园林城市是根据住房和城乡建设部制定的《国家园林城市标准》所评选出的绿化分布均衡、结构功能合理、景观环境优美、人居生态舒适的、安全宜人的城市。2002年以前国家一共评定通过了6批国家园林城市，其中上海的闵行区于2001年被评为"国家园林城区"，同期评为园林城市的基本为国内的二、三线城市，如江门、惠州、茂名、肇庆、襄阳、葫芦岛等城市。
③ 亲近森林不再遥远：2600hm²森林环带建设启动［N］. 解放日报，2002-12-06（5）.
④ 外环400m绿带建设模式的具体情况，可参见第6章实施过程分析第二阶段中的"执行运作"部分。

整，加大城乡林业建设力度，使全市绿化在总量上获得大幅度增长，基本形成"城中有林、林中有城"的、符合现代化国际大都市要求的生态环境。《意见》提出了林带的三种投融资模式[①]，并指出外环线环城林带是近几年实施的重点。

　　由于发动了广泛的社会力量，并结合市场化的多元投资路线，加上市政府的高度重视，外环线400m绿带的建设进展异常迅速。根据当时新闻报道的数据，仅到2003年4月，外环线400m环城绿带就建成绿地1212.98hm^2，完成了工程总量的58%，而正在建设的绿带为734.93hm^2，占总量的35%，两者共占工程计划总量的93%。按照当时的估计，剩余7%的绿带只需要一两个月便可以完成[②]。果不其然，仅仅两个月以后，2003年7月初，上海市绿化管理局对外透露，市政府"一号工程"、创建国家园林城市的绿化主体工程——外环线400m绿带取得突破性进展，截至6月底，环城400m绿带已建成绿地2106hm^2，提前半年完成了年度计划[③]。但是，为了给创建国家园林城市打下更为坚实的基础，绿化部门建设绿带的步伐并没有停下，而是继续选择了冲刺。2003年国庆期间，环城绿带建设又创佳绩，截至10月1日，外环400m绿带已建成2643hm^2，比年计划的总量多出了25%，与此同时，还有513hm^{2}的绿地正在建设，预计在年底前便能完成。当时的主流媒体也专门对此做了报道，题名为"申城环城绿带建设加速，9个月完成年计划的125%"。

　　2003年10月22日，市政府召开上海市创建国家园林城市新闻发布会，会上对上海市近年来绿化建设的超常规发展进行了说明，并通过上海城市发展研究中心和市航空遥感综合调查办公室发布的绿化遥感调查成果，宣布上海市的三大绿化指标已经全面达到了国家园林城市的基本要求[④]：绿地率34.51%，绿化覆盖率35.78%，人均公共绿地面积超过9m^2。

---

① 主要包括：（1）以林养林，政府鼓励农户从事经济林建设，并给予扶持和优惠政策；（2）以房建林，允许企业或个人在林带范围的一定区域内，进行低密度住宅开发，通过盈利来保证林带的养护和管理；（3）以项目促林，允许企业或个人在林带范围的一定区域内，进行体育休闲项目的开发，通过盈利来保证林带的养护。
② 四百米环城绿带有望下月建成［N］. 上海要闻，2003-05-21.
③ 市府"一号工程"外环绿带提前半年完成年度建设计划［N］. 解放日报，2003-07-10.
④ 上海走进国家园林城市［N］. 华东新闻，2003-10-24（2）.

2003年10月31日，建设部
考察组来到上海，在市委领导
的陪同下评估上海市近年来的
国家园林城市创建工作。2004
年1月13日，在北京召开的全国
建设工作会议上，由于突出的
绿化建设成绩（图3-13），加上
各项指标和相关考核均达到要
求，上海市顺利获得了"国家
园林城市"的称号，这是全国
第30个获此殊荣的城市。2月3
日，时任建设部部长汪光焘专
程从北京来到上海，与市长韩
正一起参加了授予上海"国家
园林城市"称号的揭牌仪式。
汪光焘肯定了上海市绿化建设
所取得的成绩，并认为在创建

图 3-13　1994-2006 上海市绿地变化遥感图 [①]
来源：史利江 等，2012.

国家园林城市的过程中，上海市政府探索了一条极富创新精神的新路子，
有很好的借鉴意义和推广价值 [②]。

　　获得"国家园林城市"，意味着上海摆脱了人们一贯所认为的"钢筋混
凝土城市"和"水泥城市"的印象，在生态绿化建设方面迈出了重要的一
步。新世纪以来，上海市城市建设奏响了鲜明的"绿色交响曲"，仅仅通过
几年的努力，便获得了划时代的成绩。显而易见，而在这个过程中，作为
绿化建设的主体工程——外环线400m绿带的贡献作用是尤其关键的，是上
海摆脱"灰色城市"、走向"园林城市"的重要因素。

[①]　从图中可以发现，1994—2006年间外环沿线的绿化增量是比较明显的，与外环绿带的位置
　　基本吻合。
[②]　整理自2004年1—2月《东方早报》和新华网等主流媒体的相关报道。

3.4
生态专项的逐步推进

3.4.1　用地"瓶颈"

　　进入2004年，在帮助上海成功评下"国家园林城市"之后，外环绿带的一些问题也变得更加复杂起来[1]。比较突出的现象是，由于绿带内城镇开发建设难以完全遏制，各区县已经没有充足的土地继续推进绿带建设了。这一年，绿化管理部门对上海各区县外环绿带1996-2003年之间的建设情况进行了统计，分析了各区县绿带建设的实施特征，并提出了后续的政策措施和实施策略（管群飞，2004）。借助相关数据，作者对主要区镇内绿带规划范围中主要减少的土地，以及这些土地转化为各类建设用地的情况（表3-5）进行了统计[2]。

1996-2003年外环绿带规划范围内土地变化情况　　　　表3-5

行政区划	规划绿带面积 /hm²	规划范围内减少（变更）的土地类型及面积 /hm²		土地变更率	范围内增加的建设用地			实施绿带率
					绿带用地 /hm²	非绿带用地 /hm²		
高桥	647	宅基地、待开发、农田	110	17%	10	工业	100	9%
高东	248	农田、宅基地	100	40%	90	工业	10	90%
曹路	282	农田、宅基地	123	44%	98	工业	5	95%
唐镇	364	农田、宅基地	178	49%	154	工业	26	86%
三林	306	农田	230	75%	170	工业	37	82%

---

[1]　这一时期外环绿带面临的各种问题，详见后面第5章实施过程评价的第三阶段的"背景问题"部分。

[2]　笔者从30个镇中选出了20个绿带规划面积较大，且调整量较为明显的区镇，这样更具代表性。另外，数据在处理时都四舍五入取整，由此更加清晰且便于计算。

续表

行政区划	规划绿带面积 /hm²	规划范围内减少（变更）的土地类型及面积 /hm²		土地变更率	范围内增加的建设用地				实施绿带率
					绿带用地 /hm²	非绿带用地 /hm²			
孙桥	375	农田	228	61%	150	工业	100		60%
川沙	1194	农田	400	34%	300	工业、小区	130		70%
康桥	608	农田、宅基地	419	69%	330	工业、小区	86		79%
华泾	105	工业、宅基地	31	30%	20	道路、小区	10		67%
梅陇	186	待开发、宅基地、农田	74	40%	30	工业	40		43%
七宝	235	待开发、农田、工业	112	48%	82	宅基地	20		80%
莘庄	61	待开发、宅基地	16	26%	16	—	—		100%
航华	39	待开发	18	46%	7.5	工业、小区	10		43%
新泾	80	农田、待开发、工业	61	76%	48	宅基地、小区	10		83%
桃浦	152	待开发、农业	70	46%	70	—	—		100%
江桥	82	农田、待开发	45	55%	30	工业、小区	15		67%
杨行	212	工业、农田	105	50%	94	小区、道路	9		91%
刘行	416	宅基地、农田	320	77%	310	工业	30		91%
顾村	248	农田、待开发、工业	145	58%	122	宅基地、小区	21		85%
祁连	126	农田、待开发	100	79%	94	工业、道路	5		95%
合计	5966	—	2885	48%	2225.5	—	664		77%

来源：管群飞，2004

通过对相关数据的整理和分析，发现以下特点：

1）各区镇绿带规划范围内的土地，在1996—2003年间减少了约一半，并变更为其他性质的用地。在实际的计算中，如果按各区的土地减少量来计算，其比率为48%；如果算各区比率的平均值，其结果是51%。也就是说，在1996—2003年间，外环绿带规划范围内约有50%的土地发生了性质上的变更。

2）从变更的土地类型来看，最主要的是农田用地，基本上每个区的农田用地都在1996-2003年间明显减少，其次是宅基地和待开发用地，这构成了建设绿带的土地来源。虽然浦西部分区镇（如七宝、新泾、顾村）的规划绿带范围中也减少了工业用地，但总量很少。这说明，各区的绿带实施，虽然在规划层面划定了实施范围，但从具体的操作层面来讲，还是属于"见缝插针"的，只有农田、宅基地和待开发用地等这些不涉及较大规模动迁的土地，成为实施绿带的主要选择。

3）尽管规划绿带范围中有一半的土地变更为建设用地，但变更的结果并不完全是符合政策要求的绿带用地，还有部分城镇建设用地，尤其以工厂企业用地最为突出。从表3-5中各区镇减少土地变更为建设用地的情况来看，尽管最后有77%的建设用地都作为了绿带用地，但还是有23%的土地未能按规划建为绿带。这意味着，只有近八成的减少用地按规划变更为绿带用地，剩下两成多的土地都成了城镇建设用地。虽然绿化用地的总量占了上风，但城镇建设所带来的冲击也不容小视，城镇开发与绿化建设的矛盾，在这一时期外环绿带规划范围内的土地建设进程中是十分明显的。

4）正是由于各区镇外环绿带建设与城镇开发建设存在矛盾，很多具备条件的区镇便在规划范围外增加了大量的绿地，并将其纳入外环绿带的范围，这些用地基本都集中在外环线的内侧，如浦东新区增加了678hm^2，原南汇区增加了225hm^2，闵行区增加了97hm^{2}等。这种在规划范围外寻找增量的做法，虽然符合实施性规划所提出的"灵活调整、内外结合"的原则，但事实是原有的规划范围很难完全落实为绿带，因此必须在规划范围外寻找增量。

综上所述，通过对1996—2003年的外环绿带建设情况所进行的回顾，可以发现在绿带规划范围内，未开发土地最后建设为绿带的比例是相对有限的，城镇建设和工业建设的冲击尤其明显，不但难以动迁，而且还要与绿化建设"抢地"，各区镇不得不在规划范围外寻找新的空间来提升绿化指标。这也进一步说明外环绿带规划在建设用地方面的"瓶颈"已经十分明显了。

3.4.2　外环生态专项

　　尽管面临着困难，但市政府建设绿带的决心仍然坚定。2004年3月，时任上海市市长韩正召开市政府常务会议，会上听取了相关部门对环城绿带规划实施的初步检查情况，指出外环绿带是20世纪90年代初期所确定的具有长远战略意义的重大规划，市委市政府应该坚持贯彻实施下去，应当严格整治环城绿带的规划实施，坚决遏制违法建设行为[①]。此次会议结束后，外环沿线的各区都响应市政府的精神，对管辖范围内环城绿带的建设情况进行了检查，并开展了相应的拆除违章建筑的工作[②]。2004年6月，上海市绿化局会同市规划局对环城绿带各区县的绿线调整、项目落地和村民动迁等内容开展调研，并对各区的上报方案进行整合，提出绿线的调整方案，开始为环城绿带的下一轮建设启动做准备。

　　从2005年起，各区县规划局陆续会同上海市规划局编制完成了各区的《外环生态专项建设工程规划》[③]，确定了各区绿带的调出和补偿用地。新一轮规划强调了绿带的复合功能和各区段的主体特色，以建设多样而复合的生态"彩带"（图3-14）。在此轮规划中，方案结构延续了之前方案中"长藤结瓜"的设想。但在具体操作层面，2006年生态专项突出的主要节点——也就是"瓜"，主要分布在绿带的四个角，即后来的滨江森林公园、迪士尼乐园、闵行体育公园和文化公园、顾村公园（图3-15）。

---

① 参见韩正主持市政府常务会议研究贯彻落实西部开发工作会议精神以及整治环城绿带违法建设等工作，市政府常务会议（2004年3月22日），政府信息公开，上海市政府门户网站。

② 参见上海市政府门户网站2004年3—4月上海要闻中的相关报道。

③ 普陀区于2005年6月编制完成《普陀区生态专项建设工程规划》，2005年12月—2006年10月，徐汇、闵行、长宁、嘉定和宝山等区也先后完成了相应的编制工作，浦东新区则于2007年4月完成。

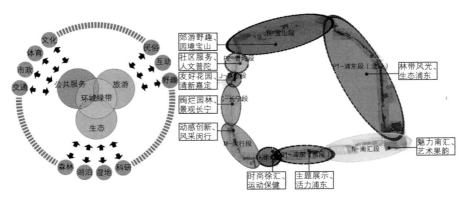

图 3-14　上海市外环生态专项建设工程总体方案
来源：上海市城市规划设计研究院，上海市基本生态网络结构规划，2010

图 3-15　2006 生态专项规划的主要节点
来源：《上海市基本生态网络结构规划》（上海市城市规划设计研究院，2010）

　　而在"藤"的建设方面，新一轮规划则提出应要形成以森林、水系、湿地、田园风光为主的城市林带。绿化带的绿地率应控制在94%以上，乔木覆盖率不低于60%，水面面积不得少于12%，并规划有紧急防灾避难场地。环城绿带将最终建设成为具有"春景、夏绿、秋色、冬姿"等丰富景观效果的"环城彩带"，成为广大居民的生态游憩场所。

在本轮生态专项规划中，最为引人注目的一点便是提出了"捆绑开发、带动建设"的新政策[①]。这是外环绿带在各种困难的紧逼下，以市场经济的方式来解决资金问题的一次尝试。尽管土地的升值使环城绿带动迁和建设的成本一路攀升，但与此同时，由于绿带建设所带来的周边土地的增值效应也愈发突出。考虑到这个现象，政府相关部门经研究决定，在绿带周边选择一些升值空间较大的用地，通过这些用地的收益来带动生态建设，成为生态建设的"捆绑用地"。

另外，考虑到有限的用地资源与建设的可操作性，新一轮生态专项将外环绿带上每一块用地怎样规划和怎样设计的问题都考虑到了，也就相当于是详细规划（袁念琪，2011）。这和之前的绿带规划有所差别，之前的规划虽然依据法律法规进行了绿线管控，但毕竟只是一根线，里面具体做什么，应该如何做，并没有明确的计划，这就造成了一定的不确定性，并成了一系列问题发生的根源之一。而生态专项规划则提出了具体的实施方案和控制指标，将落地、设计、施工和管理养护都结合到一起进行了考虑[②]。

为了确保生态专项工程顺利实施，新一轮外环生态专项进一步确定了市、区两级分工的协作模式，并根据情况，由市政府与相关区县签订了工作目标责任书，将各区生态专项的基本内容都明确到位（表3-6），以联手推进外环绿带的优化和完善（李斌，2013）。

各区2006年外环生态专项规划的基本情况　　　　表3-6

区县	生态专项规划基本情况
浦东新区	规划外环绿带总面积为 4174.5hm²，2006 年前已完成 1640hm²。新一轮生态专项规划总面积为 551hm²，其中原浦东 3 个项目，分别为 05 生态专项 109hm²（含金海湿地公园、华夏公园等绿地）、补天窗项目 158hm²、滨江森林公园项目 189hm²，原南汇有 1 个项目，即南汇外环生态专项 95hm²。浦东新区生态专项将获得市政府补贴约 10 亿元，并有 194hm² 的捆绑用地指标

---

① 有关此政策的详细说明，详见第6章实施过程分析中第三阶段的"执行运作"部分。

② 各区于2007年3月编制完成了《生态专项工程指导意见与控制性图则》，对生态专项各个地块的设计指标进行了规定，而在具体实施层面，则是以具体项目的形式上报，在建设前就明确设计细节。具体的说明可参见第5章实施过程分析中第三阶段的"规划应对"部分。

续表

区县	生态专项规划基本情况
徐汇区	规划外环绿带总面积为 102.8hm²，2006 年前已完成 18hm²。新一轮生态专项规划总面积为 84.8hm²，主要包括华泾公园和徐汇滨江生态游憩带。徐汇区生态专项将获得市政府补贴约 3 亿元，并有 21hm² 的捆绑带动用地指标
闵行区	规划外环绿带总面积为 498.7hm²，2006 年前已完成 167.5hm²。新一轮生态专项建设规划总面积为 326.5hm²，同时将 400m 绿带中 86.7hm² 的用地征为生态专项用地，包括闵行文化公园、华漕至莘庄项目、梅陇项目等 3 个工程。闵行区生态专项将获得市政府补贴约 7.2 亿元，并有 65hm² 的捆绑带动用地指标
长宁区	规划外环绿带总面积为 92.7hm²，2006 年前已建成 41.6hm²。新一轮生态专项规划总面积为 34hm²。长宁区生态专项将获得市政府补贴约 1.9 亿元，并有 14hm² 的捆绑用地指标
嘉定区	规划外环绿带总面积为 120.5hm²，2006 年前已完成约 47hm²。新一轮生态专项建设规划总面积为 73.6hm²，同时将 400m 绿带中 45hm² 的用地征为生态专项用地。嘉定区生态专项将获得市政府补贴约 2 亿元，并有 32hm² 的捆绑带动用地指标
普陀区	规划外环绿带总面积为 142.4hm²，2006 年前已完成 65.2hm²。新一轮生态专项建设规划总面积为 77.2hm²，同时将 400m 绿带中 33.4hm² 的用地转为征地。普陀区生态专项将获得市政府补贴资金 2 亿元，并有 16.15hm² 的捆绑带动用地指标
宝山区	规划外环绿带总面积为 1052.4hm²，2006 年前已完成 593hm²。新一轮生态专项建设规划总面积为 442.4hm²，包括顾村公园一期等项目，并同时将 400m 绿带中 528.8hm² 的用地征为生态专项用地。宝山区生态专项将获得市政府补贴资金约 10.2 亿元，并有 135hm² 的捆绑用地指标

来源：根据各区的生态专项规划资料整理

从表3-6中可以明显看出新一轮生态专项工程实施推进的几个特点：①公园建设成为本轮绿带实施的焦点。比如浦东生态专项中的滨江森林公园一期、金海湿地公园和华夏公园，徐汇生态专项中的华泾公园，闵行生态专项中的七宝文化公园，宝山生态专项中的顾村公园一期。②2002年由社会参与共建的400m绿带，将有部分被征用为生态专项建设用地。其中闵行有86.7hm²，嘉定区有45hm²，普陀区有33.4hm²，宝山区有528.8hm²，其总量接近700hm²，这一部分用地占生态专项规划总用地的44%。③市政府为各区提供了总额约36亿元的生态专项建设资金，并专门为各区提供了总量为477hm²的捆绑带动用地指标，用于协助生态专项工程建设。除了市里的资金和给捆绑用地指标所带来的资金外，区政府还需要自己贴一部分资金，按照当时的投资预算，新一轮生态专项总共大概需要421亿元。按照计划，新一轮生态专项应在2010世博会开幕前基本完成。

3.4.3 逐步调适的绿带建设

自生态专项工程实施以来，在市、区政府和相关部门的积极推进下，环城绿带实施取得了一些新的进展，并先后建成了一些重要的公园绿地。但是，总体而言，由于受国家宏观调控、区县基础设施建设压力、动迁成本进一步攀升等各方面因素的影响，生态专项工程的整体推进还是较慢，滞后于规划的时间节点。到2010年时，各区生态专项工程共完成建设591hm²，只占计划任务总量的37%，而此时的投资已经达到185亿元，占投资总量的54%，而各区的进展也不太均衡，徐汇、浦东、宝山、长宁等区的完成率已超过40%，而闵行、嘉定、普陀的完成率均在30%以下（李斌，2013）。

尽管外环绿带新一轮的建设进展未能达到预期，但随着绿带实施的深入，绿化部门编制了环城绿带工程的专项规范，为绿带的进一步实施提供了经验基础和操作指南。2012年7月，上海市城乡建设和交通委员会通过了由绿化部门和规划部分合作编写的《环城绿带工程设计规范》DG/TJ08-2112-2012①，并将其批准为上海市工程建设规范，从2012年10月1日起实施。《规范》对环城绿带的总体规定和指标、地形和水体的设计营造、种植和土壤、配套建筑与设施、道路场地桥梁、防灾避难、给排水与电力等方面提出了相应的技术规定，并在附录中推荐了适宜的树种和各区段不同景观特色下的树种建议。可以认为，《环城绿带工程设计规范》是新一轮上海外环绿带政策实施中的重要规范性措施，也是外环绿带相关部门在长期的实践和经验积累中摸索出的一套适用于本地现状、能更好应对当前形势的环城绿带建设"指南"。

近年来，外环生态专项在取得一定进展的同时，各区仍不同程度地面临一些问题，相关资料表明：①从各区的建设进展来看，到2013年底，浦东、徐汇、嘉定已经完成了总量的60%以上，其中徐汇完成率最高，达到72%，长宁、普陀、宝山的完成量也在50%以上，而闵行的完成率最低，只有37%。②从各区的捆绑带动用地来看，目前情况相对较好的是徐汇（已全

---

① 《规范》的具体内容可参见第5章实施过程分析第三阶段的"实施条件"部分。

部出让）、嘉定（已出让2/3）、普陀（已全部出让）、宝山（已出让一半），这些区的捆绑用地不但全部落地，而且均已不同程度地出让，确保了相应的生态专项资金；一般的是浦东，尽管大部分捆绑指标已基本落地，也出让了约1/7的用地，但还有部分捆绑用地的性质和指标需要更改，影响了工程了进展；情况相对较差的是闵行和长宁，这两个区目前尚没有用地出让，其中闵行区的捆绑指标只落地了2/3，并且部分还要重新调整，而长宁区在落地约2/3的捆绑指标后，发现外环周围已经没有符合要求的用地了。③从各区目前面临的主要问题来看，情况较好的是嘉定和宝山，基本没有突出的瓶颈；其次是浦东和长宁，最主要的问题是捆绑用地指标面临调整或无法落地，影响了资金的及时到位；再次是徐汇和普陀，这两区目前都面临着一些部属或市属企业的动迁问题，由于要求较高，使得动迁难以推进，需要上级机构介入协调；情况最差的则是闵行，不但面临着一些企业的动迁问题，而且捆绑用地指标也尚未完全落地，大大影响了工程的进展。

2014年3月，在最新一轮生态专项规划调整的基础上，上海市规土局与环保局联合组织开展对上海市的生态保护红线进行了划定，发改委、农委、绿化局、水务局等部门也参与了该项工作，并完成了初步方案。2015年9月，上海市生态保护红线划示规划方案，并对社会进行公示，外环绿带被定位为"绿道"系统中的"环廊"要素，其规划面积被划定为52.46km²（图3-16）。与此同时，上海市首个绿带规划《上海市外环林带绿道建设实施规划》出台，提出在2020年之前依托外环绿带建120km长的绿道，进一步丰富市民的休闲休憩活动①。尽管实施完成的比例与规划预期尚有一定的差距，但外环绿带生态专项规划实施以来完成的公园建设和局部地段的特色景观，还是给都市的发展带来了积极的影响，并且获得了较好的社会评价②。

---

① 上海外环林带绿道明年有望启动建设［N］. 东方网上海频道，2015-11-10.
② 相关内容可看本文第5章实施过程评价中第三阶段的"阶段成效"部分，亦可参考第6章实施绩效评价中"6.3 社会目标的实施效果：相对突出但稍有缺憾"这一部分。

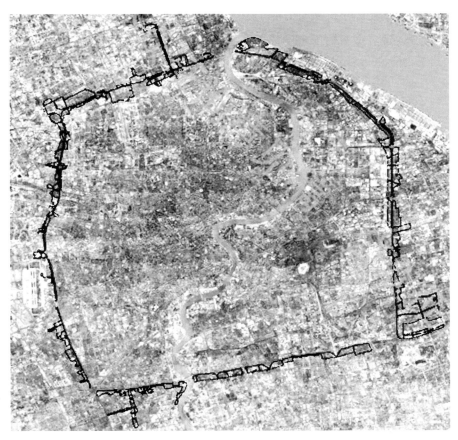

图 3-16　上海市生态保护红线划示中的"外环绿带"范围
来源：上海市规土局网站（www.shgtj.gov.cn）

3.5
本章小结：规划实施的长期性

本章主要对研究案例——上海外环绿带的规划建设情况进行了介绍。借助相关文献资料，笔者还原了外环绿带的规划建设历程，并将绿带的规划建设分为四个历史时期：（1）绿带规划的提出阶段，时间是在20世纪90

年代中期，包括最初规划设想是来源、早期规划方案的主要内容，以及相关政策法规的颁布和正式的开工建设情况；（2）外环绿带早期的建设与规划调整阶段，包括外环绿带早期的建设成就、绿化建设模式的转变和实施性规划的修正情况，这一时期的时间范围是在20世纪90年代后期至末期；（3）进入新世纪以后的绿化建设"冲刺"阶段，在这一时期，"规划绿线"、总体规划和绿带专项法规的审批通过，极大地强化了外环绿带的法定地位，之后借助社会力量的参与实施，400m绿带的建设完成了大冲刺；（4）2004年至今的建设阶段，外环绿带建设先是遭遇了用地"瓶颈"等困难，后来通过外环生态专项规划的政策调整，一定程度上缓解了困境，并启动了最新一轮的建设。各区根据现实条件，逐步推进外环绿带的工程实施。

第 4 章

现象研判：外环绿带的实施状况

　　经历了二十多年的实施建设，外环绿带的实施已经获得了一定的成效。那么，绿带的建成现状与之前的规划范围是否相合，有多少符合规划范围，有多少不符合规划范围，以什么指标来衡量？不符合规划范围的"偏差建设"的基本情况如何，是否合理？实施现状是否实现了规划预期的空间布局？本章将以上述问题为主线对外环绿带的建成状况进行评价。

4.1
外环绿带的实施状况

4.1.1　外环绿带的建成情况

　　外环绿带的实施现状如何？笔者根据2017年最新的谷歌地图、谷歌卫星图，以及相关的规划资料，对外环绿带的实施现状进行了绘制（图4-1）。但有几点需要说明：（1）并非外环线周边的绿化建设都是外环绿带，外环绿带有专门的规划范围，最新的绿带范围是2015年的外环生态红线，在此红线内的绿化用地才属于外环绿带的范围，笔者所绘制的外环绿带用地，均在此红线范围内；（2）谷歌地图上已经确认的、在外环生态红线内的绿化和水系用地，属于已经建好并且投入使用的绿带，均被笔者纳入外环绿带的实施用地之中，但根据笔者结合卫星影像图进行逐一核查的结果，地图中并不包括处在养护期或正在建设的绿带；（3）笔者根据谷歌卫星图上的最新图像信息[1]，对绿带的实施范围进行了补充和修正，尤其是将场地已经明显建设为开敞绿地，但可能还处于建设期或养护期的绿带用地补充了进去，这部分绿带尽管地图上暂时没有标出，但由于规划实施的法定程序已经完成，不久便可投入使用，因此应当列入已实施的绿带用地范围。

　　由图4-1可以发现，外环绿带在实际的实施建设中，并没有体现出规划绿带基本的空间特征：①从连续性的角度来看，尽管浦东地区的外环绿带

---

[1]　根据Google Earth上的显示，影像拍摄日期为2017年3月8日。

呈现了较好的连续性，但在浦西地区不够连续，尤其是在闵行和宝山，外环绿带在其中的某些地段未能沿外环线成形，绿带由此而"断裂"；②从宽度的角度来看，外环绿带并未形成较为统一的宽度，而是在有的地方很宽，在另一些地方则很窄，比如浦东新区的绿带总体就比较宽，而长宁区的绿带则只有很薄的一层；③从空间形态的分布来看，部分地区的绿带用地规模过于集中，而部分地区的绿带分布又相对零散，比如在宝山顾村公园地区和浦东滨江森林公园—外高桥地区，绿带的规模非常集中，而在宝山外环绿带的中段和闵行外环绿带的南段，其规模则略显分散，空间形态相对比较零碎。总而言之，外环绿带的实施与早期规划蓝图的差距是比较明显的，笔者在后文中会进行详细的分析。

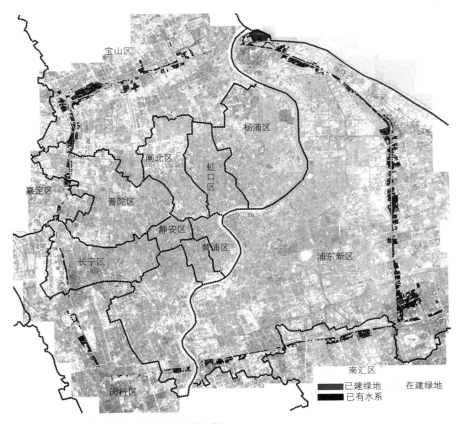

图 4-1　2017 年上海外环绿带的实施现状
来源：根据最新的谷歌地图、卫星图等相关数据自绘

4.1.2　外环生态专项的完成情况

　　以最新版的2015年外环生态专项规划为标准，建成绿带目前实施完成了多少量？还有多少没有尚未实施？根据自行绘制的现状实施图，笔者对外环绿带的建设面积进行了测算。截至2017年初，外环绿带的实施面积（包括已建和在建的用地）约为3607.1hm²，占2015年生态红线规划面积[①]的68.9%。也就是说，外环绿带目前已经完成了近七成的建设，从图4-2中也可以直观地发现，外环生态红线内的用地大部分已经被绿化建设填满，只有少部分用地尚处于待实施的阶段。

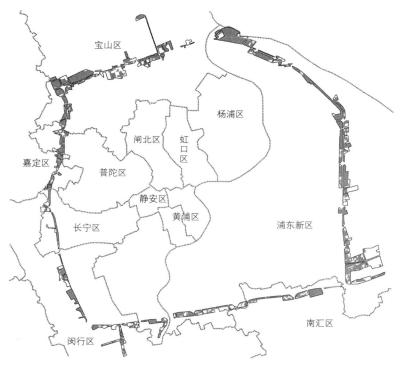

图4-2　2015年生态红线与2017年实施现状
来源：根据最新的谷歌地图、卫星图及相关规划资料自绘

---

① 2015年外环生态红线的官方数据为5246hm²，但作者测出的数据为5232.7hm²，有少许的误差，笔者在计算中采用了自己测算的数据。

　　而从各区的实施情况来看，徐汇、嘉定和宝山的完成率最高，分别为78.0%、75.9%和73.5%；其次是浦东（含原南汇）、长宁和普陀，实施完成率分别为69.5%、66.9%和64.3%；实施完成率最低的是闵行，仅为53.3%，只有规划总量的一半多一点（表4-1）。

2017年外环绿带实施完成情况　　　　　　表4-1

	规划面积 /hm²（2015 年生态红线）	已实施面积 /hm²	未实施面积 /hm²	实施完成率
浦东新区(含原南汇)	2920.6	2030.6	890	69.5%
徐汇	115.9	90.4	25.5	78.0%
闵行	525.1	279.7	245.4	53.3%
长宁	139.4	93.3	46.1	66.9%
嘉定	128.9	97.8	31.1	75.9%
普陀	171.7	110.4	61.3	64.3%
宝山	1231.1	904.9	326.2	73.5%
合计	5232.7	3607.1	1625.6	68.9%

　　从图4-2中不难发现，2015年生态红线的范围与现状的实施范围的吻合度很高，这也是2006年生态专项启动后逐步调整规划范围，使之与实际情况相适应的结果，因此有这样较高的吻合度也并不意外。更重要的是，外环绿带的实施状况与最初的规划蓝图（1994年版环城绿带规划）及法定规划（1999年版环城绿带规划）的吻合情况怎样？有哪些用地符合规划，哪些用地偏离了规划，具体情况如何？

4.2
建成绿带的基础性评价

4.2.1　评价指标说明

　　要判断绿带的实施建设与规划方案的吻合情况，有几项基本指标是不能忽略的。但在确定这些指标之前，应当明确与规划实施相关的三个变量：

第一个变量是规划方案的范围，其面积为P；第二个变量是规划范围内实施的绿带，其面积为G1；第三个变量是规划范围外实施的绿带，其面积为G2（图4-3）。

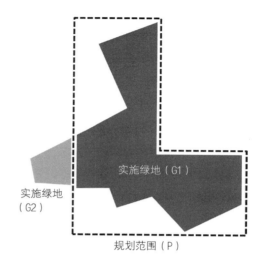

图 4-3 基础性评价的指标变量示意图

根据上述三个变量，笔者确定了以下几项基础性的评价指标：①实施完成率，即实施绿地与规划范围的面积比值，其公式为（G1+G2）/P，反映了某一规划总量下的实施完成情况；②实施吻合度，即与规划范围相吻合的实施绿地与规划范围的面积比值，其公式为：G1/P，反映了实施现状与规划范围的吻合与重叠情况；③现状符合率，即实施现状的绿带中符合规划范围的绿地比例，其公式为：G1/（G1+G2），反映了现状实施对规划方案的遵从程度；④现状偏差率，即实施现状的绿带中不符合规划范围的绿地比例，其公式为：G2/（G1+G2），反映了现状实施对规划方案的偏离程度。笔者这一部分的评价将主要围绕以上四项指标展开。

4.2.2 以最初规划方案为评价依据

外环绿带最初的规划方案是1994年制定的，对整个外环绿带的布局作出了较为详细安排，规划面积为7241.6hm^2，在外环沿线的大部分地段都保持了500m的基本宽度。这一版规划方案尽管还不是法定规划，但却是最能体现规划初衷的一版规划，在当时的城市建设领域内产生了很大的影响。

从图4-4中可以看出，外环绿带的实施现状与最初的规划蓝图有着比较明显的差距，不但实施完成率很低，并且实施与规划的吻合程度也不高。从表4-2中可以得知，以1994年版的规划蓝图为标准，外环绿带的实施现状完成量只有规划面积的49.8%，还不到一半；而实施现状与规划范围的实施

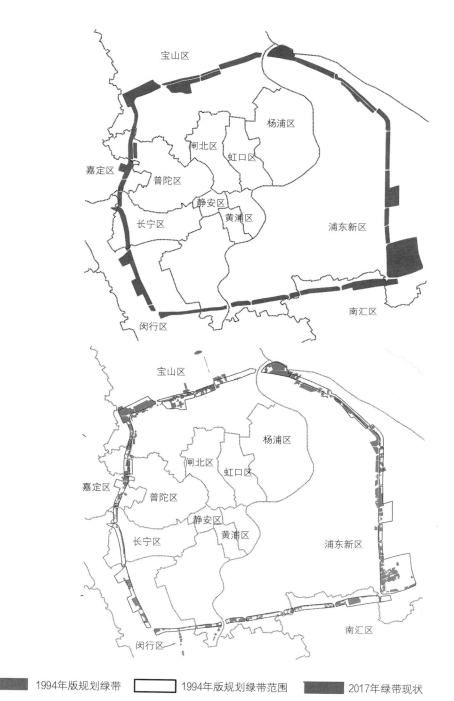

图 4-4　1994 年版规划绿带与 2017 年外环绿带实施现状

吻合度则更低，只有38.6%；另有61.4%的规划绿带未能按预期成形。在这些实际建设的3607.1hm²的绿带中，有77.5%的现状建设是符合规划蓝图的，在规划范围之中，而另有22.5%的绿带不在规划蓝图的范围之中。因此，从实施现状的角度来看，近八成的建设均符合1994年版规划蓝图的范围，另有两成的建设与规划蓝图不符合。

外环绿带实施现状与1994年版规划的比对分析　　　　表4-2

	规划范围面积（P）/hm²	实施现状		实施完成率	实施吻合度	现状符合率	现状偏差率
		范围内（G1）/hm²	范围外（G2）/hm²				
浦东新区（含原南汇）	4204	1647.4	383.2	48.3%	39.2%	81.1%	18.9%
徐汇	250.5	63.5	36.9	36.1%	25.3%	70.2%	29.8%
闵行	794.6	191.8	87.9	35.2%	24.1%	68.6%	31.4%
长宁	281.5	93.3	0	33.1%	33.1%	100%	0
嘉定	246	85	12.8	39.8%	13.9%	87.04%	13.09%
普陀	194	95.2	15.2	56.9%	49.1%	86.2%	13.8%
宝山	1271	670.7	234.2	71.2%	52.8%	74.1%	25.9%
合计	7241.6	2795.9	811.1	49.8%	38.6%	77.5%	22.5%

各区的情况也呈现了一定差别，大体上可以分为三个类型：第一类是以浦东、徐汇、闵行和嘉定为代表，这四个区的外环绿带建设的实施完成率较低，均在50%以下，实施吻合度也不到40%，而在实际建设的绿带中，现状符合率高于现状偏差率，这四个区的情况是最典型的一种情况，与外环绿带的整体情况相似；第二类以长宁为代表，该区所有的绿带建设均发生在1994年版的规划范围内，因此其现状符合率为100%，没有出现建设的偏差，但长宁区实际建设的绿带量很少，只占规划总量的33.1%，由于完全建设在规划范围内，因而其实施吻合度有只有33.1%，离规划预期尚有较大距离；第三类以普陀和宝山为代表，这两个区的实施完成率较高，分别为56.9%和71.2%，均在一半以上，也是各区中实施完成率最高的两个区，而就实施吻合度来看，也接近或超过了50%，实施现状的与规划符合率也大大高于偏差率，因此，这两个区与1994年版规划范围的总体吻合程度是较高的，高于其他几个区。

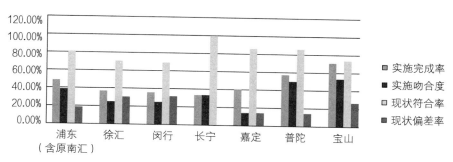

图 4-5 外环绿带各区的实施评价指标（以 1994 年版规划为依据）

综上所述，与1994年版规划蓝图相比，外环绿带的实施现状是有较大差距的，这样的差距主要体现在量的方面，毕竟1994年版规划设定了7241.6hm²的规划范围，而至今只完成了3607.1hm²的绿带，尚不及规划面积的一半。但值得肯定的是，实施现状中有近八成的用地在规划范围内，只有两成的用地偏离了规划范围，这也体现了1994年版的规划蓝图有一定预见性。

4.2.3 以法定规划方案为评价依据

随着外环绿带于1995年底开工，外环沿线的实施情况也开始逐步浮出水面，于是便对1994年版的规划方案进行了调整。1999年，外环绿带的实施性规划编制完成，对原来的规划范围进行了修正，使之更符合当时的现实条件。这一版规划后被纳入《上海市城市总体规划（1999—2020）》中，成了其中的重要组成部分，尤其外环绿带被定位为城市绿化布局体系"环、楔、廊、园"中的"环"结构。而随着2001年国务院对上海市城市总体规划的批复，这一版规划中的外环绿带范围也具备了相应的法律效力。因此，如果说1994年版环城绿带规划方案是最初的蓝图方案，那么1999年版环城绿带规划范围则属于正式的法定规划方案。笔者也对这一版的规划范围与实施现状进行了比对分析。

从图4-6中可以发现，外环绿带的实施现状与1999年版规划绿带的吻合度相对较好，从实施完成率来看，实施现状完成了近六成的法定规划总量，与规划的实施吻合度到了48.4%，已接近一半。而从实际建成的绿带来看，有83.3%的用地都在1999年版的规划范围之内，只有16.7%的绿带用地偏离了规划范围。因此，与1994年版的规划相比，1999年版的规划与实施现状更加吻合。

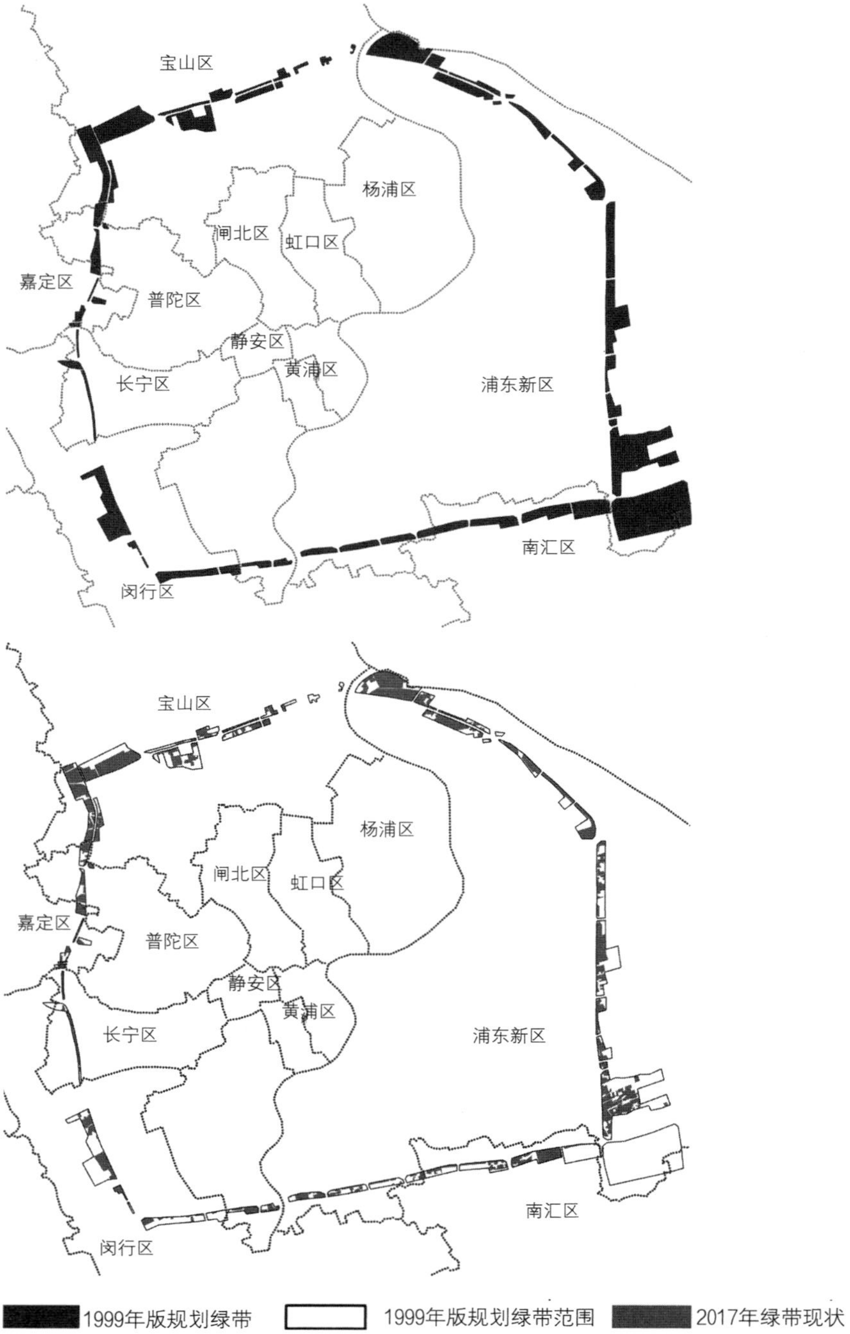

图 4-6 1999 年版规划绿带与 2017 年外环绿带实施现状

外环绿带实施现状与1999年版规划的比对分析　　　　　　　表4-3

	规划范围面积（P）/hm²	实施现状		实施完成率	实施吻合度	现状符合率	现状偏差率
		范围内（G1）/hm²	范围外（G2）/hm²				
浦东新区（含原南汇）	3954.7	1724.9	305.7	51.3%	43.6%	84.9%	15.1%
徐汇	86.3	66.8	23.6	104.8%	77.4%	73.9%	26.1%
闵行	618.1	212.7	67	45.3%	34.4%	76%	24%
长宁	116.5	90.7	2.6	80.1%	77.9%	97.2%	2.8%
嘉定	105.9	67.7	30.1	92.4%	63.9%	69.2%	30.8%
普陀	149.2	88.2	22.2	74.0%	51.9%	79.9%	20.1%
宝山	1173.7	738.1	166.8	77.1%	62.9%	81.6%	18.4%
合计	6204	3002.9	604.1	58.1%	48.4%	83.3%	16.7%

　　从各区的情况来看，徐汇、长宁、嘉定、普陀和宝山的实施完成率是很高的，均超过了70%，尤其是徐汇区的实施完成率达到了104.8%，这也意味着1999年版规划在徐汇区所设定的规划总量较低，实施现状已经超出了当时的规划量。与此同时，上述各区的现状绿带与1999年版规划的实施吻合度也较高，几乎都在60%以上（只有普陀较低，为51.9%），这从图4-6中可以直观地看出来。另一方面，浦东和闵行的实施完成率则较低，分别为51.3%和45.3%，大大低于其他各区的平均水平，这也导致了这两个区的绿带与规划蓝图的实施吻合度偏低，大量的规划范围中出现了"空白"。而从现状建设的角度来看，各区的建成绿带大部分仍然是符合规划范围的，只有少部分绿带出现了偏差。

　　综上所述，由于1999年版法定规划的绿带总量比1994年版规划的总量少

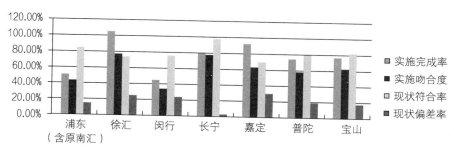

图 4-7　外环绿带各区的实施评价指标（以 1999 年版规划为依据）

了一部分，由7241hm²变为了6204hm²，因此实施现状的完成率和吻合度都比上一版规划有了一定的提高，尤其是在徐汇、长宁、嘉定、普陀和宝山这几个区。而从现状建设来看，八成以上的绿带是符合法定规划范围的，这说明了法定规划比最初方案在规划引导的准确性上更近了一步。

4.2.4   各区的指标变化

现状实施数据与前后两版的规划数据相比，产生了不同的指标，那么各区的指标在前后两版规划中的差异怎样？笔者对其进行了整理（图4-8）。

首先来看实施完成率的情况，与1994年版的最初方案相比，现状建设的实施完成率很低，除了普陀和宝山以外，其余各区都在50%以下，即使是最高的宝山，也只有71.2%；而如果与1999年版的法定规划相比，各区的实施完成率情况大不一样，尤其是徐汇、长宁和嘉定，其完成率分别由原来的40%及以下迅速提升到了80%及以上，徐汇更是超过了100%。出现这种情况的原因，是因为1999年版规划对这三个区的绿带规划范围进行了较大的调整，总量调小了很多，因而以这一版规划为依据，其实施完成率会变得很

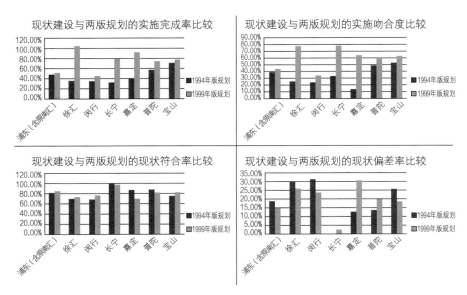

图 4-8   现状建设与两版规划的实施评价指标比较

高。另外，浦东、闵行、普陀和宝山，其1999年版规划的实施完成率也高于1994年版的规划，但高出的百分点不多。

而就实施吻合度的指标来看，与实施完成率的情况相似。1999年版规划调整后，现状的实施吻合度也比1994年版的指标要高出了很多，尤其是徐汇、长宁和嘉定三个区，实施吻合度指标均在60%以上，其中徐汇和长宁已接近80%。另外四个区1999年版的实施吻合度也比1994年版要高，但同样高出的百分点也不多。实际上，实施吻合度和实施完成率这两个指标有较强的关联度，在现状偏差率普遍小于现状符合率的条件下，实施完成率越高，符合规划范围的绿带建设也就越多，这样实施吻合度的比例也就越大。

就实际建设的绿带而言，无论是在1994年版的规划中，还是在1999年版的规划中，现状符合率的指标都是较高的，普遍都在60%以上，并且前后两版规划的差异并不是很大，这说明现状建设的绿带，大部分都符合1994年和1999年版规划的预期。就现状偏差率而言，虽然无论是1994年版规划还是1999年版规划，现状偏差率基本都在30%左右及以下，但前后还是有一定的变化。比如浦东、徐汇、闵行和宝山，在1999年版法定规划中的偏差率指标要低于1994年版的规划，其原因是规划调整而缩小了范围，而长宁、嘉定和普陀则相反，1999年版的现状偏差率高于1994年版，说明有更多的现状建设不符合1999年版的法定规划。出现这种情况，跟法定规划的后续调整，尤其是补偿绿带的建设有较大关系。那么接下来的一个重要问题便是，实施现状中有哪些用地不符合绿带的规划范围？为什么会产生这样的偏差，其实施建设的合理性如何？

4.3
建成绿带中"偏差建设"的
情况及特征

尽管1994年和1999年版的外环绿带规划在外环线周边框定了较大的范围，但在后来的实际建设中，还是有很多实施绿带偏离了原有的规划范围，

造成了实施建设的偏差。笔者基于现状建设用地，将两版规划的范围边界
进行了叠加，由此对不符合规划的偏差建设进行了甄别（图4-9）。

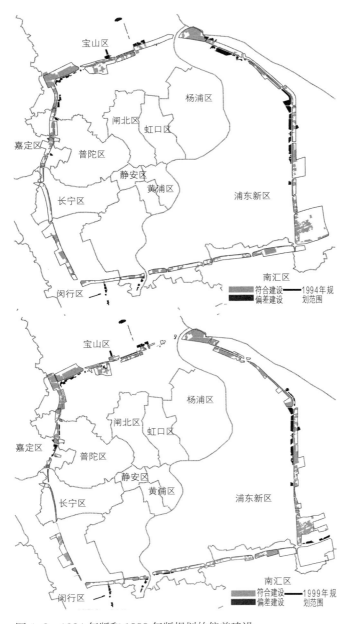

图 4-9　1994 年版和 1999 年版规划的偏差建设

从图4-9中可以发现，无论是1994年版的规划，还是1999年版的规划，现状建设的偏差主要都集中在浦东新区和宝山区，占了所有偏差建设用地的绝大部分。从数据上来看，实际建设中偏差于1994年版规划的用地面积更大，约为811.1hm²，其中浦东新区为383.2hm²，宝山区为234.2hm²；而偏差于1999年版规划的用地面积则为604.1hm²，其中浦东新区为305.7hm²，宝山区为166.8hm²。

从空间分布的情况来看，两版规划的偏差建设大部分都是相同的，如浦东五洲大道和龙东大道之间的外环线内侧、徐汇滨江一带、闵行区外环线南段的外侧、宝山区顾村公园南侧外环线的内侧等地段。相比之下，两版规划中，只有小部分偏差用地有所差异，如浦东新区外高桥沿线的外环绿带内侧，这一片绿带本来是不符合1994年版规划的，但1999年版规划则将其调入法定规划范围之中；再比如外环线东南部现迪士尼地块北侧的一块长条绿地，原本在1994年版规划中是划入绿带的，后来1999年版规划又将其划出，但在最后的建设中还是纳入了外环绿带的范围，因此成了法定规划的偏差用地。

由此可以得知，外环绿带的偏差建设大部分是比较集中的，这些集中的偏差建设不但偏离了1994年版的规划蓝图，甚至也不符合1999年版的法定规划。那么，与这两版规划范围都不符合的偏差用地有哪些？笔者将相关的图纸进行了叠加，并对不符合规划的偏差用地进行了甄别（图4-10）。

图 4-10　实施现状中同时不符合 1994 年版、1999 年版规划的偏差建设

从图中可以看到，就分布特征而言，这些偏差建设的用地，要么是在外环线的内侧，要么就是垂直于外环线延伸到外环外侧较远的地方，且形态较为零碎，不符合"在外环线外侧形成绿带圈"的规划意图。从分布地域来看，偏差建设的用地主要分布在浦东、徐汇、闵行、嘉定和宝山等区，普陀和长宁的建设基本上都发生在规划范围之内。那么，这些既不符合规划初衷蓝图、也不符合法定规划范围的偏差建设具体情况怎么样？实施现状如何？其建设的合理性怎样？

4.3.1　浦东新区

浦东新区的偏差建设量最大，其面积约为188.5hm^2，主要集中分布在浦东五洲大道和龙东大道之间的外环线的西侧，一共包括了9个地块（图4-11）。该地段于2006年以后的生态专项中调入外环绿带作为补偿用地。从现状的建设情况来看，这一区域内皆为高压走廊所在的防护绿地，每一块绿地内都有较高密度的高压线路，但现状的林带质量参差不齐，部分地段的环境较差。

图4-11　浦东新区的偏差建设用地（深色）及其现状情况
来源：作者自绘/百度全景地图数据

笔者在上海市1999年版的总体规划资料中发现，浦东外环这一区段的内侧在1999年以前便建成了一条220kV的高压走廊，由北边的外高桥电厂为起点，一直沿外环线内侧延伸到川杨河附近；而在当时的规划中，又沿浦东外环线内侧设置了一条500kV的高压走廊，这一走廊以宝山石洞口电厂为起点，经吴淞、外高桥等地区，沿外环线内侧一直延伸到川杨河附近，与已有的220kV的走廊并行设置。其中，规划的500kV高压走廊在图中的"B"处设置了一处500kV的变电站，并在外环内侧设置了相应的高压走廊与其连接。从卫星图上可以发现，这一变电站现已建成，由此也可推断外环内侧区域内的高压走廊至少包括一条旧的220kV的高压走廊和一条新的500kV的高压走廊。

可以发现，浦东地区的偏差用地主要是已建成的高压走廊的防护绿地，并且面积较大，其宽度总体在300m左右，不但满足了两条高压走廊的防护需求[①]，也大大增加了外环绿带在这一区段内的宽度。从合理性来讲，这一类较早的防护绿地被纳入外环生态专项规划，除了能扩大外环绿带的补偿范围外，绿地的林带质量也可以借助生态专项的进一步实施而提升。

4.3.2　徐汇区

徐汇区的偏差建设量并不大，其面积约为25.6hm²，这一地段位于黄浦江西岸，于2006年生态专项调入外环绿带范围作为补偿用地，该地段在2007年以前属于以工业仓储为主的城市建设用地，共有5家工业企业在此聚集（图4-12左下）。2007年的徐汇外环生态专项工程规划将这一区段规划为生态休憩绿地。按照最终的详细方案，徐汇外环生态专项工程中生态游憩绿地共约66.29hm²（图4-12右上中的浅灰色部分），其中偏差建设范围内主要包含规划的休闲娱乐和望月湖景区、滨江游览和地域文化区，以及最南边的阳光密林区，三个区域的规划面积为40hm²。而在当前的建设中，这一区域已经完成了较大部分的规划绿量，但还有几处项目尚未动迁（图4-12右下）。

可以看到，徐汇区的偏差建设用地是由工业用地拆迁而建设的滨江生态工程，虽然这一片区从形态上并没有与外环线并行，但与外环沿线的绿带形

---

① 根据防护绿地的规范，500kV的高压走廊宽度为60～75m，220kV的为30～40m。

图 4-12 浦东新区的偏差建设用地（深色）的规划信息及其实施现状
图片来源：作者自绘/上海市规土局网站/谷歌卫星图

成了连续而统一的游憩空间体系，且由于较好地利用了滨江岸线，迁走了占用滨江岸线的工业用地，使徐汇区外环生态系统的景观质量获得了进一步的提升，从这个角度来看，徐汇区偏差建设背后的合理性是较高的。

4.3.3 闵行区

从形态上来看，闵行区的偏差建设用地更为"自由"，一条沿着梅陇港的方向垂直于外环线向南延伸了约3km，另一条则从前一条的中段春申塘处向西沿水系延伸了约2km（图4-13左）。目前建成的绿地较为零散，实施总量约为52.5hm²。但从已建绿化的类型来看，与浦东的偏差用地一样，闵行区的这两段偏差建设也是依托高压走廊而形成的防护绿带。根据上海市总体规划的资料，这两条高压走廊建设时间很早，在1999年以前便已建成。其中，垂直于外环线的这条高压走廊为220kV，此线路以南边的吴泾电厂为起点，一路向北为外环线内的地区供电；另一条220kV的线路则是前一条线路的分支，在春申塘处沿水系向西延伸，为莘庄地区供电。闵行地区的偏差建设用地，也是在2006年后的生态专项规划中调入绿带作为补偿用地的，

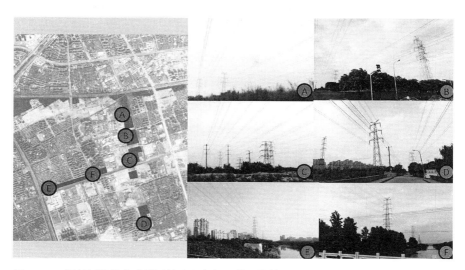

图 4-13　闵行区的偏差建设用地（深色）及其现状情况
来源：笔者自绘／百度全景地图数据

在这之前已经作为防护绿带使用了，通过纳入生态专项，一方面可对外环绿带的总量进行补偿，另一方面也能借助生态专项建设，对高压走廊内一些环境较差的地段进行整治，进一步提升生态质量。

4.3.4　长宁、嘉定、普陀

从前面的比对图中可以发现，长宁、嘉定和普陀在外环绿带调整中的缩减比例很大，以至于当前的建设基本没有超出1994年和1999年版的规划范围，因而没有明显的偏差建设出现。从数据上可以看到，长宁区外环绿带1994年版的规划面积为281.5hm^2，1999年版规划缩减到116.5hm^2，截至2017年只建设了约93.3hm^{2}用地；嘉定区外环绿带1994年版的规划面积为246hm^2，1999年版规划缩减到105.9hm^2，但截至2017年只建设了约97.8hm^{2}的绿地；普陀区外环绿带1994年版的规划面积为194hm^2，1999年版规划缩减到149.2hm^2，截至2017年的实施面积约110.4hm^2。三个区中，只有嘉定区有一块约4.7hm^{2}的偏差用地在两版规划范围之外，这块用地位于嘉定陇南路新搓浦桥以北的华家宅地区，周围被家具建材市场所围绕（图4-14左）。在生态专项工

图 4-14 嘉定区的偏差建设用地（深色）及其现状情况
来源：作者自绘/谷歌地图/百度全景地图数据

程以前，该地块是一片村落的宅基地，生态专项实施以后拆迁为绿带（图
4-14右上），近年来已植入了林木的幼苗，处于养护期，尚未投入使用（图
4-14右下）。

4.3.5 宝山区

宝山区的偏差建设用地相对比较分散，一共有6处用地，总面积约为
150hm^2，其中有4处较大，共约138.2hm^2，占总面积的92.1%；另有两处面
积很小，一处是外环线以北江扬北路路段的一条沿路景观带，面积约为
11.2hm^2，另一处是位于泰和路与泗塘河交叉处西南侧的一处小型绿地，其
面积不到1hm^2。这几处用地都不在外环外侧500m的范围之中，其中有2处在
外环线内侧，有4处在外环外侧500m绿带的外侧。

宝山区最大的一处偏差建设用地位于外环线西北转角处的内侧，与顾
村公园之间正好隔了一条外环线。此处为2006年宝山外环生态专项所确定
的B11、B12、B13地块，总长度在3.4km左右，是宝山顾村镇的生态公益林
项目。这片绿带的规划面积约66.8hm^2（图4-15左上），目前的建成面积约
为57.8hm^2，占规划面积的86.5%。谷歌卫星图显示，这一片区在2004年仍为
农田和菜地，后于2006年征为生态专项建设用地并进行了规划设计（顾凌
云 等，2006），之后投入建设。笔者在2013年的调查中发现，这一地段在当

图 4-15　宝山区的偏差建设用地（框中深色）及其相关情况
来源：作者自绘/自摄/谷歌地图/相关规划资料

时已经建成开放（图4-15右上），环境质量较好，体现了生态专项工程的精心设计与施工。

在宝山区的偏差建设用地中，依托高压走廊所形成的防护绿带也占了不小的比例。其中一处是位于水产西路、依兰路和红林路之间的狭长地块，在天馨花园和大黄馨园之间，长度约为550m，宽度约为252m，面积约为13.9hm²；另一处位于水产路以南，江杨北路和铁力路之间的三个不规则地块，但整体近似一个长方形，长约1.3km，宽0.25～0.5km，总面积约为39.9hm²（图4-16）。从现状的建设情况来看，前一处防护绿带虽然规模较小，但绿化环境相对较好，绿地内设置了小型的道路供人散步（图4-16左）；后一处虽然规模较大，但周围均为产业用地，绿化环境一般（图4-16右）。从上海市总体规划的资料中可以发现，这两处绿带内的高压走廊在20世纪90年代便已经建成，前一处绿带内的220kV高压走廊的起点在石洞口第二电厂，平行于富长路由北自南延伸至外环以内，正好途经此地块；第二处绿带中则有两条平行于地块边界的220KV的高压走廊，一条由东侧的卫东变电站平行于外环线向西延伸，另一条则由泰和变电站沿外环向西延伸。这两条线路与江扬北路共同界定了现状防护绿带的用地范围。

宝山区最后一处面积较大的偏差用地是位于宝山新城西城区的一块在建绿地，这一地块是宝山新城西城区中心的白沙公园（又称绿龙中央

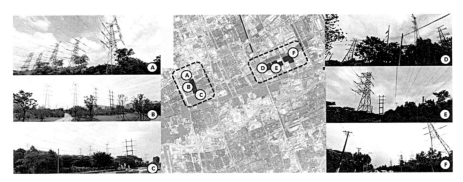

图 4-16 宝山区的偏差建设用地（框中深色）及其相关情况
来源：作者自绘/百度全景地图数据

公园），其南边界距离外环线达4km。该公园在10年前由宝山新城规划
（2006—2020年）提出（图4-17左上），经过后来的详细规划，确定的规划
面积约为33.3hm²。该公园为开放式的综合公园，以生态、运动、休闲为主
题，公园内规划了草坡、湿地、体育设施等（图4-17左下）。该公园目前正
处在养护阶段（图4-17右），绿化的建成面积约为26.6hm²。可以发现，这一
地块并非是已建的防护绿地，也不是外环生态专项工程的绿化用地，而是
外环线北侧宝山新城的规划公园用地，后被纳入外环绿带的范围内。

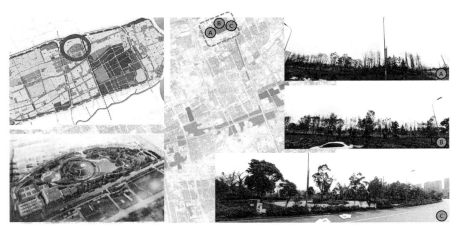

图 4-17 宝山区的偏差建设用地（框中深色）及其相关情况
来源：作者自绘/相关规划资料/百度全景地图数据

4.3.6　各区"偏差建设"汇总及其特征

前面对实施现状用地中既不符合1994年版规划蓝图，也不符合1999年版法定规划的偏差用地情况进行了考察，可以发现，众多的偏差建设用地主要包括依托既有高压走廊的防护绿带、外环生态专项的建设用地和外环线外围地区的规划公园这三种类型，其基本情况汇总如下（表4-4）：

外环绿带实施现状中偏差建设用地的类型与相关情况总结　　表4-4

类型	所在地区	用地面积 /hm²	现状环境质量
依托既有高压走廊的防护绿带	包括浦东的 9 个地块、闵行的 7 个地块、宝山的 4 个地块	294.8	质量不高，部分地段环境较差
外环生态专项的建设用地	包括徐汇区生态专项用地、嘉定区的一处生态专项、宝山区顾村镇的生态公益林	88.1	质量较高，尤其是宝山的设计施工属上乘
外环线外围地区的规划公园	宝山新城西城区的白沙公园	26.6	现状正在建设养护，可以预见其质量是较高的
其他	宝山江扬北路的一段沿路绿化带以及泰和路泗塘河边的一处小绿地	11.8	—
总计	—	421.3	—

在偏差建设用地中，高压走廊的防护绿带面积是最大的，占所有偏差建设的70%；其次为生态专项建设用地，比例为21%；外环线外围的规划公园和其他类型分别为6%和3%。前两种用地类型的比例就超过了总量的91%，占偏差建设的绝大部分。

上述几类用地中，除了生态专项建设用地是专门的外环生态工程以外，其余的用地都是既有的绿化建设或规划的

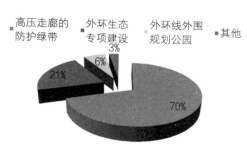

图 4-18　实施现状中偏差建设用地的类型比例

绿化建设。从这些偏差建设的"合理性"来看，外环生态建设工程的合理性是明显的，尽管其比例只有21%。徐汇区拆除滨江工业用地，将大量的滨江岸线纳入外环生态建设的范围，本身就是一项利民之举；嘉定区生态专项将宅基地拆迁而建成绿化，可以降低周边建材市场对环境的影响，也是进一步扩大外环生态专项建设范围的体现；宝山区顾村生态公益林则通过对农用地的转化，在上海市外环西北的生态敏感区内建设了高质量的林带，对城市生态和居民游憩有重要的意义。而剩下的用地基本上都属于既有的绿化建设，后被调入外环绿带作为补偿用地。比如，偏差建设中所有的高压走廊防护带，均在20世纪90年代成形，因而属于既有的绿化建设。但由于缺乏养护管理，部分地段的环境质量较差，而通过调入外环绿带范围，一方面能扩大外环绿带补偿用地的来源，另一方面也能借助生态专项建设提升生态质量。对于规划公园和道路防护绿带来讲，也是类似的情况。

综上所述，在这些不符合规划的"偏差建设"中，有79%的用地都是外环周边既有的绿化建设，以高压走廊的防护绿带为主，后被生态专项调入外环绿带范围；剩下的21%的用地属于生态专项的专门项目，通过拆迁工业、农田、宅基地等方式建设绿化带。很明显，这些"偏差建设"实际上都是规划调整中的补偿用地。其中，将城市既有"存量"绿化通过调整纳入外环绿带的"增量"范围，是一种成本较低的方式；而对于生态专项而言，这种通过征地动迁来寻求"增量"的模式，无论是在成本方面，还是在效率方面，都不及前一种模式。

4.4
外环绿带实施状况的总体评价

4.4.1　建成绿带与规划蓝图的吻合度较低

外环绿带的规划蓝图，最早是要形成基本宽度为500m的绿化带，并在此基础上适当扩大部分地段，形成相应的公园节点，1994年版的规划范围便很好地反映了这一规划初衷。而到了1999年版的实施性规划，为了应对外环沿线的城镇建设现状，外环绿带的范围被重新调整，面积也缩减了一部分，但这一版规划的特殊之处在于，其规划范围是经过法定程序审批的法定规划，具有相应的法律效力。但从实际的建设情况来看，不但实施现状与第一版规划蓝图的吻合度很低，与第二版调整后的法定规划的吻合度依然也不高，只有局部节点地段的建设与规划范围有较好的吻合，如浦东滨江森林公园地块和宝山的顾村公园地块（图4-19）。

从数据上来看，实施现状中只有2795.9hm²的用地在1994年版的规划范围内，仅占规划范围的38.6%（即实施吻合度）。从各区的情况来看，外环线西北的普陀和宝山的绿带建设与1994年版规划的吻合度较高，分别为49.1%和52.8%，其次是浦东的39.2%，徐汇、闵行、长宁和嘉定均在34%以下。总之，实施现状与1994年版规

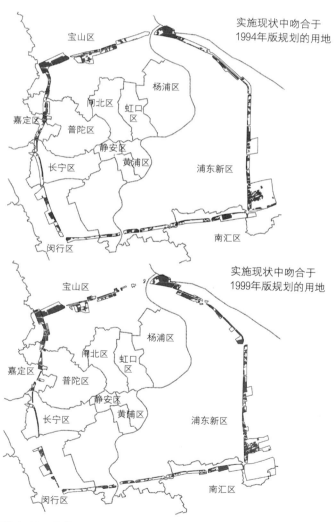

图 4-19　实施现状中与两版规划范围相吻合的用地

划的吻合度很低，从上图中也能明显看出这些特征（图4-19左）。与1999年
版的规划范围相比，实施现状的总体吻合度相对较高，为48.4%；以各区的
情况来看，徐汇、长宁、嘉定和宝山的吻合度较高，分别为77.4%、77.9%、
63.9%和62.9%；相比之下，浦东、闵行和普陀的吻合度指标较低，分别为
43.6%、34.4%和59.1%（表4-5）。综上所述，外环绿带的实施现状，无论是
与最能体现规划意图的1994年版规划相比，还是与1999年版的法定规划相
比，其实施建设都没有完全吻合规划范围，总体吻合度不到一半，这样的
效果是不够理想的。

实施现状用地中与1994、1999年版规划范围相吻合的用地及其比例　　表4-5

	1994年版范围内的现状用地/hm²	与1994年版的实施吻合度	1999年版范围内的用地/hm²	与1999年版的实施吻合度
浦东（含原南汇）	1647.4	39.20%	1724.9	43.60%
徐汇	63.5	25.30%	66.8	77.40%
闵行	191.8	24.10%	212.7	34.40%
长宁	93.3	33.10%	90.7	77.90%
嘉定	85	13.90%	67.7	63.90%
普陀	95.2	49.10%	88.2	59.10%
宝山	670.7	52.80%	738.1	62.90%
合计	2795.9	38.6%	3002.9	48.4%

来源：作者自行测算

4.4.2　建成绿带中出现了较多的"偏差建设"

建成绿带中，除了与规划范围的吻合度较低外，规划范围外还出现了
一定量的"偏差建设"用地。其中，与1994年版规划范围相比，建成绿带
中的偏差建设为811.1hm²，占建成绿带总量的22.5%，这说明建成绿带有1/5
以上的用地在1994年版规划蓝图之外。从各区的情况来看，徐汇、闵行和

宝山的现状偏差率最高，其建成绿带中分别有29.8%、31.4%和25.9%的用地偏离了1994年版的规划范围，浦东、嘉定和普陀的偏差率则分别为18.9%、13.1%和13.8%，长宁区的建成绿带均在1994年版规划范围内，故其偏差率为零。而与1999年版规划范围相比，建成绿带中的偏差用地则有所减少，其面积为604.1hm²，占建成绿带总量的16.7%。从各区的情况来看，徐汇、闵行、嘉定和普陀的偏差率较高，分别为26.1%、24%、30.8%和20.1%，均在20%以上；浦东、长宁和宝山的偏差率较低，分别为15.1%、2.8%和18.4%。总体而言，外环绿带实施现状中的偏差建设是极为明显的，尤其在实施吻合度不到一半的情况下，这样的偏差建设显得更为突出。

建成绿带中不符合1994和1999年版规划范围的偏差建设及其比例　表4-6

	1994 年版规划范围外的绿带 /hm²	1994 年版规划的现状偏差率	1999 年版规划范围外的绿带 /hm²	1999 年版规划的现状偏差率
浦东（含原南汇）	383.2	18.9%	305.7	15.1%
徐汇	36.9	29.8%	23.6	26.1%
闵行	87.9	31.4%	67	24%
长宁	0	—	2.6	2.8%
嘉定	12.8	13.1%	30.1	30.8%
普陀	15.2	13.8%	22.2	20.1%
宝山	234.2	25.9%	166.8	18.4%
合计	811.1	22.5%	604.1	16.7%

来源：作者自行测算

4.4.3 "偏差建设"为特殊性质的补偿绿地

在建成绿带中，尽管与两版规划不符合的偏差建设用地分别达到了811.1hm²和604.1hm²，但这些用地中有421.3hm²的用地是重合的，同时不在两版规划范围之内，也就是说，这些用地既不符合最初的规划蓝图，也不符合法定规划要求，是最"纯粹"的"偏差建设"。在这些偏差建设用地中，大部分用地并非真正意义上的"偏差"于规划范围而建设的绿带，而是外环线周边已经建成或即将建成的防护绿带和公园绿地等，此类用地的面积达到了333.2hm²，占偏差用地总量的79%。这一类"非正常"的偏差建设用地，都是生态专项建设时期，规划范围中重新调入的绿地。由于是已经建成或规划在建，因而其形态布局早已成形。尽管现在被纳入了外环绿带的规划范围，但从形态上来看，与外环绿带的总体布局并不协调，甚至还有一些冲突，从图中可以看到，闵行区的偏差建设如同外环上长出了"分支"，而宝山区的一处偏差假设用地（白沙公园），则如同一块"飞地"游离在绿带的整体范围之外，这块用地的南边界距离外环线整整有4km（图4-20）。而除了上述这些"非正常"的偏差建设用地之外，还有21%用地是"正常"的偏差建设，也就是规划范围内已无法建设绿带，不得不在范围外通过征地动迁等方式"补建"的生态绿化用地。这一类用地的总面积约有88.1hm²，分别由农田、村民住宅和沿江工业用地动迁而成。

外环绿带上的偏差建设用地都有自己的特殊性。虽然表面上是"突破"了规划的用地范围，但实际上却是相关部门通过"纳入存量"（如防护绿带等）和"补建增量"（以动迁获得）的方式而补入规划范围的绿地，由此便能将外环绿带的总体规模维持在一定的限度之内。

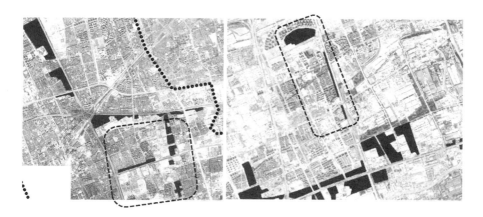

图 4-20　实施现状中的两处"非正常"偏差建设用地

4.4.4　并未形成预期的空间布局

　　站在城市总体空间布局的角度来看，上海外环绿带目前的实施现状与最初的规划预期之间尚有一定的差距。其中最为明显的是基本宽度未能实现，规划中的500m绿带在中心城的边界具备了一定的规模，能够在中心城和城市近郊区之间产生一定的隔离效果（图4-21左），但实际的实施情况则完全是另一种效果：①沿线均衡的500m基本宽度未能成形，并且大部分地段的绿带宽度都很窄，如在长宁地区只有100m的宽度，而在宝山的吴淞地区则根本没有绿带；②外环沿线只有少部分地段的绿带宽度较大且有一定规模，如浦东滨江森林公园地段、浦东外环五洲大道与龙东大道间的区段、浦东外环东南区段的两个片区、嘉定北—普陀—宝山南的区段、宝山顾村公园区段（图4-21右中虚线框部分）；③部分地段的绿带分布情况极为分散，偏离了规划绿带的布局特征，如徐汇区和闵行区南沿线的外环绿带，新增用地垂直于外环线分布在外侧，而宝山区顾村公园以东的外环绿带则较为分散地分布在外环线内外，未能形成整体而连续的的布局形态（图4-21右）。

　　综上所述，实施现状与规划范围的吻合度不高、建成绿带中出现了较多的"偏差建设"、建成绿带与规划的空间蓝图尚有较大的出入，这些特征都表明了，上海外环绿带并没有体现规划蓝图中的"隔离"和"形塑"效应，

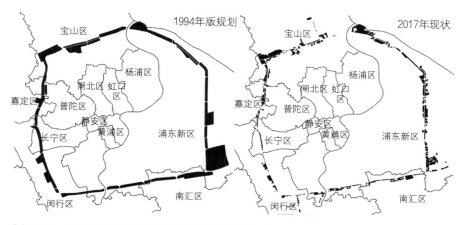

图 4-21　最初规划蓝图的预期形态和实施现状比对

建成绿带比较明显地偏离了规划的布局蓝图。

4.5
本章小结：规划实施失败了吗？

　　本章站在规划实施的基本维度，对外环绿带的实施状况进行了分析。结果发现，规划实施现状与预期的空间布局有一定的差异，原本规划的均衡的500m绿带并未实现，同时还出现了一些较为明显的"偏差建设"。站在普遍的立场来看，外环绿带的规划实施并不算成功，其结果与预期的蓝图有着较为明显的差异。但作为一项综合性的规划政策实践，单纯以结果为导向来评判其成败是不太合适的，因为在其漫长的规划实施历程中，大量的、错综复杂的因素都参与其中，不同的变量以不同方式和途径影响着绿带规划的实施进展，最终导致了如今我们看到的状况。因此，若要真正对外环绿带的规划实施作出客观而恰当的评价，回顾其规划实施历程是非常必要的。只有通过这种方式，才能找到影响规划实施的各类因素及其产生影响的方式与途径，从而对规划实施的结果及其缘由产生相对公正的认知。

第 5 章

历程剖析：外环绿带的实施过程

第4章揭示了外环绿带的建成范围与规划蓝图有较大的差距，对城市空间结构也未能带来预期的影响，那接下来的问题便是，为什么外环绿带的实施会偏离预期？或者说，是哪些因素导致了外环绿带的实施偏离了规划蓝图？要回答这些问题，就必须对外环绿带的整个实施过程进行回溯和解读，尤其是应对规划过程中的各类影响因素进行分析，以此判断各种因素如何影响了规划实施，并最终导致了当前的建设情况。本章依据公共政策实施分析的相关理论，确立了相应的实施分析框架，并由此对外环绿带的实施过程进行解读，以评价规划在实施过程中发挥了多大的作用，且有哪些因素影响了规划的实施。

5.1
实施过程的框架

5.1.1 实施过程的阶段划分

从前面第3章中可以看到，从规划编制的演进角度来看，上海市外环绿带历经了1994年的初步方案，到1999年的实施性方案，最后到2006年的生态专项工程规划。这三轮规划方案都在外环绿带的实施过程中发挥了相应的推动作用，因此笔者根据绿带规划的出台和调整情况，将上海外环绿带的实施演变过程划分为以下三个阶段：

第一阶段：准备与摸索期（1993—1999年）。这一时期主要包括环城绿带战略设想的出台，以及绿带由战略设想变为具体规划方案的过程，在此基础上，随着相关禁令的出台，外环绿带的100m林带部分随着外环线的动工也开始同步建设了，并在1998年完成了近一半的建设。这一阶段的五年时间，绿带从提出构想到落地实施，虽然是从零开始，但最后也取得了一些成绩，在这其中也克服了诸如林木采购、用地动迁、违章建设等问题，积累了相应的经验。因此可以说，最初的这五年，是外环绿带实施过程中准备和摸索的阶段。

第二阶段：修正与增速期（1999—2004年）。这一时期是环城绿带进展最为迅猛，也是成绩最为突出的一个时期，以外环绿带实施性规划的修正和调整为起点，并以400m绿带的增速完成为终点。由于规划部门对绿带的实施问题早有准备，因此在1999年便基本编成了《上海市中心城外环绿带实施性规划》。实施性规划针对当时外环沿线部分地区无法扭转的城镇开发建设形势，对绿带的绿线范围重新作了调整，并由此制定了分段图则，以指导绿带的实施，该绿线范围也被纳入新一轮的城市总体规划。进入新世纪，随着上海市新一轮总体规划的实施，以及绿带相关法规的出台，外环绿带在完成100m林带建设的基础上，又动员社会力量，在2002—2003年短短一年多的时间内实施了约2600hm^{2}的400m绿带，帮助上海顺利通过了2003年的国家园林城市评选，同时也促使上海的绿化指标走上了一个新的台阶。这一段时期在外环绿带的实施过程中属于规划修正和建设增速的阶段。

第三阶段：困境与调适期（2004至今）。在外环绿带高歌猛进完成400m林带之后，绿带的实施遇到了诸多困境。一方面，一些城镇开发侵入了绿带，这其中有违章建设，有难以动迁的项目，还有一些政府新批入的市政项目，这使绿带的后续实施用地明显不足；而另一方面，绿带部门的实施架构、动迁资金的节节攀升、400m绿带政策的一些遗留问题，也让外环绿带的继续推进陷入僵局。为了克服这些困难，相关部门又重新调整了绿带的范围，确保实施的绿量不减，并通知制定了捆绑带动用地的新政策，以获取更多的资金。新一轮绿带建设以生态专项工程为切入点逐个推进绿带的建设，自2006年起实施生态专项工程以后，外环绿带的建设步入了一个新的时期，也完成了一些大型公园的建设，取得了较好的社会反响。由于各方面原因，绿带的实施进展还是低于预期，但不管怎样，外环生态专项的推进，说明相关部门找到了一条适应形势的新思路，因此这一时期可以说是外环绿带实施过程中的困难与调适阶段。

5.1.2　考察因素与分析框架

以上依据绿带规划的每一次变动，将上海外环绿带的实施过程分为了三个阶段，那么为什么外环绿带会发生这些政策变动？这样的变动又给接下来这一阶段的绿带实施带来了什么影响？笔者在文献评述部分确立了五项考察因素，以此对外环绿带的实施演变情况进行分析。

（1）背景问题

外环绿带规划每一次发生变动的背后原因是什么？也就是说，什么样的时代背景和具体问题，促使政府必须就外环绿化这一城市规划政策作出应变？包括外环绿带的出台和后面的两次调整，都将外环绿带的实施引入了一个新的阶段，引发这个阶段性实施变化的原因是什么？背后有哪些更深层次的原因？

（2）规划应对

针对这些问题，规划采取了什么样的应对思路和方案？也就是说，为了解决各阶段不同的背景问题，相关部门制定了怎样的应变思路，并以此形成了较为体系化的实施方案？

（3）实施条件

主要包括这一时期的政策环境和法规条件。一方面，这一阶段的政策环境对外环绿带的实施支持程度怎样？这可以从政府各个时期的宏观政策导向和财政投入等方面来分析判断。另一方面，支撑绿带实施的法规条件如何，哪些法规推动了绿带的实施，具体带来了哪些影响？

（4）执行运作

为了实现这一阶段的绿带建设，政府在实施运作中采用了什么样的模式？在这样的运作模式下，外环绿带的实施运作有哪些推进主体？推进机构之间又是如何分工协作的？

（5）阶段成效

在规划实施和各种条件的配合下，绿带在这一阶段的落地情况如何？取得了哪些进展？体现了怎样的阶段性成效？

通过对上述每一阶段中"五因素"的梳理与解析，笔者建构了外环绿带的实施过程分析框架（图5-1），以此为基础，对外环绿带实施的整体过程及阶段特征进行了分析。之后，再根据实施过程中所揭示的内容，进一步对规划实施的演变情况、实施过程中规划因素的作用，以及影响规划实施的各项因素进行总结和评价。

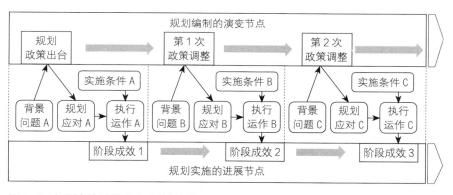

图 5-1　规划实施过程演变的分析框架

5.2
第一阶段的实施过程
（1993—1999 年）

5.2.1　背景问题：国际形势与国家战略所赋予的使命

上海外环绿带规划的提出并非偶然，这一决策的背后，有着深刻的时代背景和现实诉求。笔者将通过以下三个层面的分析来对其进行阐述，以说明绿带规划提出的必要性。

　　首先，时代背景和自身优势，把上海发展推向了"国际中心城市"的舞台，客观上要求上海形成符合国际大都市建设水平的都市空间环境。

　　从国际经济发展的角度来看，自从20世纪70年代开始，在世界经济发展普遍缓慢时候，亚太地区的经济发展却呈现了较快的发展趋势。尤其是在进入20世纪90年代以来，亚太地区的经济发展水平明显高于世界其他地区。而在这其中，东亚地区成了世界上经济活力水平最高的地区。以1990—1992年的数据来看，当时世界经济的平均年增长率为1.2%，而东亚地区的年经济增长率却达到了6.2%，超出了前者五个百分点，这说明当时的东亚地区已经成长为世界经济发展中极其重要的区域。

　　在东亚经济高速发展的背景下，我国的国内经济发展也呈现一片生机：①经济总量和发展速度迅速增加。20世纪80年代，我国国内生产总值增长了约2.3倍，在1993年达到了3万亿元以上，位居世界第11位；而在1986—1990年间，我国的年经济增长率达到了8%，远超全世界3.3%的平均增长率。②国际贸易增长量明显加大。如在20世纪80年代，我国的年均出口增长率超过了15%，远远高于世界平均水平（3.9%）；而与此同时，有近1/5的国内消费和销售通过国际贸易完成，进出口贸易总额在1993年位列世界第11位。③大量国际资本先后涌入。到1993年，外商来华注册企业累计达17万亿元，协议外资金额超过2000亿美元。仅一年的实际投资金额为270亿美元，位居世界第二，占全世界发展中国家吸收外资总量的2/3（蔡来兴，1995）。以上这些数据都表明，在当时，中国已成为东亚经济乃至世界经济发展最强有力的"引擎"之一。

　　在东亚和我国经济逐渐开始承担世界经济增长重任的时期，上海这座曾经被称为"十里洋场"的都市，自然而然地会被认为是区域乃至国家经济发展的"王牌"。当时来看，至少从三个方面可以说明上海的战略优势：

　　一是历史条件。上海早在中华人民共和国成立前便成一座市域面积636km^2、人口规模近500万的特大城市（叶贵勋 等，2002），具备较好的工商业基础。尤其是在20世纪30年代的时候，上海已经成为远东地区最大的金融、贸易和航运中心。无论是进出口贸易总量，还是商业规模，无论是外资银行的数量，还是上海港的进出口货运量，在当时的国内都是首屈一指的。而在中华人民共和国成立以后，上海的工业发展得到了大力的推进，产业基础逐渐完备。

二是区位因素。上海具备了许多国际大都市都拥有的自然条件，比如位于地球的中纬度地区、拥有温带湿润气候、依托长江入海口、坐拥长三角腹地，这些都是上海进一步发展的先天优势。而更为重要的是，上海不但地处东部沿海经济带的中段，并且还位于长江经济带的"龙头"，是促进沿海地区和沿江地区有机集合，连接国际市场和内地东、中、西部市场的重要枢纽。

三是政治因素。20世纪90年代初，随着改革开放的逐步深入，其重心已经开始向更为广阔的长江流域推进，而上海作为国有大中型企业最为集中、受传统经济体制影响最严重的地区，成为这场经济体制变革中走在全国前列的城市。早在1990年，党中央就在讨论如何提升上海的战略地位，以树立我国改革开放的旗帜。4月，国务院正式宣布开发开放上海浦东，将上海推到了改革开放的最前沿。而到了1991年，邓小平同志在视察上海时又提到，深圳、珠海、厦门辐射范围有限，而浦东是面向世界的[①]。这表明党中央对上海的发展定位是世界性的、国际性的。

在上述时代背景和本身独特的历史、区位及政治因素的综合影响下，上海终于被推向了"世界舞台"。1992年，党中央、国务院根据当时的国际形势和20世纪90年代改革开放的总体部署，作出了"以上海浦东开发开放为龙头，进一步开放长江沿岸城市，尽快把上海建成国际经济、金融、贸易中心之一，带动长三角洲和整个长江流域地区经济新飞跃"的重大战略决策。由此，成为世界性的国际大都市，成了上海新世纪的奋斗目标。

其次，百年来的国际经验表明，作为世界性的国际大都市，大型绿化带是城市建设不可或缺的空间布局要素。

"一个龙头、三个中心"战略决策的出台，为上海带来了巨大的发展机遇，同时也提出了更高的发展建设要求，特别是要与国际大都市的城市建设接轨。按照当时的判断，上海短期内至少要在三个方面打好基础：①应

---

① 参见：徐建刚，朱晓明. 邓小平与上海改革开放［N］. 解放日报，2014-08-14.

尽快形成具备国际大都市水平的经济规模和综合实力，并完善配套的市场运行机制；②应加快优化城市空间布局，建设与长三角、全国，乃至世界各地都能便捷联系往来的、先进的基础设施体系；③应着力实现以人为本的社会发展体系和与自然融合的城市生态环境（黄吉铭，1999）。

很明显，就上述的第三点而言，要建设符合国际大都市要求的城市生态环境，对于上海而言，挑战是很大的。仅仅从人均绿地指标来看，上海当时的基础就十分薄弱。相关数据表明（查萍　等,1996），尽管自改革开放以来，上海市的人均绿地由1980年的1.4m^{2}增加到了1990年的3.2m^2，但和同时期的国际大都市相比，还有相当大的差距。仅仅看国外大城市的人均公共绿地指标，就已经远远超出了上海当时的人均绿地指标。如在1990年时，巴黎的人均公共绿地位为24.7m^2，伦敦为22.8m^2，华盛顿为45.7m^2，莫斯科为20.8m^2，堪培拉为70.5m^2，维也纳为70m^2，都远远在上海的人均绿化量之上。

之所以与西方国家有如此巨大的差异，是因为西方国际大都市在其历史发展的进程中，无一例外地都十分注重城市生态绿化的保护和建设，尤其是建设大规模、大面积的结构绿带，本身就有很深厚的思想基础。一方面，早在启蒙运动时代，法国建筑师勒杜、空想社会主义先驱欧文等就提出了农业绿带围绕城镇，以限制城镇规模的思想，并以此为原型，该思想体系也并将其融入自己的田园城市思想体系之中（Hall，2009），由此成为20世纪现代城市规划的开端。另一方面，19世纪末起源于欧洲的城市美化运动，在之后的半个世纪内波及全世界，并在不同的文化背景中产生了不同的效果，但却无一例外地强调了自然要素和绿色开敞空间在城市建设中的营造。这些思想给西方的城市建设带来了巨大的影响，使结构绿带顺理成章地成为城市结构形态布局中的重要元素，也成为现代都市空间规划中必不可少的有机组成部分（图5-2）。

而从实践角度，国外大城市在绿带建设方面已经提供了充足的经验。如，英国伦敦自20世纪30年代起便提出了绿带的设想，1944年的大伦敦规划设定了宽度为11~16km的绿带环，并确立了相应的开发控制条件。大伦敦绿带后来取得了较好的成效，并为日后伦敦及周边地区的绿带规划提供了根本依据（杨小鹏，2010），伦敦绿带普遍被认为是英国现代城市规划的基

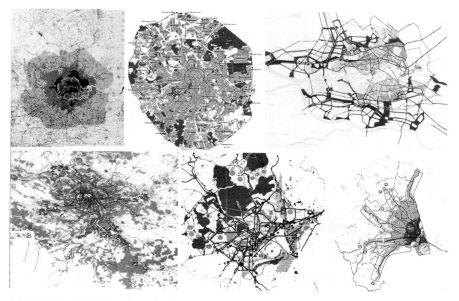

图 5-2　20 世纪以来西方一些重要大都市的绿地系统规划图
（上：伦敦、莫斯科、鹿特丹；下：巴黎、马德里、哥本哈根）
来源："田园城市"文献展，2011年成都双年展

石之一。又如，大巴黎地区在20世纪60年代以前，老城区"摊大饼"式地向外发展，乡村地区遭到了极大的破坏。自70年代起，巴黎地区议会提出建设环城绿化的新规划，在相关法规的控制下，最后形成了10~30km的绿带保护圈，成功地保护和营造了郊区丰富的自然景观和游憩场所（Laruelle et al.，2008）。另外，还有一些西方城市从19世纪以来就一直注重对城市中的自然绿地进行保护，比如墨尔本19世纪修建城区铁路所留出的大型防护绿带，成为城市形态中最具特色的生态廊道，百年来都受到了政策和法规的保护（Buxton et al.，2008）；维也纳周围的森林自19世纪以来也得到了很好的保护，随着20世纪以来城市核心区绿地的增加，城市文化遗产保护和生态保护有机结合，绿化带呈现了极大的景观多样性，不但受到当地法规的保护，还得到了联合国和欧盟等相关国际机构的共同保护（Breiling et al.，2008）。上述国际经验不但值得中国的城市学习，更说明大型的结构绿化是成为具有国际影响力大都市的重要条件。

最后，在自身绿化基础薄弱，而又要在短时期内建成国际型城市的背景下，迅速规划建成大型的城市结构绿化，成为当时上海城市规划的必然选择，也是国际形势和国家战略赋予上海的历史使命。

　　建成大型生态绿化带，不但是成为国际大都市的重要条件，同时，对于当时的上海来讲，也是城市生活的必需。由于历史原因，20世纪90年代以前，上海市中心城内除了不成体系的公园或园林以外，没有任何大型的结构绿化。尽管公园面积较中华人民共和国成立之初有所增加，但由于人口和游客的增量更大，节假日各个公园几乎都是超负荷状态。并且，这些绿地的分布也很不均匀，根据80年代中期的一个调查，上海市区10个区内共有112个街道委员会，每个区都有1~4个街道范围内没有一点绿化（闻美英，1985）。而从绿化规模上来看，上海市当时比较大的公园是西郊公园[①]，其面积为70hm²左右，而与之相比，仅洛杉矶迪士尼乐园的一个人工湖水面就达到约80hm²，伦敦海德公园为142hm²，巴黎的布仑公园为860hm²，维也纳的森林公园则达到了7475hm²（查萍　等，1996）。因此，数量少、规模小，与国际大都市绿化建设存在巨大差距，是当时上海绿化的真实写照，更是上海要建设成为国际大都市所必须解决的难题。为此，时任市长徐匡迪就曾强调："没有良好的生态环境，上海就不能真正确立起国际经济中心的地位。"市委书记黄菊更是明确提出："要下决心把上海建设成为一个生态城市。"

　　因此，提升绿化量，建设大型的城市绿化带，成了上海市编制新一轮城市总体规划的重要内容。1993年6月，上海市政府召开了第三次规划工作会议，会议对正在筹备中的新一轮城市总体规划的修订作了动员，并对新一轮总体规划编制提出了接轨国际城市的要求，其中第四条明确提出，要按照国际经济中心城市的格局调整产业结构布局，并设置大型绿化圈，把上海建成一个清洁、优美、舒适的生态城市。而在这期间，由上海市政府组织开展的"迈向21世纪的上海"课题，也在国内外专家学者和业务骨干的参与下逐步得到完善。在其中有关城市建设的篇章中，课题提出了六个

---

① 即上海动物园。中华人民共和国成立前，西郊公园为洋人的马房，民国时期改为高尔夫球场。1954年定名为西郊公园，作为市民的文化休闲场所。后为了展出少数民族人民赠予毛主席的一头大象，决定扩建为动物园，几经周折，一直到1980年，才正式更名为上海动物园。

方面的研究主题，作为上海市迈向新世纪的重要空间战略，而环城绿带的规划和建设正是其中的第五条（表5-1）。很明显，作为其中唯一的生态战略举措，环城绿带规划承担了重大的历史使命，成为上海新世纪城市规划决策中的必然选择。

"迈向 21 世纪的上海"课题中城市建设部分的六大战略　表 5-1

六大空间战略	主要内容
上海城市现代化规划战略	该部分内容对上海 21 世纪的发展趋势进行了判断，明确了上海的城市目标和功能定位，提出了要规划建设整体性的城镇体系、辐射型的中心城、跨越式的基础设施、超前性的浦东新区、一体化的农村城市化等空间发展战略
上海中心商务区（CBD）建设构想	该部分内容首先参照公认的国际经验，界定了 CBD 的功能职能和土地利用结构，接下来提出了上海建设 CBD 的指导思想和战略目标，并对如何调整 CBD 的产业结构进行了探讨，在此基础上，该部分内容提出了在上海建设以浦西和浦东为主体的二元结构模式的组合型 CBD，并划分了金融贸易、贸易总部、高级服务和中心商业区等四大功能板块
上海港为中心的长三角港口群战略设想	该部分课题在回顾上海及长三角洲地区主要港口（包括南京、镇江、张家港、南通、连云港、宁波、舟山、温州）的形成、成长与特征的基础之上，对长三角港口的未来发展作出了预测，并提出了形成以上海港为中心的长三角港口群的发展目标和基本要求
市区立体化的综合交通网络建设方案研究	该部分提出上海城市交通的发展必须采取主动型的规划策略，即通过交通规划来能动地引导城市的布局发展。从规划战略上，该研究提出上海的综合交通网络应有利于上海形成"多中心、多层次、组团式"的空间结构，通过第一层次的轨道交通网络、第二层次的城市道路网、第三层次的步行自行车非机动车网络，以及各层次相应的换乘枢纽，形成立体化的综合交通体系，引导上海成为具备有机疏散特征的、空间布局合理的国际大都市。该部分最后还对如何进行现代化的交通管理提出了建议
上海环城绿带建设研究	该部分内容提出应沿外环线外侧建设环城绿带，力求在更大的时空范围内规划上海的生态环境，协调城市宏观层面的社会经济发展和环境保护的矛盾，并造福于世世代代的上海人民。该部分课题对环城绿带的规划方案及指标、投资规模和筹资方案、实施的政策措施、建设时序和安排进行了相关的探索
浦东国际机场建设和周边地区的综合开发	随着浦东的开发与开放和上海全球战略地位的逐步提升，城市的空运需求急剧增加，在浦东建设新的民用航空机场势在必行。该部分根据国际经验和客观形势分析了浦东机场规划建设的必要性，并从总体布局、建设规模和选址条件等方面提出了浦东国际航空港的规划设想和建设方案

来源：上海市"迈向21世纪的上海"课题领导小组，1995

5.2.2　规划应对：战略性的结构绿带方案

在大型结构绿化成为上海城市发展必然选择的背景下，应该建设一条什么样的绿化带，或者说，应该采取什么样的规划思路，才能确保这样一条绿带既能符合国际大都市的身份，又能满足上海城市生态建设的基本要求呢？

初步的规划思路来自于时任市委书记黄菊，他在上海第三次规划工作会议上就明确提出了，要在外环路的外侧规划宽度至少为500m的大型绿化带，从根本上改变上海的生态环境。为什么提出的是500m的宽度呢？按照长期在环城绿带管理处担任要职的管群飞的说法，当时相关部门有过一个论证，认为500m的宽度对遏制城市扩张和形成生态效应正合适（袁念琪，2011）。而从生态学领域中不同目标生物种对生态廊道适宜宽度的经验来看，100~500m的生态廊道，对于保护鸟类和生物多样性而言，是较为合适的[①]；另外，根据城市规划中的相关理论和经验，500m对于一个街坊或小区来讲，也是一个比较适宜的宽度，既能保证街坊内建筑布局形成合适的规模，又在人们步行可达的正常范围内。因此，最初提出的500m的宽度，既能确保生态廊道的生物多样性，又以城市街坊正常尺度的规模绿化对中心城区的边界进行了界定，也算是在生态效应和城镇建设之间找到了一个较好的平衡点，具有一定的合理性。于是，按照黄菊书记的要求，上海市城市规划院于1994年2月提出了最早的初步方案，方案直接延续了黄菊书记的规划思想，沿着当时的外环线外侧，形成宽度为500m的绿化带，将上海市的中心城"包"住。

但是，这种带有现代主义手法的、整齐划一的500m绿带，在当时来看，是很难直接实施落地的。根据规划部门的调查，自1993年外环线选线方案

[①] 生态廊道宽度可分为六个等级，每个等级所保护的种群类别都不同，廊道越宽，能保护的种群多样性就越高（达良俊，2010）。六个宽度等级分别为："3~12m"（基本能保护无脊椎动物的种群）、"12~30m"（鸟类边缘种、无脊椎和小型哺乳动物）、"30~60m"（较多鸟类、两栖、爬行和小型哺乳动物）、"60~100m"（对鸟类有较大的多样性）、"100~500m"（对鸟类和生物多样性而言最为适宜）和"600~1200m及以上"（不但满足鸟类多样性，还能满足大中型哺乳动物的迁徙，能创造最自然的景观结构）。

敲定以后，沿线各区又先后
建成或出让了一批建设用
地。其中浦西沿外环地段已
有不少的建成项目，而在闵
行、嘉定和宝山等区县，在
绿带规划的500m范围内则出
现了大量的居住用地。唯一
能够确保绿带实施的只有浦
东新区和当时的南汇县，由
于处于开发建设的起步时
期，外环沿线还有大量的
农田（吴国强 等，1999）。

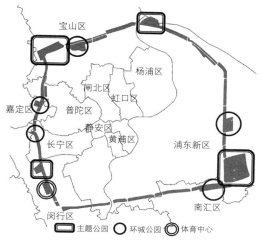

图 5-3　1994 年绿带方案中的"长藤结瓜"

根据初步方案的测算，在全长97km外环绿带沿线上，宅基地和耕地约为
45.6km，占环线总长度的47%；已经建设的居住用地约为16.5km，占环线总
长度的17%；已经规划的工业、居住和港区等用地约为34.9km，占外环线总
长度的36%（孙平，1999），也就是说，只有不到一半的用地才能用于直接
实施绿带。可以看到，要把外环外侧500m的绿带设想落地，还是有很大难
度的。

　　在这样的条件下，外环绿带的建设者们根据当时的情况，提出了相对
灵活的规划方案。1994年8月，上海市规划院又对外环绿带的方案进行了
进一步的深化，编制了《城市环城绿带规划》。规划根据当时的现实情况，
提出了"长藤结瓜"的规划结构（图5-3），其组成要素可以分为"藤"和
"瓜"两个部分，规划对两个部分的基本情况、规模大小以及预期的功能定
位都做出了安排：

　　（1）"藤"

　　"藤"即规划初步方案中提到的500m绿带，但为了应对现状问题，根据
实际情况调整了规划，500m的宽度被分解为100m纯林带和400m多功能复合
型绿带。其中100m林带规划总面积约970hm^2，400m绿带总面积约3909hm^2。
一方面，100m林带是沿外环线纯林带的宽度下限，外环线外侧全长97km的

沿线都被规划为宽度至少100m的纯林带。比如在宝山江杨南路到顾村一段，500m绿带确实难以落地，于是便提出保证100m林带即可，并将剩下的400m绿带移到外环线内侧的大场地区。而在桃浦地区，由于桃浦工业区和内城居住区之间的生态防护要求，规划沿外环两侧布置防护林带，其宽度都在500m及以上。另一方面，400m绿带的功能则相对比较多样，不一定是大面积的纯林带用地，而是以"绿"为主的用地。比如规划提出可以借鉴北京和天津的经验，结合农业结构产业调整，在环城绿带内开辟若干处苗圃、花圃等生产性绿化用地；还可在建设密度较高的地段，规划一些绿化率较高的低密度住宅用地，另外还有一些市政和交通设施用地及远期转变为绿带的用地等。上述各类用地的面积和比例在第3章的规划建设回溯中有具体的介绍。

（2）"瓜"

"瓜"即外环绿带上部分地段所设置的规模较大的节点绿地，规划总面积为2362hm²，作为大型主题公园、植物园、森林公园、科普乐园等活动场所，或赛车场、赛马场、高尔夫球场等体育设施，最后结合500m绿带中的住区公园绿地，形成不同规模等级的环城公园游憩系统。当时的方案共规划了10处节点绿地（图5-3）：其中大型主题公园有4处，分别位于浦东的三岔港附近、川沙地区、沪清平公路南侧的莘庄地区、薛塘以北的顾村地区；另外还有5处环城公园，分别位于东段唐镇以北的地区、南段周浦附近、西段的江桥地区、虹桥机场以北地区以及宝山吴淞地区；另外，规划还在外环线西侧的漕宝路以南设置了一处体育中心，作为国际性城市所必需的体育设施配套。

那么应该如何将"长藤结瓜"的外环绿带实施落地呢？由第3章可知，第二轮空间规划并没有给出明确的答案，而在市政府组织的《迈向21世纪的上海》课题成果中，当时的上海市政府经济中心基于规划院的空间规划构想，对外环绿带的战略意义、投资方案、政策措施和实施步骤都进行了全面完善，使外环绿带方案在历经两轮深化以后，形成了一套完整的、可操作的城市空间战略政策，终于把外环绿带的初步构想变为了成熟的政策实施方案（图5-4）。该课题对"长藤"应如何"结瓜"，主要提出了以下几个方面的构想：

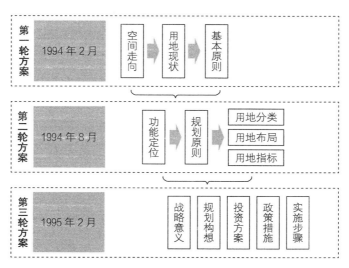

图 5-4　上海市外环绿带规划方案的演进

一是资金投入。课题对"藤"和"瓜"的投资方案进行了评估和预算，并建议100m的"藤"由政府包干，400m的"藤"由社会和企业共同参与完成，"瓜"则通过国际性的招商引资来建设，并以经营"瓜"所得的收益来推进"藤"的后续建设和养护，也就是"以瓜养藤"的思路。

二是政策保障。课题认为外环绿带应制定专项法规来管制绿带范围，以达到依法治绿的目标；提出应成立专门的组织机构来负责外环绿带的建设和管理，以提高实施效率；还对绿带建设过程中征地补偿的政策进行了探索。

三是实施时序。课题将外环绿带的实施年限设定为15年。其中，1995—1997年为初步建设阶段，主要完成虹桥和浦东两个机场间的外环南沿线约40km的"藤"；1998—2000年为全面建设阶段，主要完成绿带上的各个"瓜"，以及部分"藤"的建设，力争在步入21世纪前形成外环绿带的主体布局；2001—2010年为后续完善阶段，逐步将绿带范围内的用地动迁出去，并结合农业产业结构调整完善绿带的建设。按照课题最终提出的实施计划，外环绿带的推进大体可以分为两个阶段：一个阶段是2000年以前，基本形成"长藤结瓜"的总体布局，尤其是"瓜"的建设落地；另一个阶段则是2000年以后，逐步完善"藤"范围内的动迁工作和绿带的功能提升。很明显，这样的时序也能保证"以瓜养藤"的实现，从可操作性的层面来看也是比较妥善的。

　　经过一年多的完善，外环绿带最后形成的应对方案是比较令人满意的，主要体现在以下几个方面：

　　（1）方案秉承了西方的城市建设经验，依托大型交通基础设施的建设，设定了规模性的绿化结构，不但形成中心城的边界，同时也为上海市的生态布局结构引入了"环"形要素，为构建具有国际大都市水平的绿化系统奠定了基础。

　　（2）以绿化的"藤"来限制中心城规模，并因地制宜，将500m的宽度指标分解为相对灵活的100m纯林带和400m复合功能绿带，同时满足了外环线必要的防护功能和城市对生态绿化的多样需求，不但在生态服务和社会功能方面找到了平衡，也大大提升了绿带实施的可操作性。

　　（3）设置十个"瓜"作为大型游憩场所或主题公园，以形成规模等级多样的环城公园体系，在满足居民生活需要的同时，通过跨国引资等方式，力图为游乐、休憩、体育等大型设施的建设创造条件，这样做不但能带动周边地区发展，也能提升城市的影响力，为形成国际大都市的氛围创造条件。

　　（4）"长藤结瓜"的绿带方案对城市绿量的提升将是前所未有的。外环绿带规划确定的总用地面积为7241hm^2，其中除交通市政设施、低密度住宅等建筑用地外，有纯生态绿地6011.5hm^2，能双倍提升上海市的城市园林绿化量[①]；而绿带中4597.7hm^{2}的公共绿地量，则是当时上海公共绿地量（1431hm^2）的整整三倍以上，对上海市公共绿地规模的提升更为突出。从人均绿地量来看，根据当时的推算，外环绿带的建成将使上海的人均公共绿地达到6.5m^2，人均绿地则能达到11.34m^2，这样做不但能大大改善上海的生态环境，还能使上海的绿色指标朝着国际大都市的目标更进一步。

　　（5）方案在建设时序上提出的构想，对上海在短期内实现国际大城市

---

① 统计数据表明，1994年时，上海市的城市园林绿化总量只有5939hm^2，几乎与外环绿带规划中的纯生态绿地的总量相同。因此，外环绿带如果能按规划量完成，对城市绿量的贡献将是历史性的。

的目标，有较强的推动作用。尤其是规划在2000年以前完成对绿带上各个"瓜"的招商引资及投入建设，为上海在大型游乐设施的跨境融资方面创造了机会，有助于上海在新世纪到来之前，将城市的游憩服务水平提升到一个新的台阶。

　　"长藤结瓜"的实施方案在当时产生了良

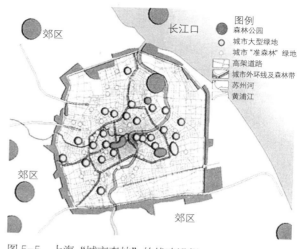

图 5-5　上海"城市森林"的战略设想
来源：吴为廉 等，2002

好的社会反响。例如在1998年的一篇报道中，当时刚刚上任的上海副市长韩正，在面对首都21家新闻媒体记者时，总结道上海的"五大城市功能区"已经基本呈现，外环绿带正是这其中之一。这样的思想还延续到后来，有学者在1994年版环城绿带"长藤结瓜"的方案基础上，借鉴国外城市森林系统规划经验，提出了上海市现代森林城的战略规划，外环绿带的"长藤结瓜"在成为实现上海城市森林的重要手段（图5-5）。由此可见，环城绿带这套方案，在应对当时的形势要求和未来的发展预期方面，产生了一定的积极影响。

5.2.3　实施条件：较为积极的支持

1. 政策环境

　　从大的政策形势来看，这一阶段的建设基本与上海市"九五"计划的实施时期（1995—1999年）相重合，因此，"九五"计划的城市建设导向基本能体现绿带实施的政策环境。根据上海市"九五"计划的主要任务，上海将在这一时期加快城市基础设施建设，构筑现代化国际大都市的基本框架，形成现代化的国际城市新格局。环城绿带正是其中的重要支撑系统，不但能提升绿化总量，还能形成规模性的生态"图底"，优化城市的总体布局。正是因为这样，在上海城市园林的"九五"计划中，环城绿带被列为这一阶段的重点（上海市园林管理计划处，1955）。由此可见，这一时期的政策对绿带的建设是持积极推进的。

此外，根据上海的实际情况，这一阶段的"重大实事工程名单"也是判断绿带工程是否受到重视的重要依据。上海市的实事工程起源于1986年，时任上海市长的江泽民就提出，要站在上海未来发展的战略框架下，每年踏踏实实地选十几件①老百姓最关心的、看得见、摸得着的实事工程，作为年度的近期项目按质按量完成，以最大限度地解决老百姓的后顾之忧。这项制度后来取得了明显的成效，一直延续到了现在，并一直受到市委市政府的高度重视。

根据上海市政府网站所提供的信息，在1994年以前，上海市实事工程中还没有绿化建设方面的工程，以1993年为例，这一年的重大实事工程主要涉及城市交通、水电气、电话、公共安全、食品供应、社区服务、污染治理、教育资源等基础设施方面的建设。而进入1994年以后，绿化建设开始被列入实事工程名录，并排在了第三位，其中主要涉及的是市区的绿化工程，如人民广场的建设等。1995年和1996年，绿化建设分别作为实事工程的第四、第五项，主要涉及黄浦江上游取水口的绿化防护林和相应的环境治理工程。步入1997年，以外环绿带为代表的城市绿化环境工程，连续两年被列入市政府的重大实事工程名录。其中在1997年的实事工程中，绿化环境工程被列在了第二位，提出要在市区新建100处公共绿地，建成3座公园，完成外环线西南段约70hm²的绿带，并使人均公共绿地增加0.3m²；而到了1998年，城市的生态环境建设被排在了第四位，其中除了要求各区必须新建一块3000m²以上的公共绿地以外，还明确提出要完成139hm²的环城绿带。最后，到了1999年，绿化建设又被提升到重大实事工程的第二位，提出了当年应新建公共绿地350hm²，但并没有明确提到环城绿带工程的建设。

从上文可以看到，在1993—1999年外环绿带第一个实施阶段中，市政府

① 从1994年起，市政府的"实事工程"每年只聚焦10个大类，每个大类中再分设几个具体项目。

对外环绿带的重视程度随着绿带工程的开工而加强。在1995年以前，外环绿带处于方案完善期，此时的实事工程主要为城市的基础设施建设及中心城的绿化提升，而自1995年底外环绿带开始在普陀区桃浦镇正式开工后，经过1996年的初步建设，于1997年和1998年连续两年被列入市政府重大实事工程。这说明在当时，作为城市"五大功能区"之一的外环绿带，受到了市政府的高度重视，反映了在这一阶段，外环绿带的实施有着非常积极的政策环境。

2．法规条件

在市委市政府的高度重视下，为了顺利实施外环绿带，市政府在发布绿带方案时，同时也冻结了方案范围中的各个规划项目。上海市建委在1995年底向各区下发了《上海市建设委员会关于外环线环城绿带工程规划控制和梳理项目用地的紧急通知》，这道禁令不但向各区明确地传达了市政府建设绿带的决心，也宣告了外环绿带工程建设已进入正式筹备阶段。

禁令主要是为当时的100m林带一期工程顺利建设打好基础，使其能与外环线的道路工程同步进行，并能同时完工。禁令对绿带范围内的项目近乎"零容忍"，不同建设阶段的项目，均受到了严格的限制：①对于规划绿带中尚未开工的待开发用地，项目一律调走，土地只允许留着建绿带；②对于规划绿带中正在建设的项目，则必须先保证留出100m纯林带的范围，之后再通过诸如退让土地、规划设计调整乃至转变用地性质等方式，最后达到400m绿带中的规划控制要求；③对于已经建设的项目，如果已经占用了100m林带的范围，那么就必须从该项目的用地范围中征回相应的绿化用地作为补偿；④对于任何在100m林带中建设的建筑，都一律拆除，并将其土地用于林带建设；⑤对于不符合绿带规划要求的、对生态环境有严重污染的各类项目，都坚决予以搬迁，并将用地调整为绿带建设用地。总之，这道禁令想尽了一切办法，来确保外环绿带，尤其是100m林带的顺利实施。

从禁令在这一阶段所获得效果来看，相关资料表明，在区县的密切配合下，环城绿带的实施率得到了大幅度的提升，由最初的42%提升到了76%（鹿金东 等，1999）。根据100m林带970hm²的规划面积来算，这意味着，在未颁布禁令之前，规划100m林带范围中只有约407.4hm²的用地能够直接实施林带。而随着三年来各区对禁令的严格落实，规划范围中又清理出了一部分用地用于绿带建设，最后约有737.2hm²的用地符合林带实施要求，这里面清理出的开发建设用地面积达到了约330hm²，占规划面积的1/3。由此可见，禁令在这一阶段发挥了较好的政策控制作用，为当时建设的100m林带提供了相应的法规保障。

虽然在这一阶段只有建委的这一道禁令作为法规保障，但市政府相关部门和绿带建设部门早已开始着手编制专项法规了。为了让环城绿带能早日实现"依法建绿"和"依法护绿"的目标，相关部门在这期间先后开展了"上海市环城绿地建设管理办法的研究"和"上海环城绿带主题公园和400m绿带综合开发研究"等课题，争取早日以法规的形式有效地指导环城绿带的建设。

5.2.4　执行运作：政府主导的运作模式

自从1994年的环城绿带规划方案被批准以后，便进入了实施建设的筹备期。首先一个重要的问题便是，外环绿带由什么样的组织机构来负责，也就是说，实施主体应该是什么部门。1995年9月23日，上海市政府召开了专题会议，时任副市长夏克强对外环线工程及外环绿带工程的组织机构进行了部署。会议决定成立外环线及环城绿带工程建设领导小组，下面分别设立外环线道路工程指挥部和环城绿带建设指挥部。

其中，领导小组分为两级，市领导小组由时任市长徐匡迪①、分管城建的副市长夏克强②，以及市属各委、办、局相关人员组成；区级领导小组由各区县政府的主要负责人组成。与之对应，环城绿带建设指挥部也分为市、区两级，并有相应的分工和职能：市级环城绿带建设指挥部主要负责统一实施计划、制定建设标准，并落实政策，同时对区、县的实施计划进行协

---

① 徐匡迪同志于1995—2001年间任上海市委副书记、上海市长，后于2001年调离上海。
② 夏克强同志于1992—1998年间任上海市副市长，主管城市规划、交通市政、环境保护等城乡基础设施建设领域的工作。

调、引导和监督，以确保工程的实施进度；区、县环城绿地指挥部主要负责制定本区、县范围内的外环绿带工程实施方案，按照规划实施其辖区内的环城绿带工程。

应该说，外环绿带的这一套行政架构是比较有力的（图5-6）。一方面，从市领导小组的层面来讲，作为刚刚入选中国工程院院士的时任市长徐匡迪，十分重视上海市的生态绿化建设，在多个场合的发言中，都强调了生态绿化建设对实现国际中心城市的重要作用。而夏克强则是具体分管城市建设工作的副市长，环城绿带方案的编制是由他具体负责的。在我国，尽管"领导小组"属于政府内部非常设的"阶段性工作组织"或"议事性协调机构"，但在"小部制"的行政架构背景之下，领导小组在推进和协调涉及多部门职责的重大项目方面，

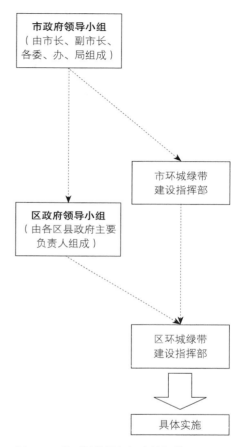

图 5-6　外环绿带的部门实施架构

有着不可替代的作用[①]。外环绿带工程所设立的领导小组，由于是由两位十分重视项目本身的领导牵头，因此相关部门对绿带建设的支持力度便能得到较好的保障。

另一方面，环城绿带专门机构的设置和完善，保障了绿带建设的进度。在环城绿带指挥部成立后一年，1996年12月，随着部分林带已经实施完工，经市编制委员会批准，又成立了市环城绿带建设管理处，具体负责绿带的建设与管理维护工作，与指挥部合署办公，并由指挥部统一调度。而后，

---

① "领导小组"的前世今生［N］. 河南商报，2013-07-10（A02）.

《城市导报》在1998年对外环绿带指挥部的工作进行了专题报道①。该文以人性化的视角，对在环城绿带指挥部工作的建设者们进行了报道，并对他们的工作情况进行了介绍。比如指挥部几乎每天都加班加点、挑灯夜战；为了保证质量，从土壤改造到绿化施工，每个环节都不能马虎；由于缺少高大苗木，他们先后到江苏、浙江、山东、江西、湖南、安徽、河北、河南等8省了解信息，行程达万余公里……报道从侧面反映了当时环城绿带建设机构的建设者们不辞劳苦的大无畏精神，这种精神也是当时外环绿带实施的有力保障之一。

在政府及实施机构的全力推动下，这一阶段的外环100m林带一期工程一共完成了约365hm²。从运作模式来看，由于有强有力的领导机构，这一阶段的绿带由市、区政府"一条龙"包干建设，主要表现在以下三个方面：①绿带的动迁、建设等费用皆由市、区政府共同分担，纯粹由政府投资建设；②100m林带的所有用地皆由政府征用为城市建设用地，纳入各区的公共绿地指标，并单独给予各区一定的资金补助和政策优惠；③对被征用土地的失地农民实行"农转居"政策，在进行动迁安置的同时，将其农村户口转变为城镇户口，并享受城镇居民的养老保险和医疗保险。这样的方式，不但确保了区政府的积极性，也解决了失地农民的后顾之忧。

由于各区的具体情况和财政投入有一定的差别，各区绿带的市、区政府投资比例也存在一定的差异。浦东、徐汇和长宁由于绿化财政资金相对充足，市政府只补贴了一定比例的建设费，因此这三个区的绿化投入大部分由区财政承担。如浦东新区政府对100m林带的投资比例达88.5%，徐汇区为93%，长宁区为83.6%，市政府提供的补贴没有超过各区总投资量的20%。相比之下，南汇、闵行、嘉定和普陀则主要依赖市政府的财政补贴，如闵行区的100m林带完全靠市政府的财政支持，南汇区的市级财政投入也高达93.7%，嘉定和普陀则分别为52.8%和74.7%。这四个区的区财政投入占较小甚至极小的比例。但不管怎样，政府包干建设，是外环100m林带建设的主要运作方式。

---

① 向绿色长城挺近［N］. 城市导报，1998-05-12（5）.

5.2.5　阶段成效：初现"绿藤"

　　从第一阶段的实施成效来看，在政府的全力支持下，外环绿带基本建成了从普陀沪嘉高速公路至浦东迎宾大道长46km、总面积约365hm²的"绿色长城"，这正是外环100m林带一期工程的范围。

　　从实施进展来看（图5-7），建设者们先于1995—1996年完成了普陀区桃浦镇约13hm²的绿带，而后于1997年完成了浦东杨高南

图 5-7　第一阶段 100m 林带实施进展示意图

路至闵行朱梅路之间约69hm²的绿带，涵盖了浦东、徐汇和闵行三区。步入1998年，也就是上海市绿化与环保"三年大变样"的开端[①]，外环绿带完成了从闵行朱梅路至沪嘉高速公路段，涵盖闵行、长宁、嘉定和普陀四个区。尽管这一年所要实施的绿带穿越了莘庄开发区和虹桥机场等城镇化发展势头较为迅猛的地区，但在相关区县的通力合作下，还是按计划完成了约140hm²的100m林带，将之前的两段绿带串联到了一起。到1999年，绿带工程的重心转向浦东和南汇，完成了杨高南路至浦东迎宾大道间约120hm²的100m林带；此外，这一年徐汇、闵行、嘉定等区还完成了约18hm²的拆违建绿工程，由此提高了100m林带的完整度，保证了"绿藤"的基本数量。

　　这一阶段虽然完成的绿带面积只有365hm²，只占100m林带总量的39.7%，但从区县分工的角度而言，这一阶段已有普陀、嘉定、闵行、徐汇、南汇等区完成了100m林带的建设，浦东则完成了一部分，剩下只有宝山区尚未开工了。而从实施难度来看，众所周知，1995—1999年这几年所实施绿带的区域，正是外环线上城镇化建设最为密集的地区，像徐汇华泾、闵行莘庄、

① 上海市"三年大变样"的思路最早由邓小平同志于1992年初提出，之后先后经历了1992—1994年、1995—1997年和1998—2000年这三个"三年大变样"时期。其中第一个三年主要是造桥修路，第二个三年用来盖房建楼，最后一个三年则是绿化和环保（黄融，2009）。

长宁虹桥一带，实施动迁的成本和难度都相对较高，如果不提早动手，后面实施的难度会更大。剩下的宝山和浦东地区，城镇化的密集程度则相对较低，且外环沿线农田和宅基地的比例较高，实施的难度相对较小。因此，这一阶段的建设，除了为后面的100m林带建设积累了相应的经验外，也降低了"绿藤"总体的实施难度。

另外，在这一阶段末的1999年，外环100m林带的营造方式也由于各种因素而发生了一些转变，使得绿带的建设呈现新的气象。

（1）施工管理的转变

绿带管理部门于这一年初首次在工程实施中引入了市场竞争机制，对绿带的园林设计和施工监理分别进行了招投标，吸引了一批较有经验的企业来参与环城绿带建设，并以市政府重大工程立功竞赛为导向，激发了实施单位的积极性，保证了绿带建设的推进质量。

（2）管养思路的转变

外环绿带部分地段的生态效应逐步展现，如浦东在1997年建设的三林段绿带中，出现了大量的野生动物，有鸟类、野兔、黄鼠狼、刺猬、蛇类、青蛙和乌龟等。野生动物的出现，使得绿化部门开始考虑如何制定相关法规，并开展相关的生物多样性课题，以期能有效地养护好绿带。

（3）造林方法的转变

外环林带的建设，在这一年引起了日本生态学会的关注，日方向环城绿带工程捐赠了30万元作为科研经费，与中方一起进行了乡土生态造林的实践，绿化部门专门在外环绿带中划出了一块10hm²的用地，作为乡土造林的试点。这样的生态合作，为上海在今后的园林建设中大力推广乡土树种、形成具有上海特色的园林生态群落奠定了基础。

（4）营造模式的转变

外环林带在这一年的建设中，更加注重林带的多样性营造，尤其是在景观形象（由行列式布局变为自然式布局）、树木种类（由单一品种变为多样品种）、树种类型（由速生型树种变为景观型树种）、规划设计（由规则式变为自由式）方面。上述"四个转变"，较为全面地优化了"绿藤"的"生长思路"，为下一阶段的建设作好了铺垫。

5.3
第二阶段的实施过程
（1999—2004 年）

5.3.1　背景问题：止不住的城镇建设

随着100m林带一期工程的进行，各区外环沿线上所面临的动迁问题，也由此变得更加具体。这些城镇化问题，成了外环绿带动迁实施的"拦路虎"，使外环绿带的规划不得不因此而面临调整。那么，这些城镇建设是从何而来的？为什么会出现在外环区域？是否就真的难以扭转了呢？在第4章的基础上，本书将这些城镇化项目分为了三个大类：

其一，由于历史原因和早期的开发建设引导，吴淞、航华、泰和、莘庄等地区的城镇化建设已经趋于成熟，外环绿带在这些区域的推行受到了相应的影响，特别是宝山的吴淞地区和虹桥机场南侧的航华新村，对规划绿带的实现造成了直接的阻碍。

吴淞地区历史悠久，由于其特殊的历史条件和地理环境，中华人民共和国成立前便形成了初具规模的近代工业。中华人民共和国成立后，在20世纪50年代末的上海市产业布局规划中，吴淞地区便因为较好的工业基础，而被定位为上海市郊区的15个工业基地之一，上海钢铁五厂、钢铁研究所等市级大型企业也随之在此落户，并形成了较大的规模。到了70年代，为了配合北部宝山钢铁总部的建设，吴淞地区的工业发展和港口建设进入了一个新时期，逐步形成了从宝山到吴淞的产业走廊。在80年代上海总体规划南北"两翼"战略中，吴淞到宝山这一区段，正是其中的"北翼"，并成为当时上海市域城镇体系中规模最大的卫星城。尽管自90年代以来，上海市的工业发展在南北方向上并不突出，但淞宝地区的城市化建设进程却是不容忽视的，尤其是1988年吴淞与宝山县合并为宝山区以后，城镇化建设迈入了一个新的阶段，这使得吴淞地区在20世纪90年代中期便集聚了较大的人口规模和建设量（图5-8左）。在这个高密度的区段里，外环线道路工程都不得不将红线缩减到70~80m的宽度，500m的环城绿带更是无从下手（韦东，1998）。

　　航华新村位于虹桥机场以南，紧邻外环线的外侧布局。该住区于1992年开始建设，是由动迁基地发展起来的大型居住社区，规划面积为150hm²，其中包括机场员工和东方航空公司员工的住宅[①]。由此可知，这片住区成为机场员工的"卧城"，属于机场的居住功能配套地区。而从1996年上海城郊地图上的信息来看，当时已经规划的外环线尚未建设（黄色虚线），而航华新村就正好在其西侧的500m绿带范围内，并且其周围已经被城镇化用地所包围，形成了一定规模的开发建设片区（图5-8右）。无论是站在现实的角度，还是站在未来发展的角度，这片位于上海市中心中轴线、延安西路末端、紧邻虹桥机场辐射范围并已被赋予重要功能的片区，其动迁所带来的经济成本和社会成本将难以想象，甚至可能会直接影响虹桥机场的运营，得不偿失。特别是当时上海正处于开发开放的加速时期，作为当时唯一的民用机场，虹桥机场的运营更是不容有任何失误。

图5-8　上海市吴淞地区的航拍图（1998年）和航华新村的地图（1996年）

———————
① 此处参考百度百科词条"航华新村"。

　　除了上述两个区域外，位于外环线西南方向的闵行莘庄地区，虽然其发展历史不及吴淞地区那么悠久，但由于区位和政策导向等各方面原因[①]，也在外环绿带实施之前，便形成了良好的发展态势，给外环绿带的实施造成了困难。另外一片则是位于宝山顾村地区的泰和新城，该住宅区是由上海顾村房地产开发公司和厦门大洋实业有限公司，针对工薪阶层居民的需要，于1993年开发的微利房[②]，该项目占地30hm^2，正好毗邻外环线的外侧。由于稳定而友好的房价[③]，加上良好的综合条件，泰和新城开盘后不久便获得了"1995年上海最受欢迎微利房金奖"的称号，并创下了40天即售出150套的销售业绩，在当时的上海地产界有较大的影响力（欣晨，1995）。由于积极的社会影响，泰和新城到1998年时便已经销售一空。泰和新城从1993年开发到1998年销售一空，五年内形成了较为固定的住户群体。而外环绿带于2000年启动顾村的绿带建设时，泰和新城已经发展了七年，规划绿带基本上是不可能实现了。

　　其二，处于大都市高速发展的20世纪90年代，上海外环沿线的部分地区应运而生了一批较大规模的项目，这些项目尽管刚刚开始建设或正处于发展时期，但由于规划较早，且地位特殊，外环绿带规划难以对其进行替代。这一类项目主要有外高桥、唐镇工业园、川沙西北居住区和共富新村等地区。

　　外高桥的规划历史较早，与浦东新区的规划发展是息息相关的。从20世纪80年代中期开始，国务院便提出要有计划地改造和建设浦东地区，其中便涉及沿长江口岸的外高桥（上海市城市规划设计研究院，2008）。而到了90年代，随着国务院开放和开发浦东战略的出台，浦东新区的发展进入

[①] 笔者认为主要有三方面原因：（1）早期城市规划的引导：莘庄地区由于地处市中心区与松江工业区及闵行老工业区的枢纽地带，区位特殊，早在20世纪80年代，便作为上海市城镇体系中的重点城镇，成了重要的城镇发展片区。（2）新时期的政策扶植：自1995年8月上海市莘庄工业区批准建设以来，这个位于上海市域地理空间几何中心、近18km^{2}的新兴工业区开始蓬勃发展，几年时间内便形成了较大的规模，进一步完善了产业基础。（3）大型交通设施的带动：莘庄是地铁1号线的南终端。作为上海市贯通南北交通的"大动脉"，1号线的建设进一步带动了莘庄的城镇开发。良好的条件给莘庄带来了巨大的发展机遇，加之闵行区政府又落户于此，周边的城市开发和配套设施建设自然备受青睐。

[②] 指低于市场商品房的价格和租金，但却高于福利房的价格和租金的房屋。

[③] 根据《上海宝山区志（1988—2005年）》的数据，泰和新城开盘时的房价每平方米不到1000元，后面连续几年保持在1700元左右，受到市民欢迎。

了一个新的历史时期。1992年的浦东新区总体规划，其控制范围达到了约
400km²，集中建设区达200km²。从规划图中可以发现，当时还没有建设外
环线，但规划了一条与后来外环线路径相吻合的干道。沿这条干道可以发
现两处沿外环的规划用地：一处是北侧的外高桥地区，当时国务院已经批
准成立了外高桥保税区，并将建设相配套的港区及相关产业设施，为上海
形成国际航运中心打造相应的基础设施条件，因此这一地区被作为浦东总
体规划中的重点片区[①]，也是今后建设的重点项目；另一片地区则位于唐镇，
其中的唐镇工业园由浦东新区政府扶持建设，作为张江和金桥两个产业园
的配套加工基地，也在之后进行了相应的建设（图5-9）。与之类似的地区
还有浦东川沙镇中心西北的居住片区和宝山的共富新村地区，这两个片区
也都是在区县发展的推动下进行规划建设的。上述这些项目，无论是国家
级的大型战略规划，还是区县级别的中小型发展规划，由于其建设的不可
逆转性，均对绿带规划的建设实施造成了直接的影响。

图5-9　上海市浦东新区总体规划（1992年）
来源：根据《上海城市规划演进》中的资料绘制

---

① 外高桥与陆家嘴、张江和金桥在当时被定位为浦东新区的四大重点开发区域。

　　其三，20世纪90年代开始编制的新一轮城市总体规划和相关的发展规划，出于进一步完善城市功能设施布局的要求，沿外环线规划了一些产业配套和公共市政设施用地，如吴淞物流园、张江高科的配套基地、轨道交通停车场、浦东体育中心等，这些用地又进一步占取了早期绿带的规划范围。

　　上海吴淞国际物流园是上海市政府"十五"期间规划的区域性园区，是由宝山区委、区政府结合自身优势所规划的现代综合物流园区。园区北到宝杨路，南到蕴藻浜，将一部分外环线包夹在其中（图5-10左上）。物流园主要包括钢铁物流基地、城市配送物流基地、铁路集装箱物流基地和农产品交易定价中心。物流园规划虽然在一定程度上尊重了外环绿带的规划空间，但也占用了一部分绿带作为农产品物流基地。此外是张江高科技园区的发展规划，该规划于20世纪90年代末开始制定，后于2002年批准实施，其中明确将原外环绿带的一块用地规划为园区的配套写作区，主要承担新材料的加工（图5-10右上）。而另外两个项目则来自于新世纪的城市总体

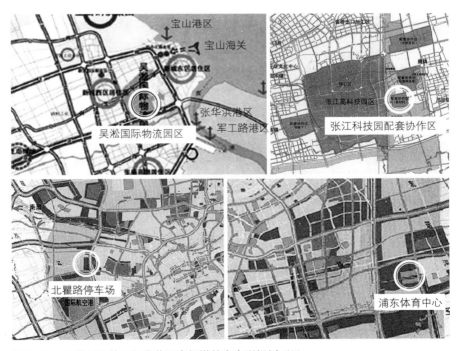

图 5-10　新世纪初外环绿带范围内新增的大中型规划项目
来源：根据上海市各区县规划资料整理

规划，一个是上海市轨道交通体系中的北瞿路停车站场，为之后的2号线和13号线共用，是重要的轨道交通网络枢纽；另一个是规划的浦东体育中心，尽管之后一直没有建设，但在当时也占用了绿带的规划用地，缩减了外环绿带的规划范围。

综上所述，在这一阶段，随着100m林带的持续推进，外环绿带的后续实施也面临着重大的城镇建设挑战。这集中表现在外环沿线部分地段的500m绿带范围中，集中出现了已经建设的、正在建设的和已经规划的各类城镇开发项目。并且，这些城镇建设的"前后浪潮"，在区位条件、历史积淀、政策引导、经济发展、都市功能、社会效应等诸多因素的交汇下，几乎是不可扭转的。这也就意味着，必须作出相应的调整和制定应对措施，才能保证这项"世纪工程"不被淹没在疯狂的开发建设浪潮之中。

5.3.2　规划应对：实施性的绿线控制方案

在难以扭转的城镇建设形势之下，早期方案提出的"长藤结瓜"的规划空间遭到了较大的冲击，500m的宽度范围受到了极大的挑战。并且，与此方案相配套的法令（即建委的《通知》）主要是针对第一阶段外环外侧100m林带工程的实施，而对于外环100m林带以外的400m绿带区域，由于缺乏具体的管控措施，自然抵挡不了城镇开发建设的步伐。

因此，为了尽早落实外环绿带的具体范围及管控措施，上海市规划设计院早在1996年便开始编制《上海市中心城外环绿带实施性规划》，历经约两年时间的论证和调研，在1998年形成了较为成熟的方案。针对当时外环绿带所出现的问题，方案主要提出了以下几个方面的应对措施：

（1）依据现状建设，将难以动迁的开发建设用地调出规划范围。在实施中发现，外环沿线的七区一县均出现了难以动迁的城镇建设用地，这样的情况甚至发生在了有大片农田和宅基地的浦东和南汇，这些用地不得不从规划范围中调出（图5-11）。从各区绿带范围内无法实施绿带的用地量来看，规划绿带面积最大的浦东、闵行和宝山最多，分别为1164.2hm²、281hm²和347.5hm²，其余各区的量均在200hm²以下，其中最少的为普陀，为62.0hm²。而从比例来看，各区无法实施绿带的用地占原规划面积的比例，

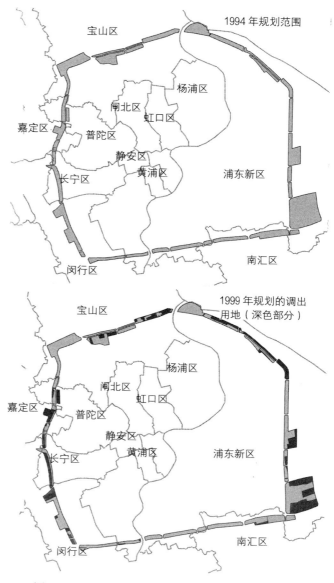

图 5-11　1994 年规划范围与 1999 年规划调出的用地范围

则因各区的城镇建设形势及其对外环周边的开发控制情况有关。徐汇、长
宁和嘉定的比例最高，均超过了原规划量的60%，其中徐汇区高达71.3%，
长宁和嘉定分别为65.7%和64.5%，由此可以看出这三个地区外环周边的城

镇建设压力是非常大的。剩下各区的比例则相对较小，均在40%以下，其中浦东为34.0%，南汇为15.9%，闵行为35.4%，普陀为32.0%，宝山为27.3%（表5-2）。

1999年实施性规划调查中各区无法实施绿带的用地面积及比例　表5-2

区县	浦东	南汇	徐汇	闵行	长宁	嘉定	普陀	宝山
无法实施绿带的用地 /hm²	1164.2	107.5	178.7	281	184.9	158.8	62.0	347.5
占原规划面积的比例	34.0%	15.9%	71.3%	35.4%	65.7%	64.6%	32.0%	27.3%

来源：中国城市规划协会网站

而从总量上来看，各区无法实施绿带的用地总面积达到了2484.6hm²，占原绿带规划用地面积（7241.6hm²）的34.3%。这也就意味着，在第一轮"长藤结瓜"方案中，将有1/3的规划用地会在新一轮的实施修正中调出绿带，剩下能用于实施绿带的用地不到4800hm²。而在这个时候，外环100m林带的一期工程才刚刚完工。

（2）以规划原则为指导，补充相应的用地并划入绿带范围。早在1994年第一稿的初步方案中，就提出了外环绿带应考虑内外结合的原则。这一轮的实施性规划则延续了这个原则，提出当外环外侧无法实施500m绿带的时候，允许将其调整到内侧，但在外侧还是应当保证100m的纯林带用地。另外，如果出现两侧无法实施500m绿带的情况，则应考虑加大邻近地区的外环绿带宽度，以达到总量的平衡。在上述原则的指导下，《实施性规划》在各区调出用地的基础上，又对各区的绿带范围进行了补充（图5-12）。从补充的情况来看，浦西外环线上的徐汇、闵行和长宁地区，也就是外环南段—西南段—西段上约18km的沿线地段上，已经没有任何可以用于补充绿带的用地了，因此，这三个区不得不面临绿化带"只减不增"的事实，尤其是徐汇和长宁，已有六成以上的绿化范围被城镇化"吞噬"，外环绿带在这一区域能够实施的范围非常有限（图5-12）。相比之下，浦西其他几个区的情况虽然要好一点，但几乎都"入不敷出"。宝山调出了总量的27.3%，但补充的只有9.2%；普陀调出了32.0%，但补充的只有4.9%；嘉定调出了64.6%，

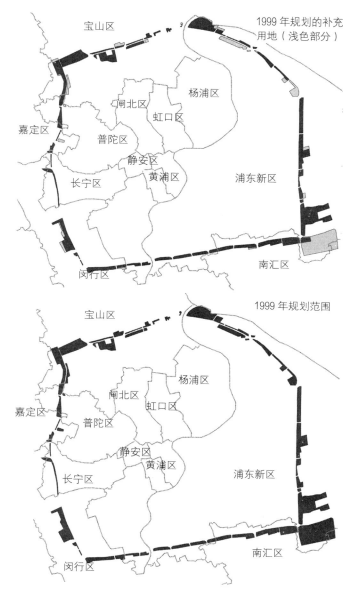

图 5-12　1999 年实施性规划的补充用地及其最终规划范围

但补充的只有13.4%。唯独只有浦东和南汇的情况相对较好，由于城镇化起步较晚，外环沿线此时还有能够用于建设绿带的农田与宅基地，浦东虽然有34.0的规划范围无法实施绿带，但又补充了31.5%的用地；南汇则基本持平，调出的比例为15.9%，增加的比例为15.7%（表5-3）。

1999 年实施性规划调查中各区无法实施绿带的用地面积及比例　　表 5-3

区县	浦东	南汇	徐汇	闵行	长宁	嘉定	普陀	宝山
增补的绿带用地 /hm²	1111.3	106	0	0	0	32.9	9.6	117.1
占原规划面积的比例	31.5%	15.7%	—	—	—	13.4%	4.9%	9.2%

来源：中国城市规划协会网站

　　从数量上来看，各区补充的绿带面积总量约为1380hm²，其中浦东和南汇的补充量就超过了1200hm²，而浦西各区的补偿量则极低。对比各区因无法实施而调出的绿带量2484.6hm²，新增的绿量只有其一半多一点，而且其中绝大部分集中在浦东地区。经过这次实施性的调整，外环绿带确定的规划范围为6134hm²，占原规划绿带面积（7241.6hm²）的84.7%。而在之后又将规划面积进行了微调，最终锁定为6204hm²。

　　（3）根据规划和现状情况，确定绿带的三级控制区。面对调整后这来之不易的6204hm²的绿带，应该采取什么样的措施，才能避免重蹈覆辙？尤其是在原400m绿带的范围内，由于一些城镇化的建设未能有效遏制，其边界调整后变得弯弯扭扭，早期规划的"绿环"由此变成了一条"绿链"。为了尽可能保住"绿链"的最低规模，实施性规划制定了"三级控制区"的管制措施，对绿带的不同部分进行分级控制。首先，新调整出来的约6204hm²的绿化带将作为禁止一切开发行为的绿化用地，属于一级控制用地，也就是"绿线"的管制范围；其次，100m林带范围内因难以实施绿带、未被纳入一级控制区的用地，属于二级控制用地，只允许维持现状，不许再增加任何新的建筑，并在远期视情况拆除并调整为绿带用地；最后，在外环外侧500m范围以内，绿线以外的用地属于三级控制用地，其中应严格控制开发建设，主要以苗圃、经济林、观光农业等绿色产业为主进行建设（图5-13）。按照三级控制区的思路，这一轮的实施性规划主要是在调整好可建绿带的前提下，划定出了具体的绿线控制边界，并对其进行严格控制，在此基础上，分别对外环100m范围和400m范围进行不同的控制引导，以期在未来实现绿带。在这个思路的指导下，实施性规划将调整后的外环绿带分为27个控制单元，以图则的形式对每个单元中的绿线及相关控制线进行了划定，并提出了相应的实施引导。

（4）对外环绿带的用地性质进行了较为详细的布局，体现了明确的指导性，并提升了可操作性。为了尽早实现"绿线"中的绿化建设，提升其可操作性，实施性规划还对绿带中的用地性质进行了较为详细的布局，哪一个区段做什么类型的绿地，都已经基本考虑好了，修正了早期方案中只注重大范围和大思路，但却没有进行具体布局的问题。规划方案区分了不同的用地（参见图3-10），将绿带分为纯林带、大型公园、生产绿地、低层低密度建筑用地、体育设施用地和大型旷地游乐设施用地六大类，并对各类用地适合建设的项目进行了指引（表5-4）。

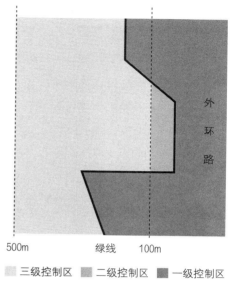

图 5-13 "三级控制区"示意图

三级控制区　二级控制区　一级控制区

1999 年实施性规划中各类用地的具体建设指引　表5-4

绿带用地类型	各类用地的内容与构成
纯林地	形成以乔木为主、乔木灌木结合的绿化林带。除100m 林带的范围，应结合重点地段和节点，尽可能多地布置此类用地，改善城市环境
生产性绿地	结合农业产业结构调整，建设全市农业、林业、花卉和苗木的生产基地，并争取形成一批观光型的现代农业基地
大型公园用地	主要为市级或区级公园，服务居民生活，以专业性的特色绿地为主，如主题公园、野营活动基地、郊区公园等
体育设施用地	形成如高尔夫、赛车、赛马、足球训练等绿化比例较高的场地
低层低密度建筑用地	形成建筑类指标较低、绿化类指标较高的用地，如别墅、疗养、专题博物馆和科研机构等用地
大型旷地游乐设施用地	主要引入跨国企业投资的大型游乐园，如迪士尼

来源：韦东，1998

（5）重新调整了实施计划。早期计划在2000年以前形成"长藤结瓜"的主体结构，也就是基本完成100m林带和部分"瓜"的建设，后面再用十年来完善400m绿带。但现实情况则不容乐观，100m林带在此时不但只完成了一半，而且还因为难以遏制的城镇化而修正了方案，缩小了绿带的规划范围。于是，新一轮的实施性规划便提出了较为保守的思路，争取在2005年以前完成100m林带，到2010年以前完成绿化带内的农业结构调整和动迁工作，基本完成400m绿带的建设。

5.3.3　实施条件：极为大力的推动

1.政策环境

这一阶段从政策环境来看，由于和"十五"计划（2001—2005年）基本处在同一阶段，因此可以说是上海市历年来最为重视绿化建设的时期。根据上海市"十五"计划制定的任务[①]，在这一时期城市建设的重点中，明确提到"以大型公共绿带建设为重点，逐步完善绿地布局……基本建成环城绿带……做到点上成景、线上成荫、面上成林，环上成带"。大型绿化系统成为城市建设的主旋律。

而从财政投入来看，根据1995—2005年上海城市绿地建设财政支出情况（张浪 等，2009），在1998年以前，绿化财政支出的数额从未超过10亿元，特别是1995—1997年间甚至不到5亿元；而到1999年，绿化财政支出大幅度提升，其数额接近30亿元；之后的2000—2003年，数额更是没有低于30亿元，2000年和2002年的单年度支出达到了40亿元；而2004年后，绿化财政资金大幅下降至16亿元及甚至更低。也就是说，1999—2003年间，是上海市绿化建设投资量最大、投入最为集中的阶段。而在这一时期，在上海市重大实事工程名录中，公共绿地项目也一直被放在十分醒目的位置，城市绿化成为城市建设的"主旋律"，这里面不但包括了正在建设的外环绿带，还包括了市区的大树移栽工程、各区的公共绿化建设以及郊区的林带建设。当时的主流媒体皆以"大手笔铺绿""绿色交响曲"等词汇来形容上海世纪之

---

① 中共上海市委关于制定上海市十五计划的建议［N］. 东方新闻网，2000-10-21.

交的城镇绿化建设浪潮。

在这样的总体导向下，外环绿带先后启动了100m林带二期工程（2000—2002年）和外环400m林带建设（2002—2003年），成为城市绿化建设的重要组成部分。特别是在这一阶段的后期，在市委市政府的领导下，上海市绿化建设进行了一次大规模的"冲刺"。2002年5月，上海第八次党代会提出，为了使上海的环境质量获得巨大提升，将进一步加快生态绿化的建设速度，争取在2003年创建"国家园林城市"。而从当时的情况来看，上海的绿化指标与园林城市的标准尚有一定的距离，至少依照之前的建设速度，短短一年多时间是很难达到标准的。但市政府还是坚定决心，提出了要在2003年一年时间内建设4000hm²绿地的"超常规"发展计划，由此实现国家园林城市的目标。正是在这样的宏观政策导向下，规划面积为2600hm²的外环400m林带，被列为这一时期的重点推进工程，成为"增绿"的主力。

2．法规条件

在世纪之交的这一时期，外环绿带建设的相关法规也逐步得到了完善。

首先，随着实施性规划由市规划委员会批准，各区的控制图则由规划局下发到各区，"绿线"管控也终于有了法规依据。2000年11月1日，经由上海市人大第22次会议修订通过的《上海市植树造林绿化管理条例》开始正式实施。《条例》中提出，城市的公园用地、楔形绿地、外环绿带、道路河流绿化等，都应当纳入城市的"绿线"管制范围。划定"绿线"的范围，不允许在其中新建和扩建任何建筑或构筑物，不然一律视为违章。如果有违章建设出现，不但会在规定时间内被规划部门拆除，而且还会对其处以罚款，其数额以工程造价的5%~30%计算。按照当时《新民晚报》的评论，"绿线"管制是上海市城市规划系统的一个理念"创新"，走在了全国的前列。而对于刚刚进行了实施性修正的外环绿带而言，《条例》的及时颁布，无疑为规划实现"一级控制区"中的绿化建设提供了相应的法规依据，是实施性规划顺利建设的重要保证之一。

其次，以"绿线"范围为基础的外环绿带，因为总体规划的批复而获得国务院的认可，成为上海市新世纪重要的建设法规。2001年5月21日，新一轮《上海市城市总体规划（1999—2020年）》由国务院审批通过，而在批复的规划方案中，1999年实施性规划所划定的"绿线"范围，正是其中的组成部分之一，并由此构成了上海市"环、楔、廊、园"中心城绿化系统中的"环"结构。国务院的批文中也明确提出，要"加紧建设外环绿化带……形成……以大型生态绿地为主的市域绿色空间体系"。由此可见，随着总体规划的审批，外环绿带已经由地方性的工程项目，上升到了国家法规的层面，具备了相应的法律效力。而在总体规划批复以后，上海市绿化部门又先后编制了《上海市城市绿化系统规划（2002—2020年）》和《上海市中心城区公共绿地规划（2002—2020年）》等专项规划，进一步明确了外环绿带在市域绿化系统布局中的作用和地位。

更重要的是，在这一时期，上海外环绿带的专项法规终于颁布出台，外环绿带有了自己专门的法规"保护伞"。经过几年来的调查研究，并借鉴国外绿带建设经验，上海市人民政府于2002年3月5日颁布了《上海市环城绿带管理办法》，对外环绿带的建设管理、规划调整、土地征用、建设养护、违章处理等方面制定了明确的规定。总体而言，《办法》主要体现了以下五个方面内容与特征。

（1）目的和依据

该《办法》是根据《上海市绿化条例》和城市规划的相关法规制定的，进一步对环城绿带的相关法规和条例进行了补充。

（2）管理方面

《办法》明确了环城绿带实行统一计划、集中控制和分级管理的原则。其中，市绿化市容局为行政主管部门，环城绿带建设管理处负责具体管理。相关区县的绿化部门和绿带部门在业务上则接受市绿化局的监督。也就是说，虽然环城绿带专项建设部门在工作性质上有较强的独立性，直接由市、区政府的领导小组来领导，但在行政上还是隶属于绿化部门。

（3）规划与调整

《办法》明确了规划部门在环城绿带规划编制中的主导地位，提出绿化部门应根据人民政府批准后的总体规划，来编制绿带的建设计划，并进一步由各区绿化相关部门编制具体的建设方案。《办法》对绿带的调整保留了弹性调整的余地，特别是"城市基础设施建设等"原因要改变绿带规划范围的，由规划部门征求绿化部门意见后，报原批准机关审批。而对于绿带范围内的建设项目申请，则由规划部门负责审批，并应征求绿化、林业部门的意见。在规划调整方面，《办法》并没有一味死守，而是为"基础设施等"类型的建设留出了"绿色通道"，这说明《办法》考虑到了城郊基础设施建设对绿带的可能影响，但也不排除基础设施以外（"等"）的类型来占用绿带，总之规划部门的审批在这其中扮演了重要的角色。

（4）土地征用与项目处理

《办法》提出外环绿带的用地通过征用集体土地的方式取得，但在未征用前，可采取土地使用权合作、继续使用或根据绿化和林业部门所制定的农业产业结构调整计划来处理。而对于绿带中已有建设项目的处理，《办法》大体延续了1995年建委所颁布的"禁令"中的控制内容。但还是有两点不一样，一是控制范围更大了，由100m林带扩大到了一级控制区的"绿线"范围内；二是在措施中增加了赔偿的部分，之前的"禁令"是非常强硬的，一律将绿带范围内的建设视为违章。而在《办法》中，这种强硬的态度发生了转变，《办法》明确提出，无论是已建的、在建的还是已批未建的项目，如果因为绿带的建设而造成了相关企业的损失，应由政府给予相应的赔偿。这样的转变，一方面体现了绿带建设对相关项目经营者的尊重，另一方面也体现了绿带管理者对当时城镇化建设的一种妥协和无奈。

（5）建设与养护

《办法》规定了环城绿带建设经费的几种来源，均以国家的相关规定为依据，鼓励单位和个人参与环城绿带的建设与养护，并由政府给予相应的优惠政策。之后，《办法》对绿带的建设养护标准的制定、建设养护的招投标、绿化的保护与调整、禁止行为和相关处罚等内容进行了规定。《办法》自2002年6月1日开始实施。

最后，在《环城绿带建设管理办法》颁布的5个月后，为了力争在较短时间内使上海的全市绿化总量有较大幅度的增加，特别是要尽快完成外环400m林带的建设，上海市政府又于2002年8月3日批准并下发了由上海市发展计划委员会、上海市农业委员会和上海市农林局等三部门合作编写的《关于促进本市林业建设的若干意见》[①]。《意见》提出了要建设"城在林中、林在城中、居在绿中"的发展目标，在对当时林业建设类型进行区分[②]的基础上，对其融资模式进行了建议，提出了"以林养林"（通过经营经济林的盈利来养护林带）、"以房建林"（以房地产开发盈利来建设绿带）和"以项目促林"（以绿带中的体育休闲项目盈利来帮助绿带）等三种融资模式。而实际上，早在1995年的外环400m绿带的实施建议中，就提到了"以绿养绿"和"以项目促绿"的措施，这和《意见》中的融资模式不谋而合。在具体的政策措施中，《意见》提出生态公益林应由市、区县政府分工实施，并广泛吸收其他社会资金参与建设；而对于经济林而言，则由农户或企业负责实施，作为农业结构调整的内容，市、区政府都会给予适当的补贴。另外，最重要的是，《意见》还十分鼓励采取土地流转的办法[③]来进行林业建设，提出凡在绿化规划范围内从事林业建设的企业和个人，可以采取土地流转办法来集中造林，并每年向农民支付土地使用费，优先吸纳他们为养护人员。很明显，这条建议为400m林带建设中广泛采用的"租地造绿"模式提供了明确的指引，成为这一时期大规模造绿行动的指导依据之一。

综上所述，环城绿带的相关法规在这一时期得到了基本完善，从2000年保护"绿线"的《条例》由人大通过，到2001年总体规划对外环绿带法定地位的确立，再到2002年先后颁布的《环城绿带管理办法》和促进400m林带建设的《意见》，外环绿带实施的法规保障已然成熟。

---

① 通知文件全称为《上海市人民政府批转市计委等三部门关于促进本市林业建设若干意见的通知》[沪府（2002）87号]。
② 《意见》中涉及的林业类型主要有经济林、生态公益林、大型片林与道路和河道两侧林带。其中外环400m绿带中有75%为生态公益林，也有部分经济林，而且也属于道路两侧林带的范围，是当时全市林业建设的重点之一。
③ 该流转办法的依据为《上海市农村集体土地使用权流转试点意见》[沪府办（2001）54号]。

5.3.4　执行运作：政府搭台、企业为主的运作模式

这一阶段的绿带实施分为外环100m林带二期和外环400m绿带两项工程，分别采用了不同的运作方式。其中，外环100m林带二期工程和一期工程一样，主要由市、区的环城绿带建设指挥部和环城绿带建设管理处全权负责，并由市、区政府对绿带的动迁、建设和施工进行统一的财政拨款，也就是前一阶段提到的政府包干的方式。而对于外环400m而言，这样的做法已经行不通了。根据当时的估算，面积达2600hm²的400m林带，如果按照一期工程的方式来建设，则需要资金70多亿元，这远远超出了当时政府的绿化财政预算，并且，政府包干的方式速度太慢，每年的推进量不足200hm²，不可能在短短一年时间内完成400m绿带的任务量。于是，在外环400m林带的建设中，便由市、区的绿化部门牵头组织，开展了"政府带头、群众参与"和"政府搭台、企业经营"这两类造绿行动，采用租地建绿、暂不动迁的方式，团结一切可以团结的社会力量，在短时间内提升上海的绿化建设指标。

在群众参与的造绿行动中，绿化部门组织了"百万市民百万树"的义务植树活动，时间跨度为一年，成为上海历史上人数最多、规模最大、跨度最长的一次全民义务植树活动。该活动又细化为几个具体项目来操作[①]：①"我为园林城市捐棵树""把根留在上海"作为定期植树活动，活动日期为2002年12月中旬和2003年3月上旬，愿意参加的单位或市民以自购、自种、自养的形式捐资，每人30元，这些资金集中用于建设400m绿带中的"市民林""母亲林""五一林""世纪林""共青林"等专题生态林；②"我为园林城市添新绿"的活动对象则是关心公益事业的企业，由一家或多家企业共同出资捐赠一块林地，参加的企业将获得林地冠名权和荣誉证书；③"新年新希望、童心育萌芽——绿色压岁钱"活动则把培养青少年的公益爱心放在了首位，活动由市绿化委员会向全市青少年儿童派发了绿色压岁钱信封，号召孩子们将节约下来的压岁钱放入其中，并交回给绿化部门，再由市绿委统一购置并集中种植树苗。

而后，上述三个项目所筹集到的资金，全部都统一打入市绿化委员会的

---

① 亲近森林不再遥远：2600hm²森林环带建设启动 [N]. 解放日报，2002-12-06（5）.

专用账户，最后筹集到了约4500万元绿化资金，共完成了近270hm²的400m绿带用地[①]。这些林地又根据出资人的类型被划分为近30块，比如上面提到的"五一林"，是由全市76个区县局系统、2865个基层单位、10万余个班组参与捐款而建的；"母亲林"[②]则由妇联系统呼吁每位母亲捐一棵树而建；"市民林"是由一位叫窦光盐的老人发起，他捐赠了自己的遗产11万元作为绿带建设资金……"百万市民百万树"活动最终的参与人数超过了100万。根据《宝山区志》的数据，仅在宝山杨行地区123hm²的"百万市民百万树"活动中，就有全市两千余家企事业单位和社会团体的市民、职工等60万人参加义务植树。

在400m绿带的建设中，企业的参与成为"重头戏"，毕竟居民参与的力量很有限，完成量也只有总量的10%，剩下的2300多公顷绿带，则需要依靠规模性的投入才可能完成，那么应该如何来运作呢？市、区绿化部门结合早期规划中的政策建议，采用了以下的方式（图5-14）：

（1）400m绿带不征地，以土地流转的方式取得十年的土地使用权，专门用于绿化建设。村民在不失去其集体土地所有权的情况下，可以从政府那里获得相应的租金。租金根据地段的好坏，在每亩每年800~1000元浮动。

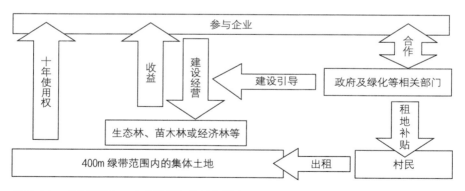

图5-14 "政府搭台，企业经营"的运作模式

---

① 270hm²的土地共有4050亩，按照《新民晚报》当时报道提供的经验值，每亩土地通常种植400棵树，算上当时每棵幼苗的价格为30元，270hm²的用地植树需要的幼苗费共计4860万元，基本符合当时筹集到的资金数额。也就是说，这4500万元资金，仅仅是植树的幼苗价格，不包括政府租地的费用。

② "母亲林"后被区政府纳入闵行体育公园的范围，成为其中的休憩绿地，公园于2004年建成开放。

（2）政府搭建平台，由绿化局等相关部门负责对这些土地进行招商引资，以"谁投资，谁收益"的"有偿植绿"的模式为出发点，吸引投资主体，由企业来经营实施。只要能保证符合绿带的设计要求和指标，经营的利润均归企业所有。企业只需要承担绿带的建设养护成本，政府则负责提供村民的租地补贴（如果直接对农业生产造成了损失，还需补偿青苗费用）。

（3）400m绿带分为生态林（75%）和经济苗木林（25%），其中，生态林的建设可通过抽稀、轮作和套种的方式来盈利，经济林和苗木林则通过一些绿色产业（如观光农业）的增长点来获得利润。林带建设以十年为期限，十年后林带成形后，企业从中退出，政府再将其从村民手中征用为国有农用地。

该运作方式出台后，引起了巨大的社会关注，当时的主流媒体也争相报道这一具有开创性的造绿模式。同时，该模式也吸引了一批企业参与进来，尤其是房地产企业。由于房地产行业在小区建设中需要大量的成熟林木，因此外环400m绿带无疑成为这些企业很好的"苗木基地"。第3章回溯中已经提到，相关部门在这种运作模式下实施了"租地备苗"计划，吸引了60余家与房地产相关的企事业单位前来建设，它们也因此成为400m绿带建设的重要力量之一。而从最后的投资情况来看（管群飞，2004），外环400m绿带约2600hm²的用地一共投入了约281亿元，其中，市政府投资19亿元，各区政府投资79亿元，完成社会融资182.7亿元，社会投资比例高达65%，成为400m绿带建设的绝对主力，也极大地减轻政府的财政负担。

显而易见，外环线400m绿带的运作模式是很有特点的，尤其是与前一阶段实施的100m林带相比，400m绿带的建设在成本投入和建设效率这两方面都体现了极大的优势。总体而言，之所以会形成如此巨大的反差，主要是在执行运作中把握了"三个转变"。

（1）政府角色的转变

400m绿带首先把政府从实施主体的角色定位中抽离了出来，将其转化为一个合作平台。这个平台只需要做两件事情，一件是从村民手里把地租下来，并支付相应的租金；另一件则是通过招揽企业（或群众），以绿色项目经营（或义务植树）的方式来建设绿带，并对其建设行为进行引导，使之符合绿带的设计要求。

（2）建设思路的转变

400m绿带没有先征用集体土地，然后再将其转化为城镇绿化用地，而是结合了农业产业结构调整，以增加外环周边的林业用地作为建设依据，由此避免了极高的动迁成本，减轻了财政负担。因此，400m绿带的唯一目的就是造绿，只要是满足绿带景观设计要求的，无论是什么类型的林带、什么性质的绿色产业和项目，都可以让企业在里面经营，这样便能依靠市场经济，形成"以绿养绿"的良性循环。

（3）筹资渠道的转变

400m绿带的筹资来源非常广泛，除了政府的财政投入以外，企业的投入也占了很大一部分，此外还有机关企事业单位、社会团体、自发的居民，甚至青少年儿童也成为绿带建设的资金来源。按照当时的政策提法，叫"市里补一块、区里出一块、市场引进一块、社会筹一块"。这种多元化的筹资渠道，成为400m绿带建设的重要保证。

5.3.5　阶段成效：外环绿量的大幅度提升

这一阶段的建设主要分为两个部分的工程：

第一个部分是外环100m林带的二期工程，该工程自1999年底开始，到2002年先后于宝山、普陀和浦东等区完成了共555.2hm²的沿路绿带，最终使得外环100m林带的规模达到了920.3hm²。值得注意的是，100m林带二期工程虽然完成量比一期高出了近200hm²，但所花的时间更少，这说明了一期工程的经验积累和二期工程本身的区位优势（即处在城镇化压力较小的浦东和宝山地区）起到了较为关键的作用。另外，在100m二期工程的实施中，先是以宝山为生态试点进行推进的，前两年主要完成了宝山120hm²的林带，最后一年三区同时推进，又增加了435.2hm²的林带。

第二个部分即前面提到的外环400m林带的建设，由于采取了社会共建的思路，在短短的一年（2002年底到2003年底）时间内最终完成了2689.3hm²的绿地。在400m绿带的建设中，绿化部门瞄准了实施性规划中划定的"一级控制区"范围，尽量对这些可实施绿化的区域进行了绿化"填充"。各区也根据自身的情况，在绿带范围外也增加了一些绿化建设，将其纳入外环绿带的范围。各区在400m绿带建设中的情况大相径庭，其中浦东、南汇和宝山的完成量很高，分别为1560hm²、415hm²和500hm²，占400m绿带总量的绝大部分；闵行完成137.8hm²，完成了一定的量；嘉定和普陀分别完成了37.56hm²和30.96hm²的绿化；而徐汇和长宁则只完成了3hm²和5hm²的400m绿带，离本区内的100m林带面积都还有很大的差距（图5-15）。

　　上述两个工程总计完成了约3609hm²的绿化建设，从数量上来看，占规划面积（也就是"绿线"范围）的近60%。而从各区的完成情况来看，浦东、南汇和宝山的完成率较高，分别为58.7%、74.6%和60.5%，均已接近或超过60%；闵行、长宁、嘉定和普陀的完成率次之，分别为43.2%、46.5%、48.2%和51.0%；较差的是南汇，只有17.4%。由于浦东、南汇和宝山占了外

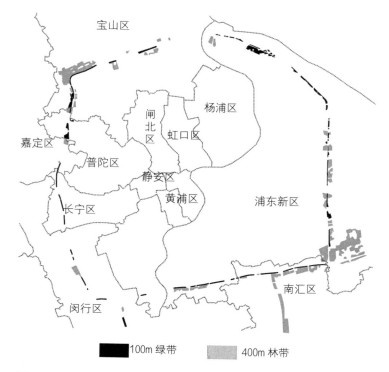

图 5-15　第二阶段建成的外环绿带范围及类别
来源：根据谷歌历史地图（2005年11月）及相关研究资料整理绘制

环绿带的大部分面积，因此它们的实施率也决定了外环绿带整体的实施率不会太低。从图5-15中也可以看到，浦东、南汇和宝山三个区集中建设了大量的绿带，而其他几个区的绿化建设则相对很少。但值得注意的是，在400m绿带的实施中，浦东和南汇有一定量的绿带是建在绿线以外的，这部分面积达到了约511hm²。如果除去这一部分面积，2004年建成的外环绿带总量大概也就只有3098hm²，刚好只有外环绿带规划"绿线"的一半左右。换句话来讲，2004年建成的绿带面积，刚好填充了约一半的"绿线"范围。

总体来看，第二阶段的实施建设为城市绿化贡献了555.2hm²的100m林带和2600hm²以上的400m绿带，大大提升了城市的绿化指标。在这其中，100m林带二期工程属于城市的公共绿地，主要集中在2000—2002年完成，这期间上海市的公共绿地完成了约2998hm²的增量，100m林带的贡献占其中的18.5%，接近1/5；而400m绿带更是在短短的一年时间内完成了2689.3hm²的绿化建设，这一时期的城市绿化面积增量为5868hm²（上海市统计局 等，2009），外环绿带的贡献量高达45.8%，接近年度增量的一半。在外环绿带建设的推动下，2003年上海市的绿化率较世纪初的2000年增加了13个百分点，达到了35.2%；人均公共绿地也由2000年的4.6m²增加为9.16m²，完成了从"一张床"到"一间房"的"跨越"。指标的迅速增加，也使得上海在2003年顺利通过了建设部的"国家园林城市"评估，使上海的城市发展走上了一个新的台阶。

5.4
第三阶段的实施过程
（2004年至今）

5.4.1　背景问题：多重困境的制约

自从2003年来完成绿化的跨越式发展以后，上海外环绿带一级控制区范围内能够直接实施的用地，基本已经建成了绿带，其余的则由于各种项目建设而难以继续推进。此时，绿带的一些问题也集中地反映了出来，这不仅仅是未建绿带难以动迁的问题，已建好的绿带也出现了一些突出的问题，影响了绿带实施的成效，并使得绿带的推进陷入了多方面的困境。笔者将从已建绿带和未建绿带这两个方面，分别对这些困境及其原因进行阐释。

首先，从已建绿带所遇到的困境来看，一方面是其中出现了不少违法建设活动，影响了绿带的后续维护；另一方面则是400m绿带实施后由于政策考虑不周而引发的社会问题，给各区继续推动绿带造成了障碍。

由回溯中可以知道，早在1996年市、区环城绿带指挥部成立后不久，又成立了环城绿带建设管理处，与指挥部合署办公。由于当时绿带建设的完成量很少，管理任务量小，因此除了浦东新区的环城绿地建设管理部门设专人实施管理以外，其余各区的建设管理部门均为临时性机构，比如徐汇和普陀是直接由区绿化管理部门的工作人员兼职管理，闵行、嘉定和长宁则直接聘请离休人员或企业员工来管理。这样的管理方式一直持续了近7年，到2003年400m绿带完成的时候，各区的绿化量已经远远超出这些临时机构的管辖能力，于是一些违章建设便在外环绿带中悄然建起来了。

在2004年上海市刚刚获得"国家园林城市"称号后不久，市人大就开始对已建成的外环绿带进行考察，发现了相当规模的违章建设。2004年3月，上海市召开市政府常务会议，时任市长韩正在了解了外环绿带违章建设的情况后，明确提出要严格执行和贯彻绿带的实施，并指出外环绿带是具有长远战略意义的重大工程，应坚决遏制各种违法建设行为。此次会议以后，各区便开始对自己管辖范围内的绿带进行排查，并制定了相应的拆违计划。随着各区拆违调研逐步深入，违章建设的具体情况也浮出水面，其中100m林带中的违法建筑约有37万平方米，而在400m绿带中则新建了达60多万平方米的违章建设，两者的总面积加起来达到了近100万平方米。从类型上来看，违章建设主要为堆场、物流、企业、娱乐休闲、厂房和学校等。到2003年底的时候，环城绿带完成了近10万平方米的拆违量，虽然取得了不错的成绩，但也只有总量的1/10。

除了违章问题以外，由于多方面的原因，绿带中也并发了不少违法和违规事件。比如大面积的绿带成为犯罪分子经常"光顾"的场所，特别是当时出现了诸如抢劫、盗窃和抛尸等刑事案件，造成了负面的社会影响。此外，

400m绿带建成后，一些投资商的经营情况并不理想，因此他们对绿带的继续建设和养护失去了兴趣，因而放弃了协议，这也大大影响了绿带的实施效果。

接下来，已建绿带另外一个重要问题，便是400m绿带政策疏漏造成的农民问题。和100m林带政策相比，400m绿带政策未能全面考虑"失地"农民的切身利益：

（1）对100m林带的"失地"农民而言，虽然他们失去了自己的土地，但却因此转为了城镇居民户口，政府不单解决了安置问题，还提供了相应的社会保障，这些"失地"农民实际上是因为政府的绿化工程而被"城镇化"了。

（2）但对于400m绿带范围内的农民而言，情况就没有那么好了。首先，政府只"租地不征人"，农民的身份并没有改变，而土地的使用权却被租走了10年，加上政策的实施周期只有10年，短时间内并未及时对他们进行妥善安置，于是他们中很多人便选择留在自家的土地周围，随着绿带成林，他们被孤立在林带中生活，防火和治安等方面的风险便由此加大。其次，从租地补贴的量来看，每年800~1000元/亩的补贴，实际上连保证基本生活都是很困难的[①]，特别是后几年城市物价水平提高，很多租地农民的生活都难以为继。最后，这种只租土地使用权，却为农民保留集体土地所有权的模式，还进一步引发了租地农民的家庭建设问题。一个比较突出的问题便是，在这10年的土地租用期内，一些租地家庭的子女成家需要建房，按照农村生活的传统，建房通常都是用自家的土地，但由于使用权已经转让了出去，根本就无地可建（管群飞，2004）。

由此可以发现，虽然400m绿带的政策在绿化冲刺方面有很好的效果，

---

① 相关统计数据表明，2002年，上海农村居民家庭的人均支出为5311元，也就是说三口之家的年消费支出为15933元。根据这个数据，对外环绿带中的租地农民来讲，至少自家需要有近20亩的土地，才能靠租地补贴来维持一个三口之家的正常生活开支。但相关资料显示，上海外环线附近的农民耕地数量并不乐观，如闵行外环附近的农民，除了有少量的宅基地外，很多家庭都没有耕地。更为严峻的是，随着消费水平和物价提高，2008年时上海的农村人均家庭消费达到了9115元，三口之家的年消费支出达到了近3万元，在这个时候，也只有自家土地在40亩以上的农户，才能维持一个三口之家的正常开支。而自从我国实施家庭联产承包责任制以来，包产到户的土地规模通常都很小。相关数据表明，20世纪80年代中期，我国农民户均承包的土地只有8亩，到90年代减少到6亩，这样的规模按照外环绿带的补贴来算，一年只有4800~6400元，维持一人的日常开销都是十分紧张的。

并且节省了大量的财政资源，但却没能照顾到村民的切身利益。虽然城市的绿色指标在短时期内发生了跨越，"造绿"的运作模式在当时也产生了一定的积极影响，但由此而带来的社会和民生问题，则是值得深思的。

其次，从未建绿带用地所遇到的问题来看，一方面是很多已建项目"搬不动"，这是由项目本身的背景以及过高的动迁成本造成的；另一方面则是一些新批的项目"挡不住"，这背后是新时期以来市、区政府的宏观战略和发展诉求所引发的建设项目进入绿带。

"搬不动"的已建项目主要集中在浦东、宝山和闵行3个区，回溯中已经列出了这些项目的具体情况。总体而言，这些项目的规划和建设都普遍早于外环绿带，而且都有政府的批文，均属于合法建设项目。而随着外环绿带一级控制区范围的"合法化"，这些项目的"合理性"便受到了挑战。这些总数为41处、总面积为226hm²的已建项目包括住宅用地、产业用地、部队用地、公共设施、教育科研、商业用地、市政项目、社会福利和宗教用地等种类型。由于每一个项目都是在特定的背景形势下建成的，而且一部分项目的建成年代已较为久远，与周围的片区环境已经融为一体，如果对其进行动迁，将会涉及社会、政治、经济等多方面的复杂问题。

这方面最为突出的代表，莫过于浦东新区的环东中心村。这个绿带范围中的"庞然大物"，是上海浦东孙桥现代农业开发区的功能组团之一，总面积约为390hm²，其中约有70hm²的用地位于绿带一级控制区范围内（图5-16）。中心村的建设始于1996年8月，正是外环绿带刚刚启动建设的时期。该村所在的孙桥现代农业开发区于1995年由国家计委批准建设，是全国第一个综合性现代农业开发区。开发区成立后，为了完善区域功能，孙桥镇提出了"打破村级地域界限，实施区域建设管理"的发展理念，决定将三灶、四灶、桥弄等三个行政村进行合并，建设具有一定人口规模的环东中心村。中心村聘请了同济大学的规划团队对基地进行了详细规划，按照工业、农业和居住三大区域进行建设。截至2001年，环东中心村已建成102hm²的都市农业园、114hm²的生活住宅区和174hm²的工业园，初步形成了工业园区化、农业现代化、环境优美的都市农村。由于在村镇建设的现代化、规模化、集约化方面所作出的有益探索，环东中心村逐渐成为浦东新区现代农业的示范基地（徐全勇 等，2001）。

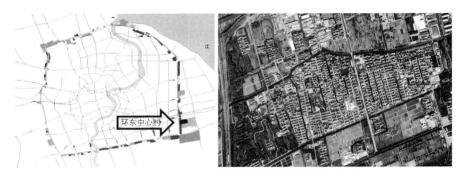

图 5-16 环东中心村在外环绿带上的位置分布（左）及其百度航拍图（右）
来源：作者自绘/百度地图

　　笔者从查阅到的资料中发现，位于外环绿带中的环东中心村主要是其中的生活住宅区部分，占总面积的63%。而自中心村成立以来，生活区内已先后建成了108套公寓、300余幢农民别墅及49幢别墅样板房，并配套了相应的社区学校、商场、医疗站和活动中心。可以判断，环东中心村这样的项目，属于典型的"搬不动"的项目，原因如下：①地位的特殊性。环东中心村位于国家批准成立的都市产业园区的范围内，历史较早，有国家政策支持，并已经形成了社会影响。②功能的整体性。中心村是园区的组成部分，且村内的生活区、工业区和农业区相互依存，缺一不可。③社区发展的连续性。由于是三个村的原址重建，原有社会基础较好，加之重建后各项建设逐步完善，社区关系也趋于成熟，动迁的经济成本和社会成本都比较大。

　　项目的"分量"太重而"搬不动"只是一个方面的原因，从另一方面来讲，绿带建设部门的自身力量，尤其是动迁资金的投入量有限，也是导致大部分项目"搬不动"的主要原因之一。2004年，根据绿带部门的测算，如果要完成1999年实施性规划中一级控制区的绿化建设，涉及的拆迁农户数达17714户、宅基地面积319.1万平方米、工厂企业建筑122万平方米、非建筑用地（待开发用地）94.5万平方米，按照当时的动迁价格来计算，共需要资金281.6亿元（管群飞，2004）。而如果考虑到当时土地价格的攀升速度[①]，

---

① 这一时期上海的地价飙升很快，如浦东新区1997年的动迁成本为5万元/亩，1999年上升到了8万元/亩，2001年到18万元/亩，2003年则达到了20万元/亩，而浦西的成本则更高，如徐汇、长宁、闵行等地区动迁一户需要百万元以上。

只有在2007年以前完成建设，才能保证动迁成本不超过300亿元，而如果到2010年才完成，其成本将会飙升至700亿元。很明显，如此巨大的数额，已经完全超出了政府的财政预算，前面的回溯中已经提到，上海市1995—2003年绿化财政的总投入也只有200亿元左右。此外，负责动迁的环城绿带建设管理处，由于在行政上是绿化局的二级机构，因此其行政权力有限，特别是在一些部属和市属的企业面前，由于行政级别较低，还必须由市政府亲自出面协调，大大影响了动迁的进展。总而言之，资金的缺乏和权力的缺位，是这些已建项目"搬不动"的主观原因。

而"挡不住"的新批项目，均是在2000年绿带一级控制区规划正式颁布后通过的规划许可。它们拿着政府的批文，将绿带控制区内的土地变成了自己的待开发用地，绿带部门也不可能有任何办法。综合各区的情况来看，这类项目主要有四个类型：①城镇综合用地，包括有一定规模的新市镇建设用地，以及商务区规划用地，比如浦东的高东集镇、唐镇新市镇和七宝生态商务区，这些项目大概占用了约81hm²的绿带；②公共设施用地，包括交通、市镇、医疗、教育等社会公用设施，这类项目的总量约50hm²；③产业设施用地，这一类设施量并不多，最主要的是浦东的曹路经济园区和宝山江扬农产品基地，加上一些小型的产业用地，其总面积约33hm²；④住宅用地，主要是宝山新城生态居住组团中新批了一片面积约33hm²的居住用地，其他地段新批的住宅量都很小，此类项目的总面积约40hm²。

这些项目之所以"挡不住"，主要有两个方面的原因。一方面，市、区政府的政策布局，直接引发了这些项目的产生。比如高东集镇项目的背后是市政府行政区划的调整，唐镇新市镇和江扬农产品基地的背后是"十一五"规划的都市功能布局引导，七宝商务区的背后是"十二五"的都市产业集聚区规划，七号线的基地建设有世博会的推动，华山医院北院的背后是市政府"城乡一体化"政策下的公共资源布局优化，顾村公园周边的房产开发则是由宝山新城的功能布局调整引起的。这些各式各样的项目，都因为市、区政府不同时期的发展要求而产生了选址落地的需求。另一方面，在外环周边的绿带用地由于区位条件较好、用地建设不需要动迁，自然而然会成为这些项目选址所"垂涎"的最佳目标。更重要的是，《环城绿带管理办法》中对市政项目的调整是允许的。那么，这些项目只要按照《办法》的规定走合法的审批通道，顺利获得规划许可，也不会有什么问题。在这种情况下，没有谁能"挡得住"。

最后，综合以上两个方面，可以看到，这一时期，多重困境的叠加使得绿带的推进几近停滞（图5-17）。尽管上一轮调整确定了一级控制区的"绿线"范围，并且在几年来也帮助城市实现了绿化建设的"跨越"。但与此同时，"绿线"范围内也布满了各种问题，对于建好的绿带而言，管理缺失引发的违章建设和政策疏漏造成的村民生计问题，大大影响了绿带的成效；而对于未建的绿带而言，绿带部门资金和权力的限制，客观上决定了一些项目成为"搬不动"的"钉子户"，而市、区政府新时期的宏观发展布局，则在主观上导致了绿带一级控制区中的部分用地被用于新的规划项目，这又进一步"分解"了绿线范围本来就不够整体的"整体性"。由此而来，外环绿带的实施陷入了前所未有的危机之中。

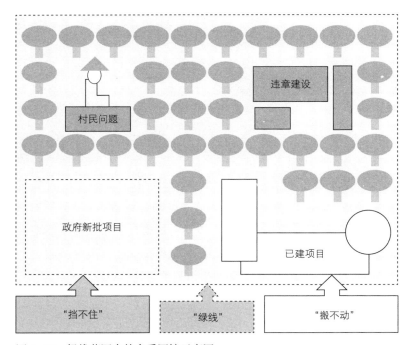

图 5-17　绿线范围内的多重困境示意图

5.4.2   规划应对：针对性的外环生态专项

作为20世纪90年代与上海国际大都市建设"比翼齐飞"的都市绿化战略，外环绿带的意义自然是不言而喻，不可能因为一些困境和问题便停下实施的脚步。外环绿带管理部门的负责人在一篇访谈中提到，创建园林城市以后，市政府提出不应该放慢绿化建设的脚步，而应该将其作为上海走向生态宜居城市的起点。时任市长韩正也曾经在市里的一次会议中公开强调，上海不需要那么多不可持续的建设，应该把重点放在可持续发展的生态建设中去（袁念琪，2012）。

为了应对外环绿带中的这些问题，尤其是1999年实施性规划所划定的一级控制区面积进一步受到挤压，几乎没有任何实施空间的困境，结合上海市生态环境"十一五"规划的实施，绿化部门于2006年启动了外环生态专项工程规划。外环生态专项主要分为两个部分，第一个部分是外环生态专项建设工程规划，进一步对绿带的范围进行了调整和补偿；第二个部分是生态专项的指导性意见和控制图则，对不同类型的生态专项工程进行了具体的设计控制。从外环生态专项规划的主要思路来看，笔者认为可以简化为以下几点：

（1）尊重建设项目的既成事实，降低规划愿景

之所以生态专项工程体现了实事求是的原则，是因为前两轮规划方案期待相对较高，忽略了一些相对细节性的现实问题，而新一轮生态专项工程规划则极力避免了这一点。一个最为明显的例子，便是宝山泰和新城从规划绿线的范围内调出。从前面已经知道，泰和新城自20世纪90年代中期便开始投入使用，是宝山顾村地区开发的工薪阶层居住小区，受到了广泛的好评（欣晨，1995）。从时间上来看，泰和新城的建设时期几乎和外环绿带第一轮规划方案的编制时期相同，而在当时的调研中也发现了泰和新城的建设。于是，1994年版的绿带规划便将500m绿带全部移到外环内侧。但与此同时，规划也没有因此放弃对泰和新城南侧部分住宅的"动迁"，还在外侧保留了一道100m宽的绿带用地，作为以后的绿带范围（图5-18上）。

　　而到了1998年，泰和新城的房源已经全部卖完，并且在已经初具社区规模的时候，实施性规划方案仍然没有放弃在今后动迁这几排住宅的希望，尽管当时已经充分意识到了城镇化是难以扭转的，但对于一些规模较小的片区而言，规划的决心依然是很大的。于是，在这一地区，1999年实施性规划延续了1994年的范围，并将其纳入法定的"绿线"范围。但是，在2006年生态专项规划的调整中，这三片已经成为成熟社区组成部分的住宅终于从"绿线"的管制范围中"逃"了出来，由此从绿带范围中调出（图5-18下）。从这个例子可以看出，对于这一片区的规划愿景，法定规划一直都希望能实施为100m绿化，在坚守了十多年后，终于在新一轮生态专项规划中"认命"了，这也从侧面反映了生态专项的高度务实态度。

　　（2）调出建设项目用地，规划增加相应的补偿绿地

　　正是基于上述这种实事求是的态度，新一轮生态专项将无法动迁的项目用地和新批的项目用地均调出了绿带，而为了维持1999年实施性规划

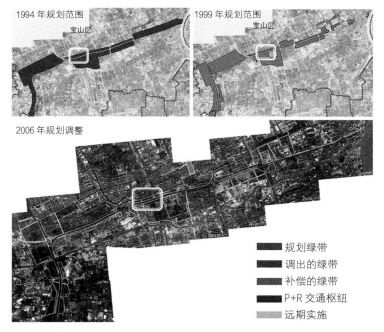

图5-18　泰和新城南侧沿外环地块的"规划演变"（1994年、1999年、2006年）

6204hm²的总量不变，规划又在绿带周边寻找了一些增量，作为绿带的补偿用地。虽然各区由于面临的城镇建设形势不一样，部分区县的调出与补偿未能达到平衡，比如徐汇和闵行，由于外环线周边的开发过于紧凑，补偿的量不及调出的量，但是通过对另一些区县（如浦东）加大补偿量，外环绿带最终还是实现了总量平衡。根据各区的生态专项成果，外环绿带2006年调出的总量为591.54hm²，涉及的地块有81块；补偿的总量为605.97hm²，共有33块用地。从面积上来看，补偿量略微超过了调出量，但从数量上来看，调出的地块数量明显较多，而补偿的地块则较少。进一步来看，从地块的平均面积来看，调出用地的地块平均面积只有7.3hm²，而补偿用地的地块平均面积则达到了18.4hm²，这说明调出用地均属于规模不大的项目地块，而补偿的地块规模则相对较大。

（3）设置带动用地，为绿带实施提供专项资金

资金问题是绿带建设尤其是动迁所面临的一个最大的问题。而动迁则被绿带部门的建设者们称为"天下第一难"的事情，只要解决了动迁问题，剩下的都不是什么问题（袁念琪，2012）。为了保证外环生态专项顺利推进，在新一轮规划中制定了捆绑带动的政策，实际上这也是充分利用绿带自身所创造的价值来"反哺"绿带。外环绿带自建设以来，带动了周边土地价值的增长，而随着动迁成本的逐步提升，相关部门便想出了一个办法，即以绿带所创造的价值来服务生态专项建设。具体的做法，就是在外环绿带里面或周边选择区位较好、有较高开发价值的地块，将其作为生态专项的"捆绑"带动用地。这些地块出让后所获得的资金，将全部用于外环生态专项建设。市政府根据各区尚未建成的外环绿带面积，分别提供了相应的捆绑用地指标，其面积控制在未建成绿带的20%～30%。根据规划文本提供的信息，外环生态专项设置了共约477hm²的带动用地。各区根据自己的情况选择了不同的区段，比如浦东的带动用地基本都在1999年绿线的范围内，而宝山则全部放在了绿线的外面。

（4）统一建设规范，以生态专项工程来推进绿带实施

外环生态专项在重新调整绿线范围的基础上，又进一步将绿线内的用

地分为生态防护绿地、生态游憩绿地和重要节点用地，对前两类用地进行了详细的设计控制引导并制定了图则，将引导和图则作为设计和实施的依据。其中，生态专项的指导性意见对绿带的植物配置、特色景观风格、苗木种植等内容给出了建议，并对绿带中的道路系统、边界标示、节点分别、防火防灾等基础设施内容进行了引导。而图则部分则根据每个地块的情况，对用地面积、建筑面积率、绿化率、道路面积率等规定性指标，以及水面率、车辆入口、服务点、避难场所、公厕、景观雕塑等引导性指标进行了控制。可以看到，新一轮的生态专项规划是以控制性详细规划的深度来开展的，由此统一了建设实施的具体规范。

在具体的推进上，各区按照调整后的情况，将生态专项分为数个工程分别逐个推进，比如浦东06生态专项中就分为05生态专项（109hm^2）、补天窗工程（158hm^2）、滨江森林公园项目（189hm^2）和原南汇生态专项（95hm^2）等4个工程；徐汇主要是华泾公园和滨江生态游憩带工程；闵行分为文化公园、华漕—莘庄项目和梅陇项目3个工程；长宁、嘉定和普陀由于面积小，均为一个工程；宝山包括了顾村公园一期和其他工程。值得一提的是，在生态专项中，部分地区已经建好的400m绿带又被重新纳入生态专项工程进行了统一的安排①。在具体的实施中，上述这些工程又被细分为若干个具体的地块，逐个进行报批。从上海市规划和国土资源管理局的网站上可以发现，2006年8月下旬起至2014年，规划部门一共批复了66块生态专项建设的用地许可证，其中浦东新区15块，原南汇11块，徐汇区1块，闵行5块，长宁2块，嘉定2块，普陀3块，宝山27块。从时间上来看，其中有60块生态专项用地均在2009年9月前完成了规划许可的批复。而2015年颁布的外环生态红线范围，正是以各个外环生态专项工程的范围为组成单元的，其中明确地标出了每一个外环绿带地块的红线边界，使每一个生态专项都能在图上一目了然（图5-19上）。值得注意的是，在2015年版外环生态专项规划范围内，绿带东南角属于迪士尼项目的用地被调出规划范围，划入城市集中建设区，这次调整后，外环绿带的规划范围缩减为5246hm^2。

---

① 其中闵行区有86.7hm^2，嘉定区有45hm^2，普陀区有33.4hm^2，宝山区有528.8hm^2，共有693.9hm^{2}的已建400m绿带被纳入新一轮的生态专项工程范围。

在外环生态专项建设的指导下，各区均对绿线范围内的地块进行了详细设计，以确保方案切实可行。以徐汇华泾的生态专项为例，该工程分为西侧的华泾公园和东侧的沿江游憩带，总面积约为103hm^2（图5-19下）。该方案综合考虑了现状的建设情况，对地块的规划布局、交通系统、设施安排、绿化类型、景观环境等进行了详细的设计，确保了绿带的场所品质和景观质量，并为下一步施工提供了具体的引导。新一轮生态专项建设在"绿线"三级控制区的基础上，直接针对一级控制区范围，以

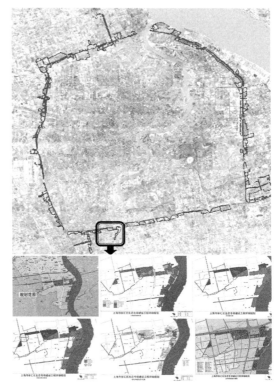

图5-19 最新版外环生态专项总图及其中的徐汇区外环生态专项地块规划设计图
来源：作者自绘（上）/上海市规土局网站（下）

具体地块为单位，对动迁、特色、设计、施工和养护等内容进行了统筹考虑，进行了一步到位的深化，使得绿带部门在具体的操作中更加得心应手，同时也能避免一些不确定性情况的发生。

5.4.3 实施条件：相对有限的扶持

1. 政策环境

2004年以后，上海市政府对绿化的总体投入开始缩减，最为直观的便是，政府对财政投入的力度大大减小了。在上一阶段中，市政府每年的绿化财政投入几乎都没有低于30亿元，甚至在2000年和2002年这两年几乎接

近40亿元，这也和当时的"环保行动计划"及"十五"期间注重提升城市的综合环境有直接关系。但从2004年起，也就是上海获得"国家园林城市"后，绿化财政投入便缩减到了20亿元以下，2005年也只有约11亿元的投入。与此同时，上海市步入了"十一五"（2006—2010年）规划发展的新阶段，城市建设的投入重点已经发生了重大变化，尤其是按照"十一五"规划的目标，上海市在这一阶段的主要任务是"形成国际经济、金融、贸易、航运中心的基本框架，并办好一届成功、精彩、难忘的世博会，实现经济社会又好又快发展"（韩正，2006）。很明显，这一时期城市的重点投入集中在产业发展和基础设施完善等方面，特别是世博会的到来，引发了大规模的对城市设施的投入，在这样的政策环境下，绿化财政比例的相对缩减在情理之中。

虽然绿化财政的总体投入不及上一阶段，但外环生态专项的持续推进还是受到了极大的重视，至少在政府对城市生态环境相对有限的扶持背景下，外环生态专项工程仍然被列为其中的重点。在《上海市环境保护与生态建设"十一五"规划》"重点实施工程"名录中，作为全市绿地/林地/湿地生态系统的改善工程，外环线生态专项被列为重点工程的第一项，其排位甚至高于世博园区的生态绿化工程。在这一时期，市政府给外环生态专项提供了专门的补贴，根据各区尚未完成的任务量，一共给予了约36.3亿元资金。仅从数额上而言，生态专项工程所获得的市政府补贴明显高于100m林带的28.2亿元和400m绿带的19.4亿元，应该是这三个阶段中最受市政府"偏袒"的工程了。但实际上，如果综合考虑当时的动迁成本和实施面积，结果则大不相同。

相关资料显示，1996—2001年的100m林带建设期间，每亩土地的动迁成本为5~18万；2002—2003年400m绿带工程期间，其数额为20~40万元；而到2006年生态专项建设时，动迁成本每亩已达到100万元。可以推断，100m林带的投资额虽然相对较低，但由于当时动迁成本很低，其资金量已经足够完成整个工程了。400m绿带市政府财政给予的支持虽然很小，只占投资总量的6.9%，区财政也只投入了28.1%，剩下的65%皆由社会融资完成，但当时政府的主要精力在于运作融资平台，以"社会参与、企业经营"的新模式来完成"超常规"的绿化建设任务，所以政府尽管财政投入不大，但运作方面的资源投入还是不可小视的。而在新一轮外环生态专项建设中，按照动迁成本来算，市政府所给予的补贴只能完成约242hm²的用地，占这一时期任务量的15.2%，如果考虑动迁成本逐年提升的现实，比例还会更低①。以上情况说明，市政府对外环生态专项的扶持力度虽然从历年投入的数额上来看比较可观，但实际上还是相当有限的，这一阶段外环绿带所获得的市政府支持是三个阶段中相对最弱的。

2．法规条件

这一时期，自《上海市生态专项建设工程控制性详细规划》（2006年）和《上海市生态专项建设工程规划建设指导性意见与控制性图则》（2007年）通过审批后，为了进一步统一细化外环绿带的工程建设标准，保障预期的建设效果，绿化部门便结合实际的建设经验，着手编制外环绿带的工程设计规范。六年后，2012年7月31日，由绿化市容局和规土局编制的《环城绿带工程设计规范》DG/TJ08—2112—2012获得了上海市建交委的批准，成为上海市工程建设规范，并于2012年10月1日起实施。

《环城绿带工程设计规范》分为9个部分，并有两个附录。第一、二、三部分分别交代了总则、术语和总体的规定及控制指标；第四部分对地形和水体的竖向设计进行了规定；第五部分是对种植设计和土壤条件所进行的规定；第六、七、八、九部分分别对配套建筑设施、道路系统（道路、场地和桥梁）、防火应急避难、给排水及电气等内容进行了相关规定。而在附录中，A部分推荐了建议的树种，主要分为常绿阔叶、常绿针叶、落叶阔叶和落叶针叶四种；B部分则根据各区的环城绿带特色风貌定位，推荐了相应的植物树种和水生植物。比如《规范》给宝山区推荐了荟香科植物，给闵行推荐的是各类春花植物，给浦东推荐的是含笑属、忍冬科、蜡梅、樱花等冬景植物，给普陀推荐的植物以海棠为主，给嘉定推荐的是耐水湿的植物，给长宁和徐汇则分别推荐了红花红叶植物和桂花类的香花香草植物。

需要说明的是，尽管《规范》的内容相对完善，但由于颁布时间很晚，

---

① 如果按照生态专项的投资预算（421亿元）来看，市政府的财政只占总投资的8.6%。

实际上在生态专项初期并未体现作用，反而是以规范的形式对成功的建设经验进行了总结。比如闵行体育公园春季的"千米花道"在2006年就已经建成开放了，之后产生了较大的影响，获得了较高的社会认可度，因而"春花类植物"便被作为闵行区的推荐植物而写入了《规范》。

5.4.4　执行运作：政府与市场相结合的运作模式

上一阶段的绿化建设冲刺带来了不少问题，尤其是在400m绿带租地建绿过程中忽略了对村民切身利益的保障，市政府在出现问题后也即刻颁布了相应的文件，如2003年《关于印发〈上海市被征用农民集体所有土地农业就业和社会保障管理办法〉的通知》（沪府发〔2003〕66号），以敦促各区解决"租地建绿"所遗留下来的村民动迁、社保和就业等相关问题。由于"政府搭台"模式遗留了诸多问题，特别是政府未能直接主导绿带的建设，而是将建设经营权移交私营企业，这就使得绿带的养护面临着一定的风险，如果经营不善或市场需求不够，那么便没有资金进行养护，继而影响绿带的成效。于是，在新时期的生态专项中，政府又重新"拿"回了绿带建设的"主导权"，毕竟作为具有公益性质的项目，过分借助市场的力量是不可持续的，只有依靠政府公共政策和公共财政的扶持，绿带才可能持续地推进下去。

但是，另一个重要的现实问题便是，政府在这一时期能够扶持绿化的资金相当有限，加上生态专项的建设量较大（1590hm^2），土地动迁成本也成倍提升，政府已经不可能再像第一阶段那样全额包干了。于是，在生态专项建设中，相关部门制定了一个"折中"的模式，即实施运作以市区政府为主，资金来源以市场为主（图5-20）。也就是以政府主导来规避市场的风险，将不确定性降到最低；并以市场资源来补充政府的财政不足，有效推动生态专项的建设。这其实就是前面提到的"捆绑带动"的模式，即选择一些绿带周边区位条件较好的用地，对其进行出售，并将所获得的利润作为生态专项的建设资金。

在这个运作模式中，市、区政府和相关执行机构进行了明确的分工。一方面，市政府负责给各区提供一定的资金补贴，用于生态专项建设，最

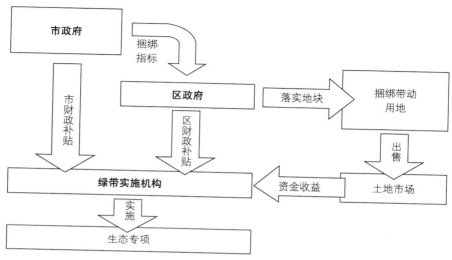

图 5-20　生态专项的实施运作模式示意图

重要的是，市政府根据各区未完成绿带的面积，给予相应的捆绑用地指标，并且，这样的指标不受各区"农转用"和年度开发量等指标①的影响，是单独给予的；另一方面，除市政府外，区政府也应配套一定的财政支持生态专项建设，还要全权负责市政府捆绑指标的落地，并且出售盈利，最终用于实施生态专项工程。从具体的运作来看，生态专项建设主要由绿带专门机构负责推进，但由于具体情况不一样，各区的推进体制也大不相同，但总体可分为三类（李斌，2013）：

（1）传统推进型

　　也就是按照《环城绿带管理办法》中所要求的，以绿化职能部门（即绿化市容局与绿带管理处）作为专门的推进机构，由绿化部门领导作为生态专项的主要负责人。这一类的体制以闵行、徐汇及大多数区为代表。在实践中，这类体制在推进绿化工程等业务方面是有一定的效率，但是在部

---

① 这类指标由市政府统一平衡，直接决定了区政府每年能进行的开发建设总量。也就是说，并不是区里有块地就一定能开发，而是要在年度的相关指标规定范围内。"捆绑用地"作为单列的一个指标，使得区政府有了很大的自由度，积极性也会相对提高。

门协调方面并不具备优势,由此便会影响工程进展。

（2）集中推进型

生态专项工程直接受区政府领导,并由主要区领导负责。在领导小组和环城绿带指挥部的基础上,又成立了综合开发公司,但公司的组成仍然以指挥部的人员为架构,这样就等于是一套班子、两块牌子,综合了政府部门的协调功能和公司的集资融资功能。这一类的体制以宝山区为代表,由于区领导的直接出面,加上执行人员团队通过机构设置实现了"职能拓展",业务、协调和融资方面都有保证,因而实施进展会相对顺利。

（3）替代推进型

由非政府部门替代,作为推进的主体部门。这一类型的代表为嘉定,其生态专项建设是由区城投公司负责的,虽然在融资方面比较有优势,但是由于缺乏相应的政府职能,也没有专业和业务上的足够支撑,实施的效率难以保证。

可以发现,生态专项建设实际上对区政府的执行运作提出了较高的要求,既要具备生态绿化建设的业务素质和专业水平,还需要有协调政府各部门机构之间关系的能力,尤其是在动迁中涉及的诸多问题;更重要的是,还要熟悉土地市场运作,构建高效的融资平台,以确保捆绑带动用地能顺利转化为生态建设资金。相比之下,前两阶段工程对实施运作的要求比较单一,100m林带建设的运作更多的是业务方面的要求,400m绿带的运作则主要在融资方面下功夫。总之,生态专项工程的执行运作,极力避免了前两个工程的短板,在新形势下,找到了一条"政府主推建设,借助市场融资"的公益绿带建设之路。

但在实际操作中,这一模式还是遇到了一些困难,导致生态专项建设进展低于预期。绿带建设部门的分析人士认为,造成生态专项进展缓慢的原因主要有四个方面（李斌,2013）:①市、区统筹推进的工作机制减弱,市政府层面对生态专项的协调缺乏针对性,推进力度不够;②考核制度不合理,市政府没有针对区政府进行生态专项方面的考核,而是只对区绿化指标进行考核,使得区政府放松了对生态专项建设的目标责任。③由于这一时期区县的基础设施建设压力大，特别是除浦东、徐汇、长宁外的几个区迎世博任务量较大，造成区财政对生态专项的支持严重不足。此外，尽管捆绑用地能带来丰厚的资金，但其前期投入较大，开发周期较长，时间节点和融资规模都无法满足项目推进任务的需求。④各区动迁成本进一步提升，大大超出预算，且动迁安置缺乏统筹安排，形成了一定的房源缺口。另外，企业动迁也面临困境，尤其是一些级别较高的大型企业，异地安置的难度很大，尚需要进一步协调。总之，在后面的生态专项建设中，只有进一步完善相关的体制要素，才能使这样的运作模式发挥更大的作用。

5.4.5　阶段成效：公园与绿带的逐步优化

尽管政府在生态专项中采用了一套较为稳妥的思路，但在新一轮的建设中，预期的建设目标还是未能顺利实现。相关研究表明，2006年生态专项计划是在2010年世博会以前完成1590hm²的建设，但实际上，直到2010年底，外环生态专项累计完成的绿化量也只有591hm²，尚不到计划任务量的四成（37%）。而在此期间，生态专项每年都未能按计划量完成任务，特别是在临近世博的2009、2010这两年，完成率甚至不到一半。但值得肯定的是，这一时期完成了1160hm²的征地手续，为后面的实施打好了基础。而从笔者得知的2014年的建设进展来看，各区的生态专项征地和设计报批已基本完成，目前的主要问题是，部分地区的生态专项动迁需要上一级机构参与协调，还有部分地区的捆绑用地需要重新选择。虽然生态专项的推进速度较慢，但这一时期重点建设完成的绿带节点项目，也就是"长藤结瓜"设想中的"瓜"（图5-21），丰富了上海市的生态建设和居民游憩环境，并获得了较好的社会反响。截至2013年底，各区生态专项建设的推进成效如下：

（1）浦东新区完成了生态专项332hm²，占任务总量的60%。主要完成的项目包括滨江森林公园一期和05生态专项工程。其中，滨江森林公园于2007年建成开放，以上海本地的乡土植物群落为特色，配以湿地、生态林、滨江岸线和各类游园设施，并辅以季节性的特色活动项目，成为近年来市民进行郊游野趣活动的重要目的地之一。另外，通过05生态专项建设项目，浦东地区又增加了高东公园、高东生态园、金海湿地公园和华夏公园等

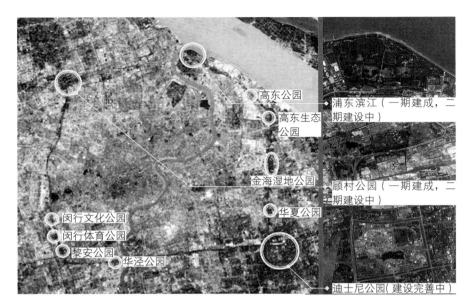

图 5-21 外环绿带上的公园节点及三个大 "瓜" 的现状（2015 年）
来源：根据Google Earth整理绘制

区、镇级生态游憩绿地，这些公园各有特色，比如高东公园设有匾额艺术馆，高东生态园中有国际级的门球中心，华夏公园中有 "春景" 植物群落和 "獐园"，这些设施既为公园增添了人文气息，也丰富了浦东的外环绿化系统。值得一提的是，迪士尼乐园的用地一直以来受到外环绿带政策的控制，投入实施后便由市政府的专门机构进行建设，因此未在新一轮外环生态专项的范围内。但在其建设引导中，还是延续了之前外环绿带所提出的绿色生态的规划要求。

（2）徐汇区的生态专项完成率较高，102.8hm²的任务中完成了61hm²，占总量的72%。徐汇区生态专项详细规划自2007年审批后，只完成了占地面积约32hm²的华泾公园及徐浦大桥周边的一些防护绿地，滨江的生态游憩带由于企业动迁安置的问题而被搁置。从建成情况来看，华泾公园虽然面积不大，但由于其良好的开放性和较为成熟的园林造景，受到了周边居民的欢迎。

（3）闵行区的生态专项推进速度在各区中相对较慢，只完成了119hm²，占总任务量的37%，后续任务还十分艰巨。尽管如此，闵行区还是完成了3个 "瓜" 的建设：①闵行体育公园的绿化建设始于2002年的400m绿带（母亲林），后由区政府和绿化部门在此基础上建成了主题公园，06生态专项又对其进行了景观改造，建成了"千米花道"等特色景观；②黎安公园于2006年建成开放，以生态游园功能为主，以樱花为主要特色，公园种植了红、粉、白等各类樱花约500株；③闵行文化公园分为四期，2014年已经建成开放一期，公园以玉兰花为特色，并辅以大量的文化设施，使得七宝地区的传统文化得以展示。

（4）长宁、嘉定和普陀区的外环区域由于城镇化建设密度较大，外环绿带的形式皆以"藤"为主。三个区的生态专项工程任务量较小，分别为34hm²、73.6hm²和77.2hm²，目前均已完成50%以上。其中嘉定和普陀将大部分已建好的400m绿带征用为生态专项用地。

（5）宝山区已完成生态专项270hm²，占任务总量的55%，总体进展相对顺利。顾村公园是宝山生态专项中唯一的一个"瓜"，但却在上海的生态布局和公园系统中都有十分重要的地位，是综合性的大型城市郊野公园。顾村公园一期约180hm²，已经建成开放，二期250hm²，计划在"十二五"末建成。顾村公园的建设也延续了400m绿带的建设成果，将其整合为有多样特色景观的大型公园。除顾村公园外，宝山区还完成了多片有一定规模的生态专项工程，分布在外环沿线周边，其中规模比较大的是B11～B13标段。

可以看到，通过各区生态专项建设的努力，外环绿带上的"瓜"已经逐个"成熟"，成为都市游憩系统中十分重要的环节。与此同时，自生态专项启动以来，上海市园林建设中兴起的"春景秋色"工程，大力引入各式各样的春花和秋叶植物，使上海的园林绿地披上了彩色的季节性"装束"，环城绿带也因此成了"彩带"。据笔者不完全统计，目前外环绿带上比较有园林特色的区段有：浦东新区的高桥33标段，以秋冬花卉（包括红梅、蜡梅、绿梅等多种梅花）为主；浦东曹路PX11标段，以多种玉兰及海派植物为主；闵行体育公园的"千米花道"，以上海本地的早春花卉为主；即将开工的闵行梅陇生态专项，以各类海棠为主要特色；宝山区B22、B23、B24标段，以千米樱花道及多样植物为特色；宝山区PX11标段，以野花野草和水景植物为特色……如果再加上已经建成的11个"瓜"，外环绿带无疑成了一条景观丰富多样的"彩带"（图5-22）。在这一阶段，外环绿带的公园与绿带建设得到了逐步优化，成为中心城边缘的一道生态"风景线"。

图 5-22　环城绿带上的部分"春景秋色"景观

来源：自摄（上三）/网易图片博客http://blog.163.com/photo.html（下三）

5.5
实施过程的总体评价

5.5.1　实施过程中的因素演变情况

通过对前面实施过程因素内容所进行的提炼和汇总，笔者整理了表5-5，由此可以发现各个阶段中不同因素的演变情况及特征。

各项因素在不同阶段的要点汇总　　　　　　　　表 5-5

实施因素	第一阶段（1993—1999 年）	第二阶段（1999—2004 年）	第三阶段（2004 年至今）
背景问题	国际形势与国家战略所赋予的使命：（1）国际发展新趋势和国家战略要求赋予了上海在短期内建成国际中心城市的使命；（2）上海本身薄弱的绿化基础，以及形成国际大都市所必须的生态环境条件，客观上要求上海尽快规划建设大型绿带	止不住的城镇建设：（1）由于历史原因和早期的城市规划引导，外环沿线的吴淞和莘庄地区城镇化建设已经趋于成熟，阻碍了绿带的实施；（2）城镇化快速发展的20世纪 90 年代，外环沿线建成了大批的开发项目，加大了绿带的实施难度	多重困境的制约：（1）在已建的绿带中，由于管理未能及时跟进，出现了违章建设问题；400m 绿带的政策疏漏，又带来了一定的社会问题；（2）在绿线范围内的未建用地中，不但一些老项目"搬不动"，一些新项目也"挡不住"，进一步压缩了绿带的实施空间

续表

实施因素	第一阶段 （1993—1999 年）	第二阶段 （1999—2004 年）	第三阶段 （2004 年至今）
规划应对	战略性的结构绿带方案： （1）沿外环规划了"长藤结瓜"模式的结构绿带——500m 的"藤"和 10 处较大的"瓜"； （2）预设了约 7241hm² 的绿带总量，并提出了"以瓜养藤"实施构想，作为近、中、远期的总体思路	实施性的绿线控制方案： （1）将难以扭转的建设用地调出了"长藤结瓜"的范围，并补充了相应的用地，其中调出 2485hm²，补充 1380hm²； （2）划定了三级控制区范围，其中"绿线"为一级控制区范围，规划总面积为 6204hm²； （3）对各地段的绿带进行了功能分区，并提出了相对保守的实施计划	针对性的外环生态专项： （1）以实事求是的态度，将无力动迁的项目调出，并补偿了相应的用地，确保总量不变； （2）设置了相应的捆绑带动用地，为生态专项提供资金支持； （3）统一绿带的实施规范，对调整后的绿线范围，各区根据自身的实际情况进行逐个推进； （4）制定了积极的生态专项建设计划
实施条件	较为积极的支持： （1）当时的政策环境为绿带实施提供了较为积极的引导； （2）市建委在绿带开工前，针对 100m 林带出台了《上海市建设委员会关于外环线环城绿带工程规划控制和梳理项目用地的紧急通知》，取得了较好的控制效果	极为大力的推动： （1）这一阶段是绿化建设的高峰期，政府重点推进各项绿化建设，并作出了要在短期内冲击"国家园林城市"的决定； （2）先后通过了《上海市植树造林绿化管理条例》《上海市环城绿带管理办法》《关于促进本市林业建设的若干意见》，为管控绿线、依法管理绿带、推进 400m 绿带的建设，提供了明确的依据和引导	相对有限的扶持： （1）这一阶段政府对绿化的投入开始缩减，虽然受到了一定的重视，但生态专项所获得的扶持还是比较有限； （2）生态专项实施了 6 年后，颁布了《环城绿地工程设计规范》，在已有经验的基础上为后续的实施提供了具体的指南
执行运作	政府主导的运作模式： （1）形成了市、区二级领导小组领导，市、区二级专门机构推进的实施运作部门体系； （2）市、区政府财政包干实施	政府搭台、企业为主的运作模式： （1）100m 林带的运作与上一阶段相同； （2）400m 绿带采取了"政府带头、群众参与"和"政府搭台、企业经营"的模式，后者的"租地建绿"是 400m 绿带建设的主要模式； （3）400m 绿带的建设中，市、区政府投资 35%，社会融资 65%，政府更多地作为实施平台，有倡导者和监督者的作用	政府与市场相结合的运作模式： （1）政府重新主导绿带的建设，而在资金方面，则主要依靠出让捆绑用地，从市场获取融资； （2）市、区政府在原有体系的基础上，形成了明确的分工。市政府补贴一部分财政，并单列捆绑用地指标；区政府补贴一部分财政，具体落实捆绑用地指标，构建相应的融资平台，并负责生态专项的具体推进

续表

实施因素	第一阶段（1993—1999 年）	第二阶段（1999—2004 年）	第三阶段（2004 年至今）
阶段成效	初现"绿藤"： （1）完成 100m 林带一期建设，形成了由浦东到普陀的、沿外环西南段、长 46km、总面积约 365hm² 的绿带； （2）这一阶段的建设和探索使绿带的施工管理、营造方法和管养思路等都趋于成熟，为后续的建设奠定了基础	外环绿量的大幅度提升： （1）完成宝山和浦东的共 555.2hm² 的 100m 林带，外环 100m 林带由此贯通，总面积达 920.3hm²； （2）通过"租地建绿"的新模式，完成了约 2690hm² 的 400m 绿带，使得上海的绿化面积和指标大大提升，通过了 2003 年的园林城市评估	公园与绿带的逐步建成： （1）随着生态专项的逐步实施，上海市外环沿线形成了大大小小的 11 个"瓜"，包括各具特色的大型郊野公园、综合公园、主题公园和区、镇级生游憩公园等； （2）生态专项在"藤"上初步形成了"春景秋色"的生态标段，使绿带成为有丰富景观的"彩带"

基于上表的内容，外环绿带实施过程中的因素演变特征如下：

其一，从绿带规划每一阶段面临的"背景问题"来看，第一阶段的问题是国家战略层面的要求所引发的，上海由此需要在新世纪初步形成符合国际大都市建设水平的空间系统，作为其中之一的生态战略空间——外环绿带规划便由此出台。第二阶段的问题则是绿带所面临的城镇建设的历史和现实问题，既有上海过去城镇发展所留下的问题，也有当时快速城镇建设所带来的问题，是非常具体而直接的，也是绿带进一步实施不得不面临的现状。第三阶段的问题则更为复杂和棘手，一方面是外环绿带自身建设过程中，管理和政策未能及时跟进，出现了相应的违章和社会问题；另一方面则是规划对部分老项目进行动迁的意图未能达成，而与此同时，市、区政府由于新时期的战略布局，又落地了一些新项目在外环周边，并且用地也选在了外环绿带，这使得外环绿带的实施空间变得非常有限。可以看到，外环绿带规划所遇到的问题，从国家战略要求，到外环区域城镇建设的客观现实，再到新形势下更为棘手的问题叠加，外环绿带规划所遇到的问题越来越具体，且越来越复杂。

其二，从每一阶段的"规划应对"情况来看，外环绿带经历了"结构性的战略方案"，到"实施性的绿线方案"，再到"针对性的生态专项"三个阶段。在战略方案中，提出了"长藤结瓜"的总体结构，预设了7241hm²

的绿带总量，并制定了"以瓜养藤"的实施思路；在绿线方案中，按照实施可行性，调整了绿线的具体空间，划定了6204hm²的"一级控制区"范围，落实了绿带的数量，并进一步对绿线范围内的地块进行了功能性质的安排；而在生态专项建设中，又更进一步将"搬不动"和"挡不住"的项目调出，在确保总量的情况下进行了调整补偿。这一阶段抛弃了之前"总量"和"数量"的思维模式，直接以统一建设规范、编制各地块控制图则为手段，由各区逐个对绿带地块进行详细设计，保证生态专项实施的"质量"。可以发现，三个阶段中，规划的应对策略大致是从"宏观构想"层面，演变为"中观控制"层面，最后到"微观具体"层面，始于总体的引导，后来引入明确的管制，到最后直接进行逐个地块的详细控制和设计，反映了规划在空间尺度上的逐步深入与细化。

其三，从"实施条件"的演化来看，三个阶段的政策环境和法规条件都大不一样。第一阶段的实施环境是相对比较积极的，市政府对外环绿带的建设是一种积极支持的态度，并且由于这一阶段是100m林带工程，和外环线同步建设，因此绿带就如同外环线的"兄弟"工程，两个工程的领导小组和指挥部都是同时成立的。而这一时期建委所发布的《通知》也有效遏制了100m林带范围内的建设项目和开发许可的进入，为100m林带的落地扫清了障碍。到了第二阶段，上海进入绿化建设的高峰期，市委市政府对全市的绿化建设投入了大量的资金，堪称中华人民共和国成立以来上海市最大规模的绿化投入。在这一背景下，绿带的相关法规条件也得到逐步完善，《条例》的颁布、《办法》的出台、《意见》的通过，使得外环绿带的依法管制和依法建设步入了一个全新的时期。而到最后一个阶段，市政府重点发生了转移，绿化建设的投入开始减少，外环绿带获得的支持相对有限，这也导致了这一时期生态专项的进展不符合阶段预期。总而言之，外环绿带的实施条件，先后经历了"积极引导""大力推进"和"有限扶持"等三个阶段，对外环绿带的建设进程产生了较大的影响。

其四，从各个阶段"执行运作"的模式来看，政府在这其中的角色是多样的。第一阶段的100m林带建设，市、区政府全面包干，从动迁到建设，都由政府直接完成，政府成为绿带实施的"主导者"，直到第二阶段前期的

100m林带，也是如此。而到了这一阶段后期的400m绿带建设中，由于一年的任务量十分巨大，政府便由"建设者"转变为"倡导者"和"监督者"，通过搭建实施平台，"倡导"全社会，尤其是企业力量进来"租地建绿"，企业成为绿带的实际建设者，政府对其造绿成果进行"监督"。这样的模式虽然取得了很大的进展，但也造成了一些后续的问题。于是，在最后一阶段，政府重新拿回了绿带的实施权，执行推进还是由政府负责，而资金还是主要依靠市场，通过出让捆绑土地来获取市场融资。在具体的实施中，则由区政府全权负责，政府在这一阶段的角色演变为生态专项的"引导者"，政策、指标、方案等都由政府来解决，但资金还是需要市场的融资，由此也受到了不确定性的影响。总之，政府在外环绿带三阶段的建设中，分别以"主导者""倡导者"和"引导者"的角色出现，体现了运作模式的灵活性与多样性。

其五，从"阶段成效"的角度来看，基本也就是外环绿带建设的逐步推进过程，从第一阶段100m林带的"绿藤"初现，到第二阶段外环绿量的大幅度提升，再到第三阶段的生态专项建设，外环绿带实施先后经历了最初的摸索和稳步推进、世纪之交的大力投入和绿化"冲刺"、新一轮生态专项的逐个建设与景观优化，整个过程虽然有起有落，但外环绿带的魅力已经得到了较好的呈现。

5.5.2　实施过程中的规划作用评价

在前面实施过程的"五因素"框架中，规划的作用主要通过"规划应对"来体现，主要包括了方案制定和调整等规划行为。根据实施过程分析框架，笔者认为可以从三个方面来评价规划的作用：第一方面是规划本身的方案变化情况，体现了规划空间本身的演变及其与外部环境的互动，反映了规划在空间方案层面的"控制力"；第二方面是规划对"背景问题"的回应情况，因为规划本身作为一种政策和策略，其出发点就是回应形势问题，而问题回应得是否恰当，规划策略是否较好地做到了"审时度势"，也是规划作用的重要体现之一；第三方面是规划方案在实施过程中的贯彻情况，即规划是否通过"实施条件"和"执行运作"等因素，最终在"阶段成效"中体现出来，反映了规划方案通过实施过程而影响建成环境的能力。

（1）从规划空间范围的演变情况来看，外环绿带规划在每一次调整中都处于"被动"地位。从最早的"战略性的结构绿带方案"，再到1999年的"实施性的绿线管控方案"，再到2006年以后的"针对性的外环生态专项"，外环绿带规划的面积越来越小，其范围也逐渐失去了最早规划构想中"500m宽度"的预设。空间范围的变化与缩减，说明了规划在实施过程中体现出的"主动干预"的能力是缺失的，而这样的"主动干预"，正是现代城市规划中结构绿带最为必要的特质之一，而外环绿带在这方面的特质明显是欠缺的。

（2）从规划方案是否"审时度势"的角度来看，外环绿带每一轮的规划调整都较好地"应对"了当时所面临的现实问题，比如第一阶段绿带战略很好地回应了国家的战略要求，提出了建设符合国际大都市要求的大型绿带；第二阶段在外环周边出现大量城镇开发建设的形势下，进一步通过"绿线"手段对规划范围进行了管束；第三阶段在多重困境的制约下，规划走向了专业化的生态专项模式，针对不同情况的地块建设相适宜的专项绿化，由此保证了外环绿带稳步推进。从这个角度来看，规划在回应形势问题方面的作用是明显的。

（3）从规划方案在不同阶段的贯彻情况来看，由于实施过程中各阶段的"实施条件"和"执行运作"等因素不同，"阶段成效"的空间产出与"规划应对"的方案预期形成了较大的差距。其中，第一和第三阶段的"阶段成效"的空间产出落后于"规划应对"的方案预期，而第二阶段的"阶段成效"则相对比当时比较保守的"规划应对"超前。三个阶段的"规划应对"与"阶段成效"均未能对应，说明"规划应对"在各阶段的实施成效中没有体现出较为明显的决定作用。换句话讲，规划方案通过实施过程影响建成环境的能力是不够的，反映了规划作用在这方面的缺失。

综上所述，规划的作用是有限的，除了在回应"背景问题"方面发挥了较好的作用外，在方案演进中的"控制力"和在实施过程中的贯彻力度都不尽如人意，这也是规划实施结果为何偏离预期蓝图的主要原因。

5.5.3   规划的影响因素分析与评价

那么，究竟有哪些因素影响并限制了规划的作用？通过对实施过程进行分析，可以发现，以下四个方面的制约因素在不同程度上影响了规划的作用。

第一方面，外环绿带在实施过程中所面临的城镇建设形势是非常严峻的，客观上导致了规划不得不被动调整。从时间上来看，外环绿带规划实施的近20年，正是上海市城市建设高速增长的20年，作为中心城的边界，外环沿线周边的用地拥有天然的区位优势和开发价值，无论对上海市的战略发展而言，还是对各区县的发展而言，这一区域的用地都是备受重视的。在这一大背景下，各类市、区大中型项目的先后落户，使得外环绿带不得不先后调出了大量的规划用地，用地范围也随之缩减，这对于实现规划预期而言是非常不利的。尤其是从第二阶段和第三阶段的"背景问题"中可以看出，城镇开发建设带来的多方面问题是外环绿带实施所面临的最为主要的困境。因此，外环绿带实施期间所面临的城镇建设形势，是影响规划实施偏离预期蓝图的"客观形势因素"。通过实施过程分析可以推断，"客观形势因素"是最为主要的外部因素，对外环绿带规划的用地选择和范围调整造成了直接的影响，是规划实施不得不面对的客观现实，这一因素对规划的影响是非常直接的。

第二方面，政府支持力度的不稳定性，使绿带的实施建设难以跟上规划的阶段预期。在实施过程中，第一、三阶段均落后于规划预期，而第二阶段虽然推进速度超出了预期，但却给后续的实施带来新的问题。从前面的过程分析中可以看到，每个阶段政府对外环绿带的扶持力度和资金投入都不一样。第一阶段完全由政府负责实施，尽管实施的质量能够保证，但效率并不高。到第二阶段后期的400m建设时，政府与企业合作，但由于过于追求速度和指标的增长，政府将绿带的经营权完全托付给了企业，虽然短期内绿化指标增长得很快，但到后来由于经营问题，一些企业还是没能坚持下来，导致部分绿带的建设未能达到预期效果；与此同时，由于配套政策的缺位，一些社会民生问题也给区政府带来了困扰。到最后一个阶段，外环生态专项采取了逐个实施的策略，将上一阶段经营出现问题的用地又纳入规划重新建设，虽然这一阶段在"捆绑政策"的支持下获得了市场资金的支持，在一定程度上保证了绿带的稳定实施，但由于市、区政府在这一时期的重点转移，对绿化建设的扶持力度大大减弱，尤其是部分区政府将更多的财政倾斜到世博基础设施的建设中，导致了绿带财政配套的缺位，实施也未能达到规划的预期。由此可见，政府对外环绿带支持的不稳定性，是影响规划作用的"政策能动因素"。从实施过程分析中可以发现，"政策能动因素"对规划作用的影响是极为关键的，决定了规划实施的资源投入力度，强大的资源投入对绿带能否顺利落地建设的影响是毋庸置疑的。

第三方面，迟来的"弹性"法规，使得外环绿带的实施在"依法建绿"和"依法治绿"方面成熟较晚，不但错过了早期的建设机遇，也为后续的调整留出了余地，导致规划实施偏离了预期的设定。外环绿带刚刚建设的20世纪90年代中期，正是上海高速发展的起步期，随着外环线的建设，外环100m林带也在相关部门的推动下与外环线齐头并进。但与此同时，却没有一部专项的法规对尚未建设的外环400m绿带范围进行管控。"依法建绿"的缺位，造成了这一时期各种项目在外环线周围落地，占用了规划绿带的范围。在这样的背景下，1999年的实施性规划才不得不对外环绿带的范围进行调整，调出了约25km²的难以实施的规划用地，虽然也增加了另外约15km²的补偿绿地，但绿带的空间布局还是被缩减了，在浦西一带最为明显。而直到2002年，外环绿带的专项法规才出台，尽管这个时候媒体声称绿带有了法规的"保护伞"，但此时已经修编后的外环绿带规划方案，已经失去了早期规划中的"规模效应"和"战略气势"。而就法规本身的"保护"作用而言，也是有限的，尤其是《环城绿带管理办法》中设置了弹性条款，允许"基础设施等"项目调入。按照常理来讲，如果只界定为"基础设施"和"公共设施"，还在情理之中，但这个"等"字却留下了大量的空间，似乎什么样的项目都可以占有绿带用地了，这也导致2006年以后又调入了大量建设项目到绿带范围内。因此，尽管"依法治绿"实现了，但专项法规的弹性却削减了"绿线"的刚性。当然，之所以设置这样的弹性，也是为了应对高速发展时期城市的各种"不确定性"，但这对实现规划的预期规模和形态而言，却是一个比较大的问题。因此，这一方面的因素，是影响规划实施的"法规管控因素"。从实施过程分析中可以发现，"法规管控因素"主要受制于"政策能动因素"，因为外环绿带的"专项法规"是第二阶段才出台的，之前最需要管制的第一阶段却没能出台，说明政府内部对法规出台的投入和推动不够。总体而言，"法规管控因素"对规划作用的影响是比较明显的，尤其是在后期的弹性调整方面，但其影响能力不及前两个方面的因素。

第四方面，实施过程中多样的执行运作模式，不但没有体现足够的运作效率，还带来了不确定性。尽管政府机构在外环绿带实施的过程中扮演了多样的角色，分别以"主导者""倡导者"和"引导者"等不同的角色出现，并以"独立""搭台""合作"的模式与市场力量进行互动，直接推动了外环绿带的实施。但在实际的运作中，第一阶段完全依靠的"政府包干"的方式，以及第三阶段"政府引导、市场介入"的方式，其效率偏低，使得实施成效未能达到相应的预期进展；而第二阶段的"政府搭台、企业经营"这一方式，虽然短期的效率较高，却在现实中带来了较大的不确定性。一方面，企业经营的400m绿带并未达到理想的效果，部分企业因经营不善而最终放弃了经营，使一部分绿带建设被搁置；另一方面，由于没有完善的政策配套，被租地建绿的村民的切身利益受到了损害，这些都成为当时绿带实施的"后遗症"。因此，尽管规划实施运作模式中的"角色变换"体现了灵活性，但实际的实施运作效率并不高，这一方面的因素，是影响规划实施偏离预期的"运作推动因素"。从实施过程分析中可以发现，"运作推动因素"由于受制于"客观形势因素"（如城镇建设导致的高额动迁成本）、"政策能动因素"（如政府的阶段性财政资源投入），以及市场本身的不确定性（如第二阶段企业的经营效益和第三阶段的土地出让收益情况），对规划作用的影响是相对有限的，其影响能力不及前面三个因素。

5.6
本章小结：
错综复杂的规划实施

本章对外环绿带的实施过程进行了回溯与分析，力图回答，外环绿带为什么会偏离规划预期？是哪些因素影响了规划实施？规划因素在实施过程中的作用如何？这一部分涉及各个规划实施阶段的形势与背景、规划方案的调整、规划实施的投入、规划的具体执行等多方面的因素。总体来看，规划实施的错综复杂性主要表现在以下几个层次：

（1）客观条件的复杂性

外环绿带的建设与上海市快速的城镇建设处于同一时期，外环周边的开发压力和土地价值逐年攀升，导致动迁难度增加；同时，规划范围内各类老旧项目和新入项目交织在一起，使得绿带的建设在较为复杂的利益格局下艰难推进。

（2）政策支持的交错性

政府对绿带的政策支持因阶段而发生改变，从积极支持，到大力推动，再到相对有限的扶持，政府对实施绿带的干预力度并不稳定，体现了一定的交错性。

（3）法规条件的冲突性

外环绿带的法规条件本身具有冲突性，一方面，专门针对外环绿带制定了专项法案，开创了国内的先河，体现了对外环绿带工程的重视；另一方面，在法规中又设定了弹性条款，为一些项目的引入提供了条件，这一方式又降低了绿带法案的刚性和严肃性。

（4）运作模式的阶段性

政府在不同阶段尝试了不同的运作模式，从政府主导，到市场主导，再到政府市场适当结合，导致了各个阶段的运作模式均呈现出自己的特征。

可以发现，上述四个层次在错综复杂的交互影响中，推动着绿带的实施进程，消解了规划因素对外环绿带实施的控制和引导，限制了规划作用发挥，因此，规划绿带未能实现预期，似乎是可以理解且合乎常理的事情。那么，接下来的问题在于，既然规划因素未能发挥预想中的作用，是否意味着绿带规划就失去效果了？绿带规划的实施对城市发展的贡献是否也因此被消解了？

第 6 章

贡献评估：外环绿带的实施效果

外环绿带规划的作用是有限的，规划实施受到了多方因素的影响和制约，导致建成绿带偏离了规划预期。但是，规划实施受到制约而只发挥了有限的作用，是否就意味着规划失去了效果，进而消解了规划实施对城市发展的贡献？要回答这一问题，就需要对规划目标的实现情况进行考察。作为一项综合性的空间规划政策，规划制定的目标是多层次的，并非仅仅围绕空间本身，故而规划实施的效果，也并非仅仅是空间性的。那么，外环绿带的规划目标有哪些，目前的实现情况如何？在有限的作用下，规划实施的不断调整、应变及其引发的实施活动，是否促进了这些规划目标的实现？换句话讲，规划实施是否对外环绿带规划目标的实现有所贡献，在多大程度上促进了各项目标的实现？对于不同类型的规划目标而言，规划实施体现了怎样的效果？本章主要考察以上的几个问题。

6.1
评价思路与规划目标提炼

6.1.1　实施效果评价的总体思路

一般而言，效果是指为了实现某目标而开展的活动所产生的有效输出。这里需要注意的是：①效果与目标是密不可分的，有目标才会有效果，因为目标是效果评价的根本依据，如果最后的结果接近或达成了目标，则说明基本实现了目标；②效果评价的核心是"有效性"，即活动在目标实现的过程中是否作出了实质性的贡献，是否明确地推动了目标的实现。如果目标实现了，但活动并没有发挥作用，而是由其他因素推动的，在这种情况下，效果则不明显。

那应如何评价外环绿带的实施效果呢？可从以下几个方面来入手：①效果分析的主体应当是规划活动，也就是实施过程中的"规划因素"和"执行因素"，即规划编制管理部门在外环绿带实施过程中规划方案的编制与调整工作，以及由这一工作所引发的实施行为，其中，规划方案的编制与调整是具体实施行为的起点和参照；②效果分析的对象应当是规划活动对目标的贡献情况，即规划活动在特定目标的实现过程中，是否发挥了引导、协助、支撑或促进作用，并有效推动了规划目标的实现；③因此，评价外环绿带的实施效果，即判断绿带规划的编制与调整工作，是否对实现规划政策目标提供了帮助，并促进了规划实施向规划目标接近。

综上所述，实施效果分析主要遵循以下逻辑展开：①首先是明确规划目标的预期，即在既定的规划目标下，外环绿带的实施应该达到什么样的预期。当然，并非每一个规划目标的预期都是明确的，有些目标提出了总量上的预期，有些目标在规划蓝图中有比较明确的表达，也有些目标只提出了相应的定性描述，因此首先应对规划目标的预期效果进行讨论，以确立效果评价的参照标准；②其次是对该规划目标的实施状况进行考察，即外环绿带在该目标领域内的实现情况如何，实现了多少，有多少没有实现，其实施结果是否真正体现了目标的预期方向；③最后结合外环绿带实施过程中"规划因素"的调整与实施情况，对各个目标领域内的规划实施效果进行讨论，分析规划实施是否在此目标的实现过程中作出了贡献，这样的贡献是否明显等。

6.1.2　外环绿带规划目标的提炼

作为一项城市空间规划政策，外环绿带的目标并不仅仅是为了实现空间蓝图本身，通常还有其他多元性和综合性的社会经济发展愿景，由此形成了相应的规划目标体系。那么，究竟为什么要实施外环绿带？外环绿带最主要的规划目标是什么？笔者对有关外环绿带规划目标的文献进行了整理，主要对官方文献和相关人士论文中的相关内容进行了汇总（表6-1）。

上海外环绿带的规划目标及文献来源　　　　　表 6-1

文献来源	外环绿带规划目标的表述
上海市第三次规划工作会议（1993 年 6 月）	要抓紧规划，在外环线外侧建设一条宽度至少为 500m，环绕整个上海市区的大型绿化带，从根本上改善上海的生态环境
《上海城市环城绿带规划》（1994 年 8 月）	（1）形成控制城市发展的边界，遏制城市蔓延扩张； （2）保护城郊农业，以增强城市的农产品自给能力； （3）开辟城市绿色空间，提高绿化用地指标； （4）改善自然环境，丰富城市景观，为市民提供游憩场所； （5）保证城市与乡村之间的协调与过渡

续表

文献来源	外环绿带规划目标的表述
《21世纪上海环城绿带建设研究》（1995年2月）	（1）有助于上海在更大的空间范围和更大的时间跨度内，形成高起点的生态战略布局。外环绿带突破了原有的"点、线、面"布局模式，使城市生态空间走向多样而完整的布局模式； （2）有助于巩固和强化城市的生态发展基础，为人口、经济、社会的可持续发展创造条件； （3）有助于中心城的居民外迁，以疏解中心城的人口压力，并因此从根本上遏制城区"摊大饼"式的超量发展； （4）有助于充分发挥土地的极差效应，合理调节产业用地的空间布局； （5）有助于提升城市的生态效益。绿带将大幅度提升上海的绿化指标，并在吸收废气、滞留尘埃、释放氧气、蓄流水分、调节温度方面发挥巨大的作用； （6）有助于提升城市的经济效益。可以利用绿带用地的兼容性，以绿引资，在环城绿带中建设大型主题公园和游憩娱乐设施，由此带动周边地区发展； （7）有助于提升城市的社会效益。环城绿带的建设，为都市居民亲近自然提供了更多的机会，为城市与自然的和谐创造了条件
《上海市外环绿带实施性规划》（1998年6月）（韦东，1998）	（1）改善城市环境质量，增加城市绿化面积，提升绿色指标； （2）合理布局城市空间，在城市外围形成绿色走廊，遏制城镇扩张，并形成城乡过渡的格局； （3）改善城市生活，为市民提供休闲游憩场所； （4）形成生产性绿地，发展苗木产业，服务城市和居民的绿化需求； （5）提供避难场所，作为大型开放空间，绿带能为防震减灾提供疏散空间； （6）丰富外环路沿线景观，并能有效隔离噪声
《加快环城绿带建设，改善上海生态环境》（鹿金东，1997）	（1）防止城市无限蔓延； （2）改善生态环境； （3）提高城市的防灾能力； （4）美化城市景观，创造游憩场所
《上海城市环城绿带规划开发理念初探》（吴国强，2001）	（1）改善城市环境，提升生态效益； （2）界定城市空间，形成绿色屏障，防止扩张； （3）营造自然景观，为市民提供公共空间； （4）建立苗木生态基地，为城市提供农副和绿色产品
《上海城市绿地系统规划》（张式煜，2002）	外环林带的主要功能是限制中心城向外无序扩张蔓延
《上海市外环线环城绿带后续建设对策研究》（管群飞，2004）	（1）控制大城市建成区的无序蔓延，使外围乡村不被侵蚀； （2）防止不同的城镇建成区相互连成一片； （3）维护城镇的特色，促进发展； （4）为居民提供开放空间和休闲场所

续表

文献来源	外环绿带规划目标的表述
《上海环城绿带建设的实践和启示》（2012 年）	（1）改善上海城市发展的方向、形态、规模和结构； （2）提高上海城市的生态环境和景观质量； （3）大幅度增加绿地的规模和类型，改善绿带结构，奠定可持续发展基础； （4）提供游憩空间，提升居民的生活质量和保障城市安全； （5）提高上海国际大都市的战略地位
《巨变：上海城市重大工程建设实录》（袁念琪，2012）	（1）由于 20 世纪 90 年代以来城市经济发展越来越快，城市化进程也越来越快，因此提出在城郊设置一个永久性的环状绿带，以此来抑制城市的大规模扩张； （2）上海的生态基础一直非常薄弱，通过建设环城绿带，可以进一步提升绿化面积，改善城市生态环境，这是最主要的目的

从表6-1中可以发现，上海外环绿带的规划目标是非常多元的，不同政策文件和权威人士的文献所表述的内容各不一样，但总体而言，有关外环绿带的规划目标可以提炼为以下四个方面：

（1）空间结构目标

表6-1中大量的文献都提到要通过建设外环绿带来遏制中心城的扩张，形成中心城的发展边界，并使之与外围的城镇形成一定的隔离距离，由此避免中心城"摊大饼"发展，形成有序的空间结构和绿化布局结构，优化城市发展的空间布局。因此，简单来讲，外环绿带的空间结构目标就是通过建设绿化带来抑制中心城"摊大饼"，以改善城市的空间布局结构。这一目标是外环绿带规划最为重要的目标之一。

（2）社会服务目标

表6-1文献中涉及的社会服务目标，最为主要的就是通过建设绿带来创造游憩空间，为城市居民亲近自然提供机会。逐步建设大规模绿色空间，势必能为城市提供一系列公园游憩地，为市民的公共游憩活动提供新的选择，由此丰富市民的户外生活。

（3）生态环境目标

生态环境方面的目标在上述文献中有较大量提及，是建设外环绿带最主要的目标之一。可以分为三个方面：第一，提升城市的总体绿量和绿化指标，城市由此会多出大量的绿色空间，人均绿化面积也会因此而提升；第二，通过建设外环绿带，大幅度提升城市的生态效益，如在调节气候、吸收废气、滞留尘埃、固持土壤等方面发挥相应的作用；第三，建设外环绿带能提升外环沿线的环境景观，美化城市空间。

（4）城市发展目标

文献中直接涉及城市发展方面目标的内容并不太多，与其他内容形成了较大的对比。但《21世纪上海环城绿带建设研究》中提到，外环绿带可以通过招商引资引入大项目来带动地区发展，由此提升经济效益。而在外环绿带的专项法规中也提出了"弹性条款"，这一条款的出台，可以认为在法规层面，绿带并未完全杜绝开发建设，而是允许一些发展项目通过调整程序进入绿带。这一条款其实是有利于城市发展目标实现的，也可以认为是外环绿带的"默认"目标之一。但无论如何，外环绿带在城市发展方面的目标预期并不算高，是这几个目标中预期最低的。

6.2
空间结构目标的实施效果：
未尽人意但有所体现

6.2.1　规划目标的预期

根据规划文献的叙述，外环绿带规划所要达成的主要目标，是通过建设一定规模的绿化带来限定中心城的发展边界，由此遏制中心城"摊大饼"式的发展，并改善城市的空间布局。按照最早的规划预期，外环绿带的基

本宽度为500m，另有若干主题公园沿绿带分布，最终形成约7241hm²的绿化
用地（鹿金东 等，1999）。在这个"长藤结瓜"的结构中，500m宽的绿化带
是遏制外环线周边开发建设的基础，也是规划空间目标实现的关键，在此
基础上，规划便可在既有的生态绿化布局体系中引入"绿环"结构，由此
影响并改善上海的城市空间结构。而在1999年的城市总体规划方案中，尽管
外环绿带的规划范围已经有所调整，但规划预期形成的"中心—外围"的
布局意图还是非常明显的（图6-1）。从图中可以看到，外环绿带与外环周
边的生态敏感区（浅绿色部分）一起，将上海市的中心城区与外围的城镇
分离开来，只有局部地段（如宝山、外高桥、莘庄）的建设与中心城有所
连续，大部分的建设都与中心城保持了一定的距离。在规划的布局模式中，
中心城与卫星城之间的"中心—外围"关系是比较明显的。

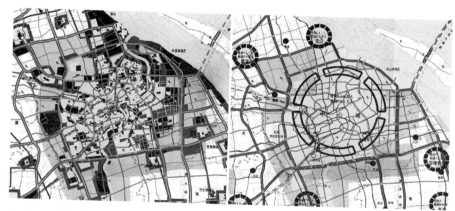

图 6-1　上海市 1999 年版城市总体规划方案（左）及空间结构（右）
来源：《上海市城市总体规划（1999—2020）图集》（上海市人民政府，2001）

　　在法定规划设定的这种"中心—外围"的空间结构下，上海市的城市
空间将呈现什么样的特征呢？换句话说，规划空间结构目标预期要塑造的
城市空间特征有哪些？笔者认为主要包括以下四个方面：①最为直观的是
用地布局，按规划目标形成的用地布局应当符合"中心—外围"的主次关
系，中心城"摊大饼"的现象会消失，这是规划预期所要达成的用地特征；
②在人口方面，如果规划预期的空间结构形成，那么人口分布将会被疏散
到外环以外的郊区城镇，也就是说，人口密度会在外环周边的一定范围内

呈现下降的趋势，然后在郊区地段又出现上升。外环周边的人口密度会出现空间分布上的"波谷"；③从外环绿带本身的规划用地范围来看，按照规划预期的空间结构，绿带的规划范围几乎不会因为外环周边的开发建设而调整变化；④从外环绿带规划后续规划的影响来看，随着规划空间结构形成，后续的空间规划会延续外环绿带"环"这一要素，并将其纳入新编制的空间体系。那么，规划目标实现了吗？

6.2.2　规划目标的实现情况

（1）用地布局蓝图未能实现

按照规划预期，通过实施外环绿带及其周边的生态用地，上海市将形成"一城多镇"的格局，并由此抑制中心城"摊大饼"的发展趋势。通过对比1999年版上海市的规划空间结构与2014年的卫星图，可以直观地发现，规划的用地布局蓝图并没有实现。在1999年的规划结构中，除了宝山吴淞和浦东高桥的沿江地段，外环外侧约5~10km的范围基本都被规划为建设敏感带，作为生态隔离片区。另外，外环内侧也有两个区域被作为敏感区，一个是位于西北角的大场地区，另一个是位于东南角张江镇的南片区域。这些非建设用地的包围，形成了中心城的外围地域，也界定了中心城的规模和范围（图6-2左）。但从2014年的航拍图来看，在规划预设的生态敏感区

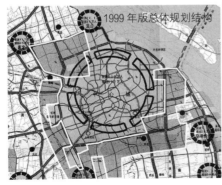

图 6-2　外环周边非建设用地的规划范围及现实建设情况
来源：《上海市城市总体规划（1999—2020）图集》（上海市人民政府，2001）（左）/
Google Earth（右）

范围内，绝大部分都被外环周边的城镇建设所"吞没"（图6-2右）。比如规划在外环西线上的沿普陀、长宁、闵行等地区的生态片区，现已完全被密集的城镇建设所覆盖。只有少部分区域尚保有一定量的非建设用地，比较明显的是宝山顾村公园及其北侧的生态绿地，以及外环线东南侧位于浦东张江和川沙地区的生态用地。除这两个区域以外，其他的规划敏感区基本上都出现了不同程度的城镇开发建设。因此可以看到，尽管外环绿带一直在努力推进，但中心城外侧的"生态敏感区"并未配合形成，反而被大量的城镇建设所替代。相关研究也揭示，上海市1999年的总体规划，由于只提出了生态敏感区和建设敏感区的概念，并未对如何落实这一类用地提出任何实质性的措施，因此这一部分规划图上的非建设用地最终成为城市开发所吞噬的对象（刘旭辉，2012）。在实际的规划实施中，"中心—外围"的空间布局未能成形，中心城"摊大饼"的趋势反倒变得明显了。

（2）人口分布完全不符合预期

按照规划预期，上海市的人口密度将在中心城外围地域（及外环周边）形成密度分布的"波谷"，而在中心城及外环以外的郊区城镇形成相应的"波峰"，那么现实是这样的吗？根据图6-3，2000—2010年间，在上海市中心区半径6km以内的空间内，人口密度呈减少趋势，说明这一时期中心城内环以内的大部分地区实现了一定程度的人口疏散和转移，但在半径为6km以外的范围内，人口密度开始增加，尤其是在距离中心城12km和20km的范围

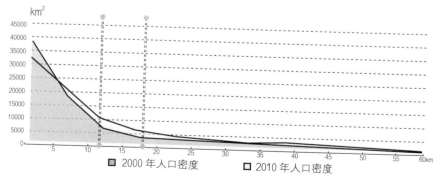

图6-3　2000—2010年上海市地域空间人口密度梯度比对图（绿线为12～18km处）
来源：上海市规划和国土资源管理局 等，2012

内，人口密度的增加量达到了2000~4000人/km²，是市域人口密度增量最为突出的区段。再往外面的郊区方向，人口密度的增加量逐步减少。

从图6-3可以看出，上海市人口密度分布的"波峰"一直都在中心城区，而随着空间往外侧推移，人口密度越来越小，郊区城镇并未出现任何"波峰"。从2000—2010年间的变化来看，中心城虽然人口密度降低了，但新增的人口并未往郊区城镇聚集，而是集中在距离城市中心12km和20km的范围内，而这一区段正好是外环绿带及其外侧生态敏感区所在的地域范围①。如此看来，本来按规划应该形成人口密度分布"波谷"的地区，却在现实中成为市域人口密度增长量最大的区域，这一趋势与规划预期要形成的人口分布背道而驰，因此在人口分布方面，规划的空间结构也完全没能实现。

（3）规划范围因开发建设而大量调整

如果完全按照规划目标的预期，绿带的规划范围不应该被调整，尤其是不应该被建设开发所占用。但现实情况则是，后来的1999年实施性规划和2006年生态专项建设，均对外环绿带的范围进行了调整，将一些无法动迁的项目调出了绿化带，又纳入了一些用地作为补偿用地。在此过程中，外环绿带的规划面积由最早的7241hm²缩减为1999年实施性规划的6204hm²，到2006年生态专项后，经过一系列调整，绿带规划范围进一步缩减为5246hm²（2015年）。总体而言，外环绿带在规划调整中体现的"被动"情形，反映了规划实施并未成功"干预"城镇建设，反而被城镇开发建设活动所"干预"。

那究竟是什么项目"干预"了规划，并迫使外环绿带调整范围？在第一轮调整中，规划绿带让位的建设项目主要有三类：①大都市功能发展所需的重大项目，包括外高桥保税区及港区、虹桥国际航空港配套、轨道交通北瞿路停车场、宝山大场水厂、上海国际物流园农产品基地、上海交大七宝校区等项目用地；②郊区城镇发展所需的产业及配套建设，如唐镇工业园、张江高科配套协作区、江桥工业园及配套住宅等项目用地；③有一定历史且成熟的城镇化地区，如20世纪50年代开始建设的桃浦工业区级配

---

① 根据百度地图的估算，如果以人民广场为圆心，各区外环线所在的位置距离圆心的距离大约分布在12~18km的范围内，也就是图6-3中绿色虚线所限定的区段。

套住宅和宝山的吴淞地区，这一类建设地区是很难动迁的。而在第二轮生态专项调整中，主要调出了一些规模较小的"搬不动"的用地，以及新时期市区政府引入的新项目。"迫使"外环绿带调整的项目，在一定程度上都是"名正言顺"的，因此外环绿带的"干预"不但未能达到预期，并且还通过不断的调整补偿让位于这些建设。

　　那么，规划范围用地调整的具体情况如何呢？从总量上来看，1999年实施性规划调出的绿带为2484.6hm^2，2006生态专项实施以后调出的用地为1737hm^2，两者的总量为4221.6hm^2。也就是说，经过两轮调整，外环绿带规划范围内最终转化为城镇开发建设用地的总量为4221.6hm^2。而相比之下，2015年生态红线确定下来的外环绿带总量只有5246hm^2，这其中通过历次规划补偿所产生的用地为2218.5hm^2，自1994年版规划以来二十多年一直没有调出的延续用地为3027.5hm^2（图6-4）。外环绿带在规划调整中让位于城镇建设的总量是很高的，而最终保留下来的用地则比较少，1994年版规划中约有41.8%的用地保留到了最后的2015年版方案中。换句话讲，只有约四成的规划"蓝图"用地"坚持"到了最后，其余用地都在外环周边城镇建设的"冲击"下不断变化调整，这也从侧面反映了外环周边中心城"摊大饼"的动力是很强大的。

　　从各区的情况来看，表6-2中的数据表明，浦东（含原南汇）和宝山的保留比比较高，外环绿带最终范围内均保留了四成以上的规划蓝图用地，其比例分别为42%和58.1%，而在浦西的徐汇、闵行、长宁、嘉定和普陀，外环绿带规划的蓝图保留比则相对较低，皆没有超过四成，其中最高

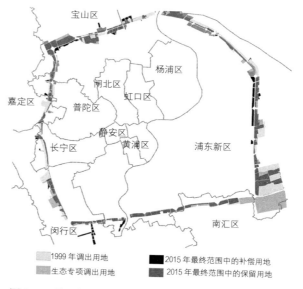

图6-4　外环绿带规划的调出用地及其最终范围

的是普陀，比例为37.8%，最低的是闵行，比例为16.5%，其余的比例都在20%~35%之间。可以发现，各区外环线周边的开发压力也有差异，总体而言，浦西的开发压力大于浦东。现实情况中在浦西的南段—西南段—西段一带，中心城的建设几乎与外围连成一片，"摊大饼"的趋势异常明显。

外环绿带规划用地的总体调整与保留情况　　表6-2

	1994规划面积/hm²	1999调出量/hm²	2006调出量/hm²①	2015规划范围/hm²	最终补偿量/hm²	最终保留量/hm²	保留比
浦东（含原南汇）	4204	1271.7	1376.5	2920.6	1156.4	1764.2	42%
徐汇	250.5	178.7	11.5	115.9	74.5	41.4	16.5%
闵行	794.6	281	206.9	525.1	263.6	261.5	32.9%
长宁	281.5	184.9	0	139.4	57.1	82.3	29.2%
嘉定	246	158.8	9.8	128.9	62.9	66	26.8%
普陀	194	62	14.9	171.7	98.4	73.3	37.8%
宝山	1271	347.5	117.4	1231.1	492.3	738.8	58.1%
合计	7241.6	2484.6	1737	5232.7	2205.2	3027.5	41.8%

（4）"绿环"结构在后续规划中得以延续

　　尽管规划的空间结构未能实现，但自1993年上海外环绿带规划提出后，在20多年来的实施中，先后被纳入各个层次的规划方案，为上海市制定后续的空间规划提供了重要的结构性基础，而在此之前，在上海市的绿化规划布局体系中，并没有外环绿带这样的"环"结构。上海市专门的绿化布局规划始于1983年，该版规划较为系统地在城市范围内布置绿化用地，如在中心城区开辟环状绿带，布置楔形绿地，发展公共绿地和专用绿地；将公共绿地按规模分为市、区、地区、居住区、小区等级别，完善等级系统；将市区的林荫道、绿带与外围的外围郊区农田连通，最终形成"点、线、面"为主的绿化布局系统（图6-5左）（张浪 等，2009）。

　　到了20世纪90年代，上海由于浦东的开发和发展的新机遇，中心城的

---

① 其中还包括2006年以后的调出用地，尤其是面积较大的迪士尼项目用地，这块用地最早不在1994年版的规划范围中，是1999年规划的补偿用地，但在2015年又被调出。

范围进一步扩大，同时也对城市的绿化布局提出了新的要求，外环绿带规划正是在这样的背景下提出的，由此开启了上海绿化布局的新时代。在1999年编制的城市总体规划中，结合当时外环绿带的实施，上海市提出了建设"环、楔、廊、园"的中心城绿地系统，在20世纪80年代"点、线、面"的绿化系统基础之上，增加了外环绿带及其内侧的8片楔形绿地，再结合河道绿化、道路绿化，以及各级别的公共绿地，完善了上海市绿地系统的布局形态，同时奠定了上海中心城绿地结构的基本框架（图6-5中）。在这个绿化系统结构中，外环绿带被作为遏制中心城扩张的主要手段，以"长藤结瓜"的模式，较为自由地分布在外环线的内外侧。而楔形绿地则以外环绿带为起点，向市区"渗透"，在优化城市环境的同时，协助形成中心城用地的组团式布局（图6-5右）。

　　结合新世纪城市总体规划的要求，上海市绿化系统在2002年先后编制了《上海市城市绿化系统规划（2002—2020）》和《上海市中心城区公共绿地规划（2002—2020）》，分别从市域和中心城两个范围对城市绿地的结构布局进行了细化。外环绿带在其中的基础性作用也变得明显起来：在市域层面，外环绿带与郊区环线绿化带相互呼应的"双环"结构，是市域绿地系统的主体结构，在整个市域绿化布局中起着关键的连接作用，确保了绿化"网络"的形成；而在中心城层面，外环绿带能形成中心城绿化系统的边界，界定了中心城绿化系统的延伸范围，也是中心城都市功能区外围的一道生态屏障（图6-6）。

图6-5　上海市中心城绿地系统规划演化情况（1983—1999年）
（左：1983年规划；中：1999年规划；右：1999年规划的环楔结构）
来源：《上海城市规划演进》（上海市城市规划设计研究院，2008）

2005年，上海市绿化管理局开展了"上海市城乡一体化绿化系统规划研究"，该课题在绿化系统规划的基础上，提出了上海绿化林业的"核、环、廊、楔、网"布局模式（图6-7）。从图中可以发现，在这个结构中，外环绿带体现了如下的作用：（1）作为中心城地区和郊区农田林地的生态

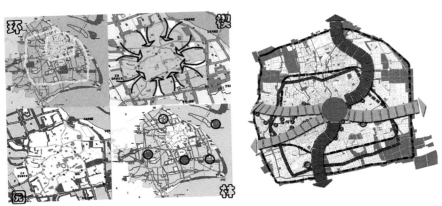

图 6-6 上海市绿化系统规划与中心城绿地规划
来源：《上海市城市总体规划（1999—2020）实施评估》（上海市城市规划设计研究院，2008）

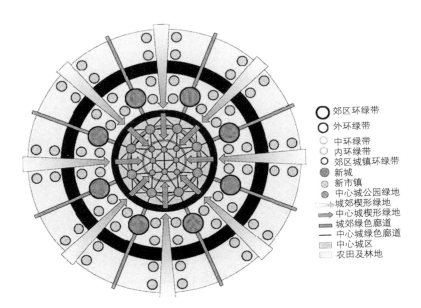

○ 郊区环绿带
○ 外环绿带
○ 中环绿带
○ 内环绿带
○ 郊区城镇环绿带
● 新城
● 新市镇
● 中心城公园绿地
➡ 城郊楔形绿地
➡ 中心城楔形绿地
▬ 城郊绿色廊道
— 中心城绿色廊道
▦ 中心区
▨ 农田及林地

图 6-7 上海市绿化林业布局模式（2005 年）
来源：张浪，2007

分割带，划分市域生态的基础空间；（2）连接中心城外围郊野楔形绿地和中心城地区楔形绿地，使两个层面的楔形绿带贯通起来，作为生态渗透的过渡地带；（3）作为都市区生态网络结构的端口，同时也是郊区生态廊道的终端，界定了两个层面的生态网络体系。

2009年，为了进一步完善和落实上海市未来的生态发展格局，上海市规划设计院编制完成了《上海市基本生态网络结构规划》，该规划在明确现实问题的基础上，基于城市建设的现状，提出了上海市生态网络的基本空间构架，规划将生态空间分为中心城绿地、市域绿化、生态间隔带、生态走廊和生态保育区等5个类型，并对相应类型的土地分区提出了明确的管制要求，对不同功能的区块提出了相应的指标，落实了可行的规划措施（刘旭辉，2012）。在生态网络规划的图纸中可以看到，外环绿带在上海市未来的生态结构中，被明确地作为"双环"结构中的内环，成为外围生态要素向中心城"渗透"的重要结构（图6-8）。

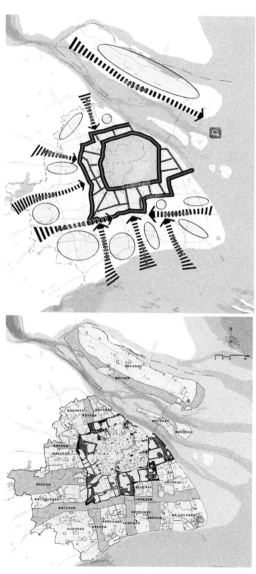

图6-8 上海市基本生态网络结构规划图
来源：郭淳彬 等，2012

在最新一版的上海市城市总体规划（2016—2040年）中，由于中心城的范围被主城区所取代，因此作为中心城边界的外环绿带便"隐没"在城乡体系规划图中了（图6-9上），这也跟外环绿带实施未能达到规划预期，外环周边的开发建设未能得到较好的遏制有直接的关系。但是，在城市的生态基底结构图中，外环绿带的结构性地位还是比较突出的，基本上延续了基本生态网络规划中的结构特征，成为城市主城区中唯一的"生态环"，并与外侧的各类生态结构要素产生联系（图6-9下）。

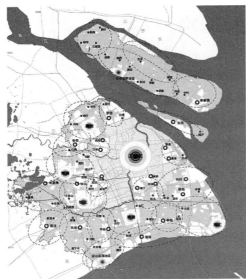

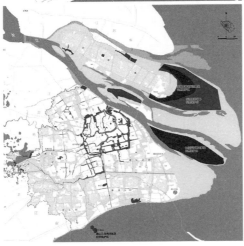

图 6-9　上海市新版总体规划（2016—2040 年）中的城乡体系规划图（上）和生态基底结构图（下）
来源：上海2040官网（www.supdri.com/2040）

综上所述，近20多年来，外环绿带规划先后对1999年版的城市总体规划、2002年版的城市绿化系统规划、2005年版的城乡一体化绿化系统规划、2009年版的基本生态网络规划和2016年版的城市总体规划产生了直接的影响。如果没有外环绿带的规划实施，就不会有上海市"环、楔、廊、园"的绿化布局模式，相应的城市生态网络也会因为失去关键的"环"而难成体系。由此可见，外环绿带的"绿环"结构还是在后续的城市空间规划中得到了体现和认同。

6.2.3　规划实施的效果与贡献

很明显，在空间结构目标方面，外环绿带规划并未实现预期。现实中可以发现，中心城近似于"摊大饼"的发展形势并未得到遏制，人口较多的分别在外环周边的地域范围内，外环绿带规划范围不断"缩变"，这些都反映出实际情况已完全偏离规划预期。当然，造成这些现象的原因，并非完全是外环绿带规划实施不力，因为城市空间结构的形成是由多种力量共同作用的，而并非仅仅依靠绿带规划就能成功。更何况，外环绿带最初也只界定了500m基本宽度的绿化带，在1999年版的法定规划中，面积变得更小，即使按照法定规划完全实施，也不会对预期的空间结构造成支配性的影响。要形成预期的空间结构，外环外侧大规模的生态敏感区才是关键，而这一片区域在后来的实际建设中，是缺乏管控的。如果这一片区域得到较好的管控，再加上外环绿带的严格实施，以及人口分布的有效疏解，那么预期的空间结构自然就会呈现。

尽管预期的空间布局结构未能实现，但随着外环绿带的实施，外环线周边的"绿环"结构还是逐步形成了（图6-10）。并且，在上海市各类空间

图6-10　上海市中心城边界处有较为明显的"绿环"结构（2017年）
来源：谷歌地图

规划中，外环绿带的"绿环"结构也基本得到了认可，成为城市空间布局体系的一部分。尽管绿带用地的建设过程相对比较起伏，前后一共因为城镇建设项目而调出了4221.6hm²以上的用地，但规划实施还是留住了3027.5hm²的规划蓝图用地，并在此基础上补偿了2218.5hm²的用地。因此，就规划实施的贡献而言，通过调整和补偿，外环绿带的规划实施在一定程度上保障了"绿环"的成形，而正是由于"绿环"的成形，才为上海市的城市空间布局增加了新的生态"环"要素。虽然这一要素没能帮助上海市实现总体规划设想中的"中心——外围"的空间布局结构，但"绿环"的出现还是在一定程度上体现了规划实施对中心城"摊大饼"现象的干预作用。因此，在空间结构方面，规划实施尽管不尽如人意，但也体现了一定的干预效应。

6.3
社会服务目标的实施效果：
相对突出但稍有缺憾

6.3.1　规划目标的预期

在社会服务方面，外环绿带最主要的功能在于为居民提供生态游憩地。在1994年版的规划方案中，外环"长藤结瓜"的结构上布局了十个"大瓜"，这其中包括三处主题公园、五处环城公园和一处体育中心（图6-11）。其中，浦东新区规划有两处主题公园和两处环城公园，两处主题公园分别位于长江与黄浦江交界处和

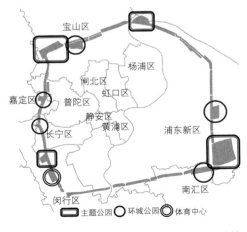

图6-11　外环绿带规划蓝图中的公园游憩地

外环线东南侧华夏东路、华东路和迎宾高速所围合的地块，两处环城公园分别位于外环龙东大道交叉口以南和原南汇地区；闵行区规划有体育中心和主题公园各一处，其中体育中心位于闵行七宝以南的外环沿线，主题公园位于沪清平立交西南侧；长宁区规划有环城公园一处，位于北翟路立交西南侧；嘉定区规划有环城公园一处，位于沪宁立交西南侧；宝山区规划有一处主题公园和一处环城公园，其中主题公园位于顾村地区，而环城公园则位于沪太路立交西南部的外环线内侧地区。从面积上来看，按照官方数据（孙平，1999），外环绿带规划的100m林带为970hm²，400m绿带为3909hm²，剩下的主题公园为2362hm²，占绿带总面积的32.6%。很明显，如果这些大型公园游憩地完全按规划实施，能为上海市居民提供更多的公共游憩场所，极大丰富市民的户外休闲生活。那么，规划公园的实施状况如何呢？

6.3.2 规划目标的实现情况

（1）公园游憩地的实际建设情况

在实际的建设中，由于1996—2003年间主要实施的是100m林带和400m绿带，因此外环绿带上的节点游憩地的建设时间相对较晚，直到2006生态专项实施以后才逐个建成。这也意味着，外环绿带公园游憩地的建设，实际上是第三阶段规划实施的成果。截至2017年初，外环绿带已经形成了风格各异的12个有较大规模的节点游憩地（图6-12）。在12个公园游憩地中，有5个是市级及以上的公园或建设项目，包括浦东滨江森林公园、迪士尼乐园①、闵行体育公园、闵行文化公园和宝山顾村公园；有3个是区级的公园，包括浦东高东公园、浦东华夏公园和浦东白沙公园；有4个是镇级公园，包括浦东高东生态园、浦东金海湿地公园、徐汇华泾公园和闵行黎安公园。笔者对各个公园的基本情况进行了整理（表6-3）。

---

① 迪士尼乐园的情况比较特殊，该项目虽然属于1999年版外环绿带规划范围中的"大型游憩设施用地"，但在建成后，于2015年被划入城市集中建设区，从此调出了外环绿带的控制范围。

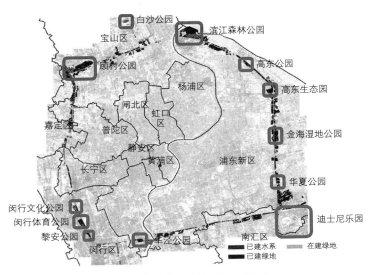

图 6-12 外环绿带上实际建设的游憩地（截至 2017 年）

公园名称	所属区县	设施级别	占地面积 / hm²	基本情况和特色定位
上海滨江森林公园	浦东高桥镇	市级	300	地处黄浦江、长江和东海"三水并流"的位置，以原生态的乡土植物和生物群落为特色，是上海森林覆盖率最高的郊野公园。公园于 2007 年开放，园内有湿地、生态林、滨江岸线、各种专类花园及游览设施等
高东公园	浦东高东镇	区级	14.2	位于高东镇政府东面，2005 年 9 月建成开放，是一座集休闲、娱乐、教育于一体的现代化公园。公园设"匾额艺术馆"，陈列了我国各历史时期的匾额，是公园的特色之一
高东生态园	浦东高东镇	镇级	47	位于外环线和五洲大道的交界处，2008 年后建成使用。园内以 200 多种乡土植物形成多样景观，并与水系形成"蓝—绿"生态廊道。园内设门球比赛、体育运动和野餐等特色区域
金海湿地公园	浦东曹路镇	镇级	43.4	位于浦东曹路集镇西南、外环以东，于 2009 年开始规划建设。公园定位为湿地公园，利用现有水系，通过生态系统恢复和重建，形成人工生态湿地。公园分为居民游憩区和生境营造区，同时满足了人类使用和动物栖息的需要

外环绿带上的主要公园游憩地的建设情况　　表 6-3

续表

公园名称	所属区县	设施级别	占地面积/hm²	基本情况和特色定位
华夏公园	浦东张江镇	区级	17.3	位于外环线与华夏东路交界处，原为外环绿带 100m 林带，先后经历了 400m 市民林扩建、2005 生态专项、2008 春景秋色等改造工程，逐渐形成了以春景为主题的公园。园内现有樱花区、木兰区、獐园、野生动物救助站和运动休闲区等特色区域
迪士尼乐园	浦东川沙镇	市级	840①	位于外环线东南角、迎宾大道以南，是浦东新区的地理中心，亦为浦东战略规划的"绿心"。现已开园迎客，是中国内陆的第一座迪士尼主题乐园
华泾公园	徐汇华泾镇	镇级	32	位于徐汇区华泾路，以服务居民为主。公园造园方式简洁，并配有相应的休闲和运动设施，如林中网球场和篮球场等
黎安公园	闵行莘庄镇	镇级	9.5	位于外环线西侧，南北分别是秀文路和黎安路。公园于 2006 年建成开放，主要分为草地区、防护林区、大树区、水生植物区和花境区。公园以樱花为特色，共种植了红、粉、白等近 500 株各类樱花
闵行体育公园	闵行莘庄镇	市级	84	由建筑堆场和废弃地改建，是上海第一座以"体育"命名的主题公园。2001 年以外环 400m 绿带的方式启动建设，2004 年初建成开放。公园以体育场馆、青少年活动中心和热带风暴水上乐园为主要特色，著名的"千米花道"也是公园的特色之一
闵行文化公园	闵行七宝镇	市级	83.4	毗邻七宝生态商务区，分为南北两片。公园定位为"生态为主、文化为辅、与商务功能相呼应"。公园分四期建设，2014 年 3 月一期开放。公园广泛种植各种玉兰，形成市级的大规模玉兰观赏点，并辅以闵行博物馆、海派美术馆、草坪音乐剧场等项目，发挥公园在延续七宝文脉方面的作用
顾村公园	宝山顾村镇	市级	430	位于外环西北角，是环城生态系统的重要组成部分，也是上海的生态核心区之一，是集防护、景观、休闲、娱乐、旅游等多功能于一体的大型城市郊野公园
白沙公园（又称绿龙中央公园）	宝山新城西城区	区级	33.9	是宝山滨江新城区的核心绿地，位于江杨北路、湄浦和杨泰路之间，规划定位为供居民游览、休闲、健身及娱乐的开放性综合公园。公园于 2009 年开工建设，目前尚在建设养护之中

来源：根据绿化市容局网站信息及相关资料整理

① 外环绿带在规划图则中为迪士尼控制的用地面积为840hm²，迪士尼项目确定落户上海后，市政府实际征用的土地面积又有所变动。根据市政府2011年发布的上海国际旅游度假区方案，度假区规划总面积约20km²，其中迪士尼核心区的规划面积为750hm²左右。

（2）规划公园与实际建成公园之间的差别

通过表6-3的统计可以发现，外环沿线目前形成的12个公园的总面积约为1909hm²，与规划蓝图中的公园总面积（2362hm²）相比差距并不大，实际建设的面积达到了规划预期的80.8%，但从数量上来讲却多出了2个。而从公园的不同等级来看，如果将规划蓝图中的主题公园和体育中心定位为市级及以上的公园游憩地，环城公园定位为区、镇级的公园游憩地，那么，规划预期要形成的市级及以上的公园游憩地有5个，区、镇级的公园游憩地也是5个。而在实际的建设中，外环绿带上建成的市级及以上的公园游憩地正好也是5个，并且，除了迪士尼项目的位置有所偏移以外，浦东滨江森林公园、闵行体育公园、闵行文化公园和顾村公园这4处公园，其建设选址与规划蓝图中的位置非常接近。其中浦东滨江公园和顾村公园无论是在位置上还是在建成规模上都与规划预期完全一致，而闵行文化公园和闵行体育公园与规划预期相比，虽然在位置上比较接近，但在规模上则缩减了不少。与此同时，目前在实际的建设中形成了7个规模相对较小的区、镇级公园游憩地，但与规划蓝图相比，只有金海湿地公园与规划中的1处环城公园相符合，其余6处均偏离了规划蓝图。值得一提的是，规划蓝图在浦东原本只有2处环城公园，但在实际的实施中则形成了4处；规划蓝图在长宁和嘉定各有1处环城公园，而在实际的实施中则没有建成公园游憩地。总体而言，规划蓝图中的公园游憩地在浦西地区分布更均衡，而在实际建设中，浦东地区的公园游憩地则更均衡（图6-13）。

那么，外环规划公园节点和实际建成公园的服务范围情况如何？能为哪些地区的居民提供游憩选择？结合人口密度分别来看有何特征？按照《上海市控制性详细规划技术准则（2011年）》的标准，面积大于或等于10hm²的公共绿地为市级绿地，其服务半径为5000m；面积为4~10hm²的公共绿地为区级绿地，其服务半径为2000m；面积为0.3~4hm²的公共绿地为社区级绿地，服务半径为500~1000m（唐子来 等，2015）。结合外环绿带公园的情况可以发现，除了闵行黎安公园面积为9.5hm²以外，其余所有公园的面积都超过了10hm²，尽管从公园等级上来看包括了市、区、镇等不同的等级，但都属于市级的公共绿地，服务半径至少为5000m（其中的大型主题公园和郊野公园服务范

围更广，但本书都计为5000m）。而从规划蓝图的情况来看，外环绿带沿线
的公园节点均在10hm²以上，符合市级公共绿地的面积要求。

基于上述准则，作者将各个公园游憩地的服务半径与第六次人口普查
数据的空间分布底图[①]进行了叠加。从图6-14中可以发现，无论是规划公

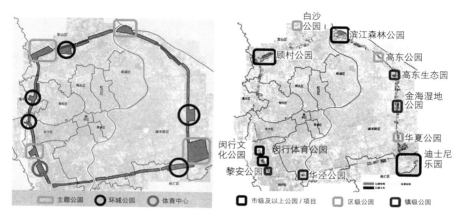

图6-13 外环绿带规划蓝图中的游憩地分布与实际建设的公园游憩地

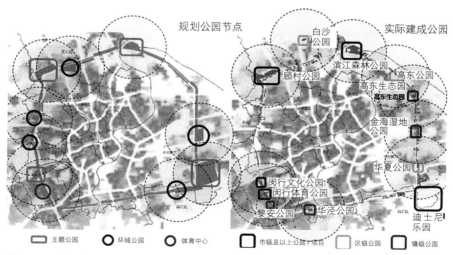

图6-14 人口密度分布（2010年）背景下的规划公园与建成公园的服务范围

---

① 底图来源：张尚武 等，2015。图6-14和图6-15的底图信息均引自此文。

园还是实际建成的公园，其服务范围都涵盖了外环沿线周边的大部分高人口密度的深色区域。规划公园的服务范围主要涵盖了闵行—长宁—嘉定—普陀—宝山—浦东北端和浦东外环东南沿线这两个区段周边的区域，但在浦东高东和徐汇—浦东三林一带却存在服务的"盲区"；而实际建成的公园服务范围则涵盖了宝山—浦东迪士尼和徐汇—闵行—长宁这两个区段周边的区域，但却在原南汇地区和嘉定—普陀存在着服务的"盲区"。总体而言，规划公园所覆盖的服务范围由于大部分集中在浦西，因此覆盖的高人口密度地区相对略多；而实际建成公园的服务范围大部分集中在浦东，高密度区域则相对略少。从人口密度变化情况来看，规划公园服务范围内2000—2010年增长的人口（红色区域）也要高于实际建成公园服务范围内的人口（图6-15）。这说明如果按规划预期来建设公园，能服务相对略多的高人口密度区域，尤其是人口增长较快的浦西地区。而在实际建设中，由于长宁、嘉定和普陀暂时没有建成外环公园，因而在这一区段形成了服务的"盲区"，无法为周边的高人口密度地区提供公园游憩地的选择，但规划实施却在浦东形成了较为均衡的公园服务范围，并且在闵行、徐汇一带也形成了4个公园，服务了周边的高人口密度地区。因此，总体来看，实际建设公园的服务范围情况接近规划的预期效果。

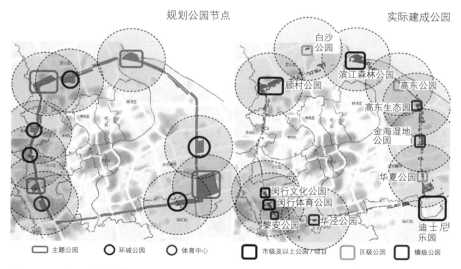

图6-15　人口密度变化（2000—2010年）背景下的规划公园与建成公园的服务范围

（3）建成公园的社会服务评价

显而易见，公园的服务范围虽然涵盖了较多的人口，但并不意味着真正服务了居民。是不是真正服务了居民，并提供了较好的服务质量，必须依靠居民的行为活动来判断。比如，可以通过调查市民对公园的关注情况和口碑来评价公园的使用情况，有了高关注度和良好的口碑，意味着公园形成了较好的公众影响力，能反映公园为居民所提供的服务质量较高。基于此，笔者对大众点评网上这些公园的评价数据进行了整理[①]，之所以选择网络点评数据进行分析，是因为这类数据是使用者长期积累的结果，有较好的公正性、代表性和客观性。

从评价总量上来看，顾村公园（3769条点评）、闵行体育公园（2727条点评）和滨江森林公园（2865条点评）的点评量最大，均在2500条以上，尤其是顾村公园已经接近4000条；其次是闵行文化公园（115条点评）和黎安公园（113条点评），其点评量已经过百；最后是华夏公园（90条点评）、华泾公园（50条点评）、高东生态园（41条点评）、高东公园（29条点评），这几个公园的点评量尚不足百（图6-16）。那么，外环线上这几个公园的点评量和上海市中心城较为繁华地带周边的公园相比，情况如何呢？笔者在上海市中心、五角场、浦东花木、世博会和普陀真如等5个较为繁华的片区[②]周围各选取了一个较大的公园作为代表，发现世纪公园（7617条）、长风公园（3466条）和人民公园（2485条）的点评量都在2000条以上，尤其是世纪公园的点评量已超过7500条，而黄兴公园（51条）和世博公园（35条），点评量尚不过百。通过计算外环线各公园和城区核心区公园点评量的

[①] 由于迪士尼乐园属于影响力极大的特殊项目，并且已经被划出了绿带范围，故笔者未提取相关数据；而金海湿地公园和白沙公园处于建设养护状态，故没有相关数据。数据提取的时间为2015年11月。

[②] 之所以选择这5个片区的公园，主要是因为：（1）人民公园地处上海市核心区，是中心区公园绿地的代表；（2）五角场地区近年来各方面发展迅速，已成为中心城西北方向上的副中心；（3）浦东花木会展地区是上海浦东新世纪发展的重点片区，已成为城市重要的公共中心之一；（4）世博园区是上海近十年来重点开发和维护的城市片区，在上海城市空间中的地位不可替代；（5）普陀真如长风地区，是上海最为成熟的功能区域之一，也是中心城西北方向上的副中心片区。

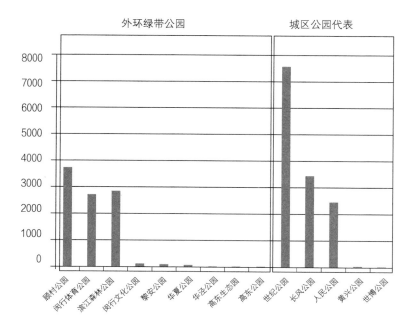

图 6-16 外环各公园与城区代表公园的大众点评量比较
来源：大众点评网

平均值，发现外环线上公园的平均点评量为1089条；而城区核心区公园则
为2731条，大大高出了外环绿带上这些在2006年以后才开放使用的新公园，
这是合情合理的。但就数量级而言，外环线上的顾村公园、闵行体育公园
和滨江森林公园，与城区的长风公园、人民公园，它们获得的点评的数量
级是相似的，均为2000~4000条，这说明外环上的部分公园，其公众影响力
已经和城区的部分核心公园持平。

　　但是，公众点评量并不能代替大众口碑，就像影响力大小无法替代质
量好坏一样。笔者同时也对这些公园在大众点评网上的网友星级评分高低
进行了整理和计算[①]，因为只有评分才能直观地体现公众对该公园的综合印
象与使用满意度。根据笔者算出的结果（图6-17），可以按分值将外环的公

---

① 大众点评网上每一个景点均设有大众星级点评，主要分为五个星级，每个星级的评价人数
　 均已有显示。笔者将这些景点各自所获得的星级分数总和相加，并除以参与评定的人次
　 数，得出了各个景点的大众平均星级评分值。

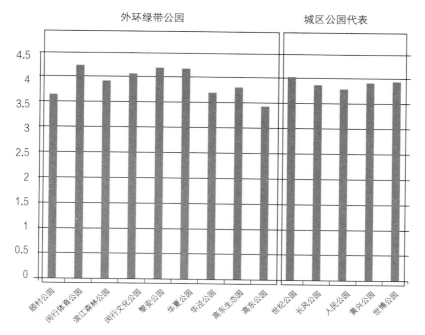

图 6-17　外环各公园与城区代表公园的公众评价平均分值比较
来源：大众点评网

园游憩地分为三档：第一档的分值在4.0以上，包括闵行体育公园（4.26）、
黎安公园（4.23）、华夏公园（4.22）和闵行文化公园（4.09）；第二档的分
值为3.5~4.0，包括滨江森林公园（3.96）、高东生态园（3.83）、华泾公园
（3.73）和顾村公园（3.67）；第三档分值在3.5以下，只有高东公园（3.45）。
那么再来看看城区的几个代表公园的数据。其中，世纪公园得到的分值平
均数最高，为4.05，后面依次是世博公园（3.97）、黄兴公园（3.94）、长风
公园（3.9）和人民公园（3.82）。可以发现，城区几个代表公园的得分都很
相近，都为3.8~4.1，和外环绿带上各公园的差距分布（3.4~4.3）形成了
鲜明的对比。出现这样的现象，主要有两方面原因。一方面，外环绿带公
园由于是近几年来新建的公园，采用的生态技术和游憩设施都是比较新的，
更容易满足游客需求，这是城区老公园所不具备的，因此容易获得较高的
评分；另一方面，由于新公园的各方面配套并不是一步到位的，因此在实
际使用中也会有一些不足，所以会出现一些低分值，而城区老公园由于历

史悠久，一些硬件上的问题已经逐步解决，因此其分值会相对比较稳定。但不可否认的是，根据大众点评网的评价，闵行体育、闵行文化、黎安、华夏和滨江森林等5个公园，其评价已经超过了几个城区代表公园的平均值（3.94），体现了较好的公众印象和使用服务评价。值得一提的是，在2015年7月绿化市容局颁布的上半年度上海市民最满意公园的调查排名中，闵行体育公园列在全市第一位①，这和笔者依据大众点评网所得出的结论是相似的，虽然笔者分析所涉及的对象很有限，但闵行体育公园目前在上海公众心目中的顶级认可度是毋庸置疑的。

　　综合前面的分析可以发现，在实际的实施建设中，外环绿带上形成的公园游憩地尽管建成时间较晚，但近年来已经逐步开放并投入使用，产生了较好的公众影响。尽管从关注度和总体影响力的角度来看，外环绿带上的公园游憩地尚不及城区一些有代表性的老公园，但从公众的使用评价情况来看，这些新建的外环公园并不低于城区老公园，甚至部分公园的评价已经超出了老公园。这表明外环绿带上的公园游憩地已经获得了公众的认可，成为上海市居民户外游憩的重要选择。

6.3.3　规划实施的效果与贡献

　　外环绿带"为居民提供公园游憩地"的实际效果是明显的。首先，公园的实际建成面积与规划蓝图中的面积差距并不大；其次，从数量上来看，市级及以上的公园游憩地，实际建设与规划蓝图均为5处，而且连地理位置都是比较接近的，而区、镇级的公园游憩地，实际建设为7处，规划蓝图只有5处，实际建设的量更多；最后，从建成的公园游憩地的实际使用情况来看，居民的关注度和满意度都比较高。因此，规划目标的实现情况是符合预期的。

　　那么，规划实施在这个过程中发挥了怎样的作用？或者说，规划实施是否推动了此目标的实现？要回答这个问题，就应当基于规划方案的调整和实施历程来作判断。首先看1999年的法定规划，这一版规划对1994年版的

---

① 2015年上半年度上海市民最满意公园、公厕出炉［N/OL］.（2015-07-21）. 腾讯大申网.

规划范围进行了较大的调整，调出了2484.6hm²无法实施的用地，另外又补偿了1380hm²的新增用地。其中，调出用地的同时，也改变了规划公园的布局范围，如浦东新区外环东南角的主题公园和外环东段的环城公园范围被大大缩小，而闵行区和嘉定区各有一个环城公园被完全调出（图6-18左）。与此同时，1999年版规划的补偿用地，为后来实际建设的两个公园游憩地提供了相应的用地基础，一个是浦东外环东北段的高东生态园，另一个则是迪士尼乐园（图6-18右）。1999年版的法定规划将无法实施的规划公园范围进行了较大规模的调整，通过补偿用地，圈定了高东生态园和迪士尼项目的用地范围，为后面的实际建设奠定了基础。

　　1999年版的绿带规划颁布后，外环绿带进入了第二阶段的冲刺建设，绿化部门在"绿线"的基础上，完成了100m林带和400m绿带一期工程，大大提升了上海市的绿化指标。而其中的400m绿带建设，为后面的公园建设提供了绿化基础。如顾村地区建设的绿带，后来成为顾村公园中的绿地；闵行区的"母亲林"，后被纳入闵行体育公园，成为其中的休憩绿地；浦东的金海湿地公园和华夏公园中的绿化基础，也与第二阶段的400m绿带有着直接的联系（图6-19）。可见，第二阶段的规划实施，不但提升了当时的绿化量，并且还为第三阶段的公园游憩地建设提供了基础，有效地推进了规划目标的实现。

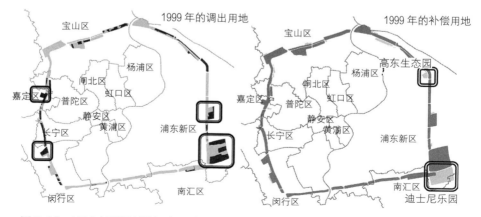

图6-18　1999年版规划的调出用地（深色）与补偿用地（浅色）

　　到了第三阶段的生态专项，外环绿带规划进入了"精雕细琢"的阶段，规划范围内的用地从2006年起便开始进行小规模的调整，直到2015年外环生态红线确定，外环绿带的规划范围才进一步确认下来。在这个过程中，随着外环绿带上各个公园逐步建成，其具体的范围边界也开始明确。比如浦东滨江森林公园西侧的一块用地被调出，公园面积由此减小；金海湿地公园东侧也有用地被调出；迪士尼项目在动工建设后被调出了外环绿带范围，划入了城市的集中建设区；闵行体育公园西侧的大量规划绿地由于难以实现而被调出；顾村公园北侧由于房地产和华山医院北院等公共设施的建设也被调出一部分用地。与此同时，在生态专项中又补偿了一些用地，这其中就包括了目前还在建的宝山白沙公园，使得外环绿带范围内的公园数量进一步增加（图6-20）。由此可见，在第三阶段的生态专项规划实施中，进一步确定了外环绿带上部分公园游憩地的具体范围，并且增加了一个区级公园，外环绿带

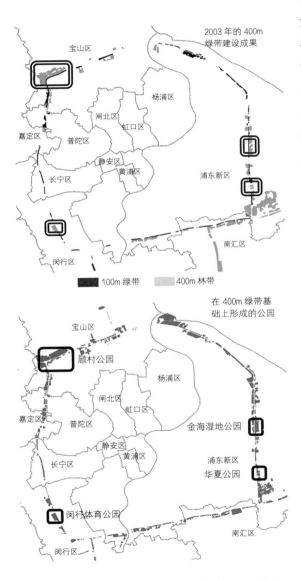

图6-19　第二阶段建成的400m绿带及其之后形成的公园游憩地

上的公园游憩地在此基础上逐步成形。

　　综上所述，在"为居民提供公园游憩地"方面，规划实施的贡献较为明显：（1）规划最早确定的三个主题公园位置，奠定了如今浦东滨江、闵行体育、闵行文化和顾村公园的用地范围基础；（2）规划在前后两轮的调整中，对规划范围内无法实施的用地进行了调整，逐步明确各个公园游憩地的具体建设范围，为公园游憩地的实施奠定了用地基础；（3）通过增加适当的补偿用地，增加新的公园游憩地范围，丰富了外环绿带上的公园游憩地布局；（4）400m绿带的实施，为后续建设的公园游憩地提供了一定绿化基础，促进了部分公园游憩地的顺利建设。与此同时，也存在一定的缺憾，如白沙公园是后期纳入的地区公园，空间上与外环绿带是"飞地"关系，而迪士尼近年来又被调出了外环绿带范围，虽然属于游憩用地，但实质已经不属于绿带了。

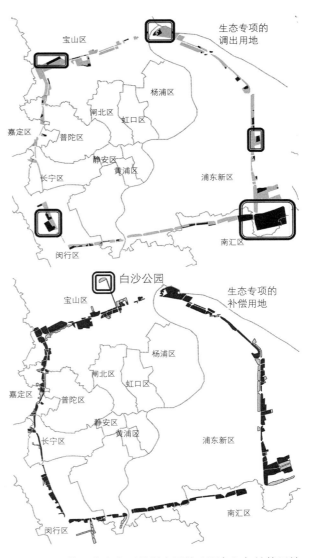

图 6-20　外环生态专项的调出用地（深色）与补偿用地（浅色）

6.4
生态环境目标的实施效果：
虽有贡献但不够明显

6.4.1　规划目标的预期

上海市政府提出建设外环绿带的最初目标在于，要从根本上"改善上海的城市生态环境"，该目标可以进一步分解为以下三个方面：①提升绿化总量及人均绿化指标，根据1994年版的规划预期，外环绿带的建设将为上海的城市绿化增加约6011.5hm² [①]的面积，由此提升绿地率和人均绿地指标，为城市生活创造良好的绿化基础；②景观环境的提升，以外环绿带的建设为基础，在外环沿线一带创造良好的生态景观环境，丰富外环周边居民和使用者的空间体验，这是改善城市生态环境最直观的一个层面；③生态效益的提升，通过建设外环绿带，在外环线周边形成大量的生态次生林带，通过营造适宜的植物群落，有效地提升城市的生态功能与效益，这是改善城市生态环境最核心的一个层面。

与前面的"遏制外环周边的开发建设"和"为居民提供公园游憩地"两个目标相比，对"改善城市生态环境"这一目标在预期效果方面难以进行全面而具体的描述。比如对于"遏制外环周边的开发建设"这一目标来讲，可以根据当时的规划图确定外环绿带的具体控制范围，由此便可知道城市未来哪些用地应当是被遏制的，遏制的量有多少，这些都是可以明确的；再比如"为居民提供公园游憩地"这一目标，规划预期形成的公园节点也都是在图上可以找到的，公园的位置、等级、面积、分布情况等信息也是能够明确的，以此作为实施绩效评价的参考标准。但在"改善城市生态环境"这一目标中，除了预期要达到的绿化量及相关指标外，有关景观环境和生态效益的具体描述是相对缺乏的。因此，对于景观环境和生态效

---

① 这一数据是纯绿带的面积，不包括其中的低密度住宅和游乐设施等高绿化率的用地。

益这两方面的实施效果而言，最主要的是考察规划实施后，外环绿带在这两方面所体现的进展，在此基础上再来判断，规划实施对推动这样的进展是否体现了相应的贡献和绩效。

6.4.2　规划目标的实现情况

（1）对城市绿量和人均绿量的提升

总体上来讲，进入新世纪以后，上海市全市的园林绿化建设情况得到了极大的改观。从图6-21中可以看到，1996年上海的城市绿化建设面积[①]尚不足8000hm²，而十年以后的2006年，绿化面积已经超过了30000hm²，增长了近4倍；而从绿化覆盖率的指标来看，1996年的上海只有17%，而仅仅用了十年的时间便达到了37%，足足提高了20个百分点。在城市绿化大规模升级的同时，人均公共绿地的指标在这期间也大幅度上升，由1996年的1.92m²/人，上升到十年后的11.5m²/人，完成了从"一张床"到"一间房"的飞跃。

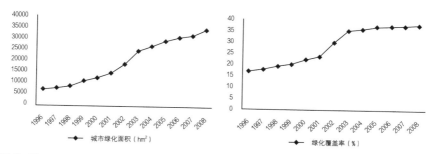

图6-21　1996—2008上海城市绿化面积及绿化覆盖率变化图
来源：上海市统计局 等，2009

那么，有较大规模的外环绿带对城市绿地总量和绿化覆盖率指标的提升作用有多大呢？笔者查阅了历年外环绿带和城市绿化的完成量数据，并对其贡献的比例进行了测算（表6-4）。从图6-22中可以看到，外环绿带在

---

① 根据《光辉的60载：1949—2009上海历史统计资料汇编》中的数据口径，城市园林绿化面积主要有公共绿地、专用绿地和园林苗圃三个类型。

2002—2003年间，对上海城市绿化贡献的比例是十分突出的。而在大部分时间里，外环绿带对城市绿化建设的贡献率大约是为5%～20%。

1997—2007 年外环绿带年建设量对上海城市绿化面积的贡献情况　表 6-4

年份	1997	1998	1999	2000	2001	2002	2003	2004	2005	2006	2007
外环绿化完成量 /hm²	84	159	126	75	45	435	2704	–	–	165	167
城市绿化完成量 /hm²	618	1006	2262	1484	2170	3787	5868	2263	2176	1744	1186
贡献率 /%	13.6	15.8	5.6	5.1	2.1	11.5	46.1	–	–	9.5	14.1

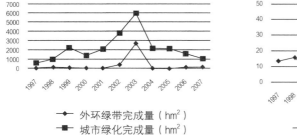

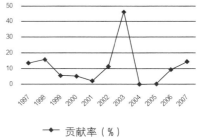

图 6-22　1997—2007 上海城市绿化与外环绿化年完成量及外环绿化贡献率情况

　　那么这样的贡献比例究竟算不算高呢？我们只有站在规划绿量的角度，才能对此有一个比较直观的判断。根据2008年《上海市城市总体规划（1999—2020）实施评估》中2002年上海市绿地系统规划中的数据，到规划期末，上海市环形绿化、防护绿化、楔形绿化、林地和公园绿化的总规划量约为152300hm²，在其中24200hm²的环形绿化中，就已经包含了约6200hm²的外环绿带。根据这个数据，可以推算出，上海外环绿带在全市绿化总规划量中的比例其实并不高，仅仅只有6200/152300=4.1%而已，也就是说，按照规划实施的理想状态，每推进100hm²的规划绿带，就应完成4.1hm²的外环绿带。而在实际的建设中，外环绿带的年推进量在大部分时间都占城市绿化年推进量的5%以上，这反映了外环绿带对整个城市生态绿化建设的贡献是高于规划预期的。此外，从现状的上海市绿化建设情况来看，截至2008年，上海已建的园林绿化总量为34256hm²，而与此同时，外环绿带已经完成了约3900hm² ①的建设，占上海园林绿化总量的11.4%，这个数据进一步凸显了外环绿带对当时城市绿化建设的支撑作用。

而从各个阶段外环绿带对城市绿化的贡献来看，在1997—2007年这十年间，外环绿带对城市绿化的贡献情况可以分为五个时期：

贡献率较为明显的起步期（1997—1998年）。1998年是上海绿化建设"三年大变样"的第一年，1997年则是一个预备之年。在这两年的时间里，上海城市绿化分别完成了618hm²和1006hm²，其中1998年，上海市的绿化建设首次突破了1000hm²。这两年正逢外环绿带100m林带一期工程的主要推进期，分别完成了84hm²和159hm²，占年完成量的13.6%和15.8%，较为明显地推动了城市绿化建设的增长。

贡献率相对较低的过渡期（1999—2001年）。从1999—2001年这三年时间，是外环绿带的建设模式从之前的"人工林"开始向"生态林"过渡的时期。先是1999年通过试点建设，探索了生态造林的新方法，并结束了100m林带的一期工程，完成了126hm²的绿带建设。从2000年开始，外环绿带进入了100m林带的二期建设，由于要贯彻生态造林的方法，因此在2000年和2001年，外环绿带主要以生态试点的方式在宝山区进行建设，之后才将试点的经验推广到其他各区，因此外环绿带在这两年分别只完成了75hm²和45hm²的建设。而从城市绿化总量上来看，这三年分别完成了2262hm²、1484hm²和2170hm²，创造了上海市绿化建设总量的新高。与此同时，在世纪之交的这三年时间里，上海市政府将中心城的绿化建设列为重大的"实事工程"，其中1999年将中心城公共绿地列为第二大实事工程，计划完成350hm²；2000年列为第六大实事工程，计划完成500hm²；2001年列为第五大实事工程，计划完成600hm² ②。外

---

① 这一数据是根据外环绿带每年的建设增量来计算的，但实际上并不准确。一方面，2003年的建设中，有一部分绿化建设虽然属于400m绿带项目，但之后并不在外环绿带范围之中；另一方面，还有一部分绿化建设虽然当时建成了，但并没有得到妥善经营和养护，之后又在生态专项中进行了重复建设。因此，外环绿带实际的建设量不到3900hm²。从第4章的实施现状分析中可知，到2017年初，外环绿带的绿化总量仅为3507.1hm²，这说明外环绿带的范围调整和重复建设，对年统计数据的准确性有一定的影响。

② 上海市政府门户网站。

环绿带建设恰逢过渡时期的这三年时间内，由于全市绿化建设的大面积提升，且中心城绿化的大规模建设作为主体工程，外环绿带的贡献程度自然而然受到了"挤压"，分别只有5.6%、5.1%和2.1%。

贡献率达到顶峰的高潮期（2002—2003年）。从2002年开始，由于上海市要冲击"国家园林城市"的评选，因此进入了绿化建设的冲刺时期。首先是2002年完成了环城100m林带二期工程的建设，除了试点的宝山以外，其余各区总共完成了435hm²的绿化建设，创造外环绿带年建设量的新纪录；与此同时，城市绿化建设在当年也创造了3787hm²的年建设量新高，外环绿带的贡献率为11.5%，这算是比较高了。从2002年底开始，外环400m绿带在宝山"百万市民百万树"的活动中拉开帷幕，当时由于采取了"政府搭台、企业参与"的方式，充分调动了企业力量和市场资源，在短短一年的时间内，外环绿带便完成了约2700hm²的绿量。与此同时，上海市也在这一年完成了历史性的5868hm²的城市绿化量，而外环绿带的建设则占该年度全市绿化建设总量的46%，几乎接近总量的一半。这不但是外环绿带贡献率最高的一年，也是最能体现外环绿带增绿作用的一年，因为上海市正是在这一年的10月全面超过了"国家园林城市"所要求的各项城市绿化指标，并且顺利通过了之后的评估。值得一提的是，在上海市历年绿化总量和绿化覆盖率的增长图中（图6-22右），2003年出现了一次极为明显的"陡增"情况，很显然这和外环绿带的建设是密不可分的。

贡献率极小的低迷期（2004—2005年）。外环绿带从2004年开始，由于各种各样的现实问题，实施推进一度陷入了低迷，尤其是违章建设的问题，使得各区相关部门不得不亡羊补牢、收拾残局，以恢复和巩固之前的建设成果。这一时期，由于大规模的绿化冲刺建设结束，因此城市绿化的年建设量有所降低，但都维持在2000hm²以上。由于笔者未能查阅到这两年外环绿带的建设数据，因此无法算出具体的贡献率，但从当时的形势来判断，外环绿带在城市绿化建设中所产生的贡献是十分有限的。

贡献率有所回升的新时期（2006年至今）。2006年开始，外环绿带进入了生态专项工程的建设时期，这一时期由于区县基础设施建设的压力较大，动迁难度和成本逐步提升，加之绿化的财政资金开始压缩，城市绿化建设开始走下坡路，其中2006年为1744hm²，2007年只有1186hm²。尽管未能按计划完成，但外环生态专项工程每年还是保证了150hm²以上的绿化建设量，对城市绿化的贡献率又回升到了早期的10%左右。

如果以上一章的实施过程阶段来划分，每一阶段的总体贡献率如下：第一阶段是在1997—1998年，外环绿带总共完成243hm²的建设，而城市绿化则增加了1624hm²，外环绿化的贡献比例为15.0%。第二阶段是在1999—2003年，这一段时间，外环绿带共完成了3385hm²的绿化量，城市绿化与此同时增加了15571hm²，外环绿带的贡献比例为21.7%。第三阶段是在2004年以后，由于没有查到2004年和2005年的外环绿化数据，因此笔者主要针对2006年和2007年的数据进行了测算，外环绿带在这两年的贡献率为11.3%。由此可见，总体而言，外环绿带对城市绿化的贡献，在第二阶段是最为明显的。

尽管外环绿带建设对城市绿化的贡献非常突出，但从建成的总量来看，距离规划预期所设定的6011.5hm²的绿化总量尚有一定的差距，比如截至2017年初，最新规划范围中的绿化建成面积仅为3607.1hm²，占规划预期的60%；即使生态专项按规划完全实施，最后的建成面积也只有5246hm²，占规划预期的87.3%。因此，从绿化总量上来看，外环绿带建设与规划的预期规模还有一定的差距。

（2）生态效益方面的提升情况

外环绿带绿化量的提升，并不能直接反映林带的生态效益，因为林带的生态效益需要通过具体的生态效益指标来反映，常用的指标包括：①调节小气候，如调节空气的温度与湿度，缓解"热岛效应"；②提供空气负离子，包括带负电荷的气体分子和轻离子团，它们具有净化、降尘、灭菌等功能，是衡量空气质量高低的重要因素之一；③抑制细菌，植物茎叶的分泌物能杀死周边的细菌，并能通过滞尘作用进一步抑制细菌的生存，由此达到净化空气的目的；④降低噪声，植物的叶片对声波有屏障效应和吸收作用，使声波得到衍射和衰减；⑤滞尘效应，主要通过表面滞留、结构性附着和分泌物粘附等三种方式来吸附空气中的颗粒物；⑥防风，城市林带可以通过对气流的阻挡、摩擦和分散作用，来削弱风的动能；⑦保育土壤，土壤不但是林带发育的必要基础，林带的生长和演替又反过来影响了土壤的质量。这些指标主要与植物群落的具体情况有关，只有通过专门的实证研究才能测度。

有关外环绿带的生态效益测度，华东师范大学某课题组与外环绿带管理部门对绿带的生态效益和价值进行了较为长期的研究。张凯旋以1996年建成的外环绿带普陀段和1997年建成的浦东三林段为研究对象，对不同林带在不同季节下的生态效益指标进行了测定，发现，在夏季，绿带中的落叶针叶林群落在调节温度湿度、提供负离子、降低噪声、净化大气和保育土壤方面的效果尤为明显，而落叶阔叶林的效果则相对较弱；而在冬季，绿带中的常绿阔叶林群落在调节温度湿度、提供负离子、抑制细菌、降噪、净化大气和改良土壤等方面效果最明显（张凯旋，2010）。范昕婷对环绿带上不同植物群落所表现出的具体生态功能进行了进一步的探索。该研究在外环沿线各区的绿带中均匀设置了8个样段，共计39个样地。通过生态测定和数据分析，发现外环绿带在调节小气候、提供负离子、抑菌、降噪、滞尘、防风、保育土壤等各方面都体现出了明显的效果，但因林带结构的差异而有所不同（范昕婷，2013）。沈沉沉对外环绿带各项生态指标在不同区县不同类型绿带中的差异进行了分析，并参照《森林生态系统服务功能评估规范》LY/T1721-2008中的指标与方法，对外环绿带的生态服务功能进行了评估，最后得出上海外环绿带生态服务功能的总价值为8.99亿元/年，其中每公顷的生态服务价值为21.2万元/年（沈沉沉，2011）。范昕婷等根据最新的林带数据，测算出单位外环绿带森林服务总价值为7.38亿元/年，其中每公顷为23万元/年，其中最为突出的是调节温湿度和净化大气环境，其价值量分别占总量的34.1%和29%（范昕婷 等，2013）。可以发现，外环绿带在调节温湿度方面的作用是最明显的，高凯等人的研究也证实了这一点，该研究借助卫星遥感技术，对上海市的气温分布进行了计算和测定。研究表明，2010年10月外环绿带的热岛强度为3.2℃，而同等条件下非绿带区域的平均热岛强度则达到了4.4℃，绿带的热岛缓解幅度为1.2℃。另经估算，如果是在夏季高温的气候条件下，环城绿带的热岛缓解幅度将达到2.0~2.5℃，有着极其明显的降温效果。

那么，外环绿带的生态效益对全市的贡献有多大呢？或者说，在上海市现有的生态林带中，外环绿带的生态服务价值所占的比重有多大？张桂莲对上海市的森林生态服务价值进行了评估，其评估方法也来自于《森林生态系统服务功能评估规范》LY/T1721-2008，其中所涉及的评估项目也与华师大团队评估外环绿带的项目基本一致（张桂莲，2016）。从研究文献中得知，从时间上来看，上海市森林生态服务价值的评估数据为2014年，外环绿带生态服务的评估数据为2013年，评估数据的年限接近。而从面积上来看，截至2013年底，上海市的林地总面积[①]约为1006.67km²，而外环绿带在2013年的建成面积约为31.64km²，占城市林地总面积的3.1%，仅仅是上海市林地中很小的一部分。那么，外环绿带的生态服务价值与上海市森林生态服务价值相比有多大的差距？外环绿带生态系统对整个城市森林的生态贡献有多大呢？笔者对相关的研究数据进行了汇集整理[②]（表6-5）。

上海市森林生态服务价值（2014年）与
外环绿带生态服务价值（2013年）比较　　　　表 6-5

生态服务功能	上海市森林生态服务年价值量 /（亿元 / 年）（2014 年）	上海外环绿带生态服务年价值量 /（亿元 / 年）（2013 年）	外环绿带生态系统的生态价值贡献率
涵养水源	19.645	1.312	6.7%
保育土壤	3.777	0.011	0.3%
固碳释氧	3.668	1.012	27.6%
净化大气	6.050	2.141	35.4%
调节气候	40.184	2.518	6.3%
生物多样性保护	11.862	0.256	2.2%
森林游憩	37.110	0.367	1.0%
合计	122.296	7.617	6.2%

---

① 沪今明两年新增林地18.25万亩，2015年森林覆盖率达15%。参见东方网新闻（http://shzw.eastday.com/shzw/G/20140428/u1ai128318.html）。

② 研究数据（即表6-9中的数据）分别来自于张桂莲（2016）和范昕婷等（2013）的研究成果。其中前者是对上海市森林生态系统进行的价值评估，后者主要是对上海外环绿带进行的价值评估。两位学者选取的生态服务功能的评价指标大部分相同，不同之处在于，张桂莲的论文中多出了"积累营养物质"和"森林防护"这两个指标，而范昕婷等在论文中的指标单位为"万元/a"，不同于张桂莲论文中的"亿元/a"。为了便于对照分析，笔者在表6-9中略去了张桂莲论文中多出的两个指标，并将范昕婷等论文中的指标单位换算为"亿元/a"（数据保留小数点后三位并进行了四舍五入）。

从表6-5中的数据来看，作为面积只有城市林地总面积3.1%的外环绿带，其2013年的生态服务价值量为7.714亿元，市域森林生态服务价值量为122.296亿元，外环绿带的贡献率为6.3%，说明外环绿带整体的生态效益是高于平均水平的。而从各项生态服务功能的情况来看，外环绿带在固碳释氧和净化大气方面的贡献率奇高，分别为27.6%和35.4%，其价值远远高于其他林带；在涵养水源和调节气候方面的贡献率也较为明显，分别为6.7%和6.3%；而在保育土壤、生物多样性保护和森林游憩方面，外环绿带的贡献率则相对较低了。之所以在固碳释氧和净化大气方面的价值量如此之高，笔者认为有两方面原因：①当前郊区生态林中的幼林比例很高（张桂莲，2016），而外环绿带的林带建设是从20年前开始建设的，成熟的林带在这两方面的功能应该会比较明显；②林带生态价值评估通常都是依托取样点进行测度的，在样本选取方面会有一定的随机性，可能会使数据与实际情况有所出入。但无论怎样，外环绿带对上海城市生态效益的贡献和提升作用是明显的，上述的研究数据已经完全说明了这一点。

（3）景观环境的改善情况

城市的景观环境是所有人都能看得见、摸得着并能直观体验的内容。对于外环绿带这种如此浩大的工程而言，如果绿带在提升环境方面真的有明显效果，那么必然会引起公众的注意，并由此带来大众媒体的关注，而媒体报道通常都有很强的现实性、客观性和代表性，因此对历年外环绿带的相关媒体报道进行考察，是判断外环绿带景观环境历史变化的重要依据。笔者对历年（1998—2015年）外环绿带的新闻报道资料进行了搜集，对其中涉及外环绿带景观环境效果方面的内容进行了梳理（表6-6）。在2018年以来的有关外环绿带的主流媒体新闻中，其中最多的是有关规划设想、政策动向和阶段实施成果方面的报道，对于实际效果和影响的报道并不算特别多，笔者查阅到了以下29条[①]，但基本上也能反映外环绿带在不同时期景观

---

① 实际上这些报道的传播影响范围并不算小，因为当前媒体新闻相互转载的情况很普遍，同一个热点稿件会分别在各个媒体上发布，有时标题都不一样。笔者所搜集的新闻以稿件内容为准，同一稿件采用不同标题或由不同媒体发布，算一则新闻。

环境的变化情况。

历年主流媒体有关外环绿带对城市环境景观产生影响的新闻报道　表 6-6

报道时间	媒体来源	新闻标题
1999 年 3 月 5 日	《青年报》第 3 版	外环绿带引来野生灵
1999 年 3 月 18 日	《城市导报》第 2 版	外环线绿带引来数千候鸟，小生灵频繁出入人工森林
1999 年 3 月 22 日	《文汇报》第 5 版	葱葱嘉木海上生，郁郁绿带拥申城
1999 年 8 月 18 日	《新民晚报》第 3 版	"绿色项链"绕申城，环城绿带建设贴近大自然
2000 年 3 月 1 日	《新民晚报》第 3 版	垃圾山披上绿装，外环线嘉定区绿化景观喜获金银奖
2000 年 7 月 22 日	《新民晚报》第 5 版	"绿色项链"显出生态景：来自环城绿带报告之二
2001 年 4 月 11 日	《中国环境报》第 2 版	绿绕沪江生态美，都市引得珍禽来：七种珍稀小鸟首度"定居"上海
2001 年 4 月 29 日	《新民晚报》第 4 版	百鸣鸟啭，花草争艳，小兽出没，外环绿带已成生态课堂
2002 年 6 月 23 日	《新民晚报》第 4 版	绿化带带来野生动物，然而，罪恶的捕杀也跟踪而至
2002 年 7 月 4 日	《新民晚报》第 5 版	让野生动物安心居住，有关部门今天清晨检查绿带
2003 年 3 月 26 日	《青年报》	城市环境改善，申城花园洋房浓绿惹来鸟蛇蛙鹭
2003 年 6 月 6 日	《新闻晚报》	上海"都市森林"初具雏形，松鼠刺猬频现绿带
2003 年 11 月 14 日	《文汇报》	上海外环林带里有一串金色池塘
2006 年 11 月 21 日	《新闻晚报》	500 米厚绿带助外环降噪
2011 年 1 月 24 日	中国上海门户网站	闵行立足便民利民，外环爱鸟角又添新设施
2012 年 3 月 26 日	《新民晚报》A3 版	市民如何体验 8.99 亿元"生态价值"
2012 年 3 月 26 日	《新民晚报》A3 版	本报调查组"偶遇"的鸟类
2012 年 3 月 26 日	《新民晚报》A3 版	环城绿带怎样成为市民郊游乐园
2012 年 4 月 24 日	《青年报》	赏绿带浓浓绿意，听林中莺声燕语
2012 年 4 月 24 日	《青年报》	宝山外环绿道赏"春景秋色"
2012 年 7 月 7 日	《新民晚报》	绿带很养眼，绿廊更亲民
2012 年 10 月 18 日	《新民晚报》	绿树绿化绿长藤，绕田绕水绕申城
2012 年 12 月 27 日	《新民晚报》A7 版	"项链"串起绿珍珠，市民信步绿荫中　岁末探访上海生态城市建设专项环城绿带

续表

报道时间	媒体来源	新闻标题
2014 年 11 月 25 日	中国上海门户网站	"爱鸟角"成环城绿地一道亮丽风景线
2014 年 12 月 05 日	《新民晚报》	"绿项链"秋景别有韵味
2014 年 12 月 16 日	《劳动报》	环城绿带隐藏历史遗迹，韩世忠虞姬各有故事流传
2015 年 2 月 28 日	中国上海门户网站	花开不止梅园有，环城绿带暗香来
2015 年 3 月 23 日	《中国环境报》	春风舞绿带，美哉大上海
2015 年 4 月 5 日	中国上海门户网站	环城绿地"千米花道"10 周岁了
2015 年 4 月 10 日	《新民晚报》B14 版	借问花海何处有，且向环城绿带行

来源：根据多方网络媒体数据库整理

结合新闻报道的内容和实际的建设情况，表6-6中有关外环绿带景观环境的报道大体上可以分为两个阶段：第一阶段是从1999年到2003年，这一时期的报道主要集中报道了外环绿带在提升城市生态方面所产生的效果；第二阶段是从2006年到2015年，这一时期的报道，较多地涉足了外环绿带对城市人文环境的影响。在这两个阶段中间的2004年和2005年，笔者没有找到关于外环绿带景观环境效果方面的新闻报道。

在第一阶段（1999—2003年），新闻媒体的关注点主要有两个，一是外环绿带的生态化改造情况，另一是已建成林带中出现的野生动物情况。外环绿带的生态化改造是从1999年开始的，当时的《文汇报》和《新民晚报》对这一情况前后进行了共7次报道，介绍了外环绿带在生态改造中致力于丰富林带的"乔灌草"结构，新引进乔木41种，配合乔木终止了52种灌木和20种地被植物，丰富了绿带的林相。与此同时，外环绿带在改造中也治理了城市的污染源，如嘉定外环线申纪港地区原有两座大型垃圾山，后来经过500万元的外环绿带工程投入，建成了绿化面积达28600m²、相对高度达8m的人造山体绿化，种植了各类景观乔木，昔日的垃圾山变成了供人观赏的生态景观。此外，大量的媒体也对这一时期外环绿带中出现的野生动物进行了报道，如最早《青年报》和《城市导报》对浦东三林段中的野生动物进行了现场调查，发现了大量的鸟类、蜻蜓、蝴蝶、刺猬、黄鼠狼、松鼠等。《新闻晚报》报道了绿带中频现猫头鹰、黄莺、白鹭等，对上海的

"都市森林"建设做出了肯定。《文汇报》的记者通过现场踏勘，以游记的形式对部分建成的外环绿带的生态环境进行了介绍。可以发现，在第一阶段中，外环绿带的生态环境提升情况是值得肯定的，相关的新闻报道也反映出了这样的情况。

　　在第二阶段（2006—2015年），随着外环生态专项建设逐步细化，外环绿带的生态环境及人文景观开始显露出来，主流媒体对此进行了大量的报道，可分为以下三个方面：一是外环绿带的生态质量开始得到认可。如2012年3月《新民晚报》整版聚焦外环绿带，并由专家组成调查组对林带进行了随机走动式的现场调查。调查发现，外环绿带中的鸟类不低于30种，而鸟的种类和数量正是对林带生态质量的直观反映。二是外环绿带中的人文历史景观开始浮出水面。如外环绿带闵行段龙柏七村附近的"爱鸟角"，聚集了很多爱鸟人士在此活动。绿化部门便配合居民活动设置了相应的配套设施，方便遛鸟人士使用。而随着规模的增大，这里也随之兴起了品茶健身、聊天下棋等活动，成为绿带中的一道人文风景。此外，外环绿带中还有两处历史遗迹也开始为公众所关注，一处是在宝山丰翔路南侧外环绿带内的秦家墩，该烽火墩是上海境内现存的10座烽火墩之一，具有重要的历史价值；另一处是在长宁外环绿带内的虞姬墩和虞姬庙（法虞寺），那里伴随有当地居民口口相传的集体记忆①，无疑是"霸王别姬"故事的传承地之一，也丰富了绿带范围内的人文景观资源。三是外环绿带中"春景秋色"工程的改造成果初步呈现。《青年报》《新民晚报》先后报道了位于宝山泰和路外环绿带中的一条近千米的樱花步道，这条绿色步道有着很高的人气，平时有很多居民在此活动。笔者也在2012年初期的论文调查中走访了宝山区泰和路的这一段樱花道，由于是工作日的下午，在此活动的居民不算很多，但其中的景观确实令人印象深刻（图6-23）。实际上，除了泰和路附近

---

① 虞姬墩路名的来历见新民网（http://news.xinmin.cn/shehui/2013/01/16/18189239.html）。另一个版本的故事中并未提及虞姬的姐妹，而是说在虞姬自刎以后，项羽身边一位来自上海江桥的贴身卫士，将虞姬的头巾和披风带回家乡，并埋葬在苏州河边，并叮嘱后人每年祭祀，覆土加泥，后来便形成了虞姬墩。由于埋葬了死者生前的遗物，因此这里算是虞姬的"衣冠冢"。而关于虞姬庙，据清代地方志记载，虞姬庙的设立其实和当地百姓治理"霸王潮"有很大关系，建虞姬庙是一种"以阴制阳"的手段。

图 6-23 宝山区泰和路的外环绿带"春景秋色"标段

的这片"春景秋色"示范段以外,上海外环绿带上还有多处这种经过景观改造过的花海和花道:外环绿带浦东新区高桥33标段,以梅花为特色景观,其中有红梅、绿梅、垂枝梅、蜡梅等;闵行体育公园中的"千米花道",此项目是环城绿带"春景秋色"改造工程的重点,种植了近万株垂丝海棠、樱花、紫玉兰、喷雪花、紫荆等品种,皆为上海的乡土物种;外环绿带蕴川路共富新村地铁站旁边的PX11标段(以各种海棠为主的景观)、浦东高桥33标段(以秋冬花卉为特色的景观)、浦东曹路11标段(以各种玉兰为主调的海派植物景观)等。

综上所述，通过媒体调查可以发现，外环绿带在提升城市景观环境方面的进展是明显的，如果说2003年以前是巩固生态基础，那么2006年以后的生态专项则进入营造景观多样性的阶段。

6.4.3 规划实施的效果与贡献

从"改善生态环境"三个方面的实施情况来看，实施效果是明显的，尽管在总量上距离规划预期有一定的差距，但无论是绿化指标，还是景观环境和生态效益，随着外环绿带的实施，这些目标都不同程度地体现了出来。那么，规划本身对于这些目标的贡献如何？或者说，在这些目标逐步体现出效果的过程中，规划实施是否起到了明显的推动作用？

首先，在"提升城市的绿化指标"方面，规划实施过程中第一阶段和第三阶段的贡献并不突出，只有第二阶段的实施推动起到了较大的作用，尤其是400m绿带一期工程的建设，大大提升了城市的绿化指标，也使得2003年这一年外环绿带的绿化贡献率远远超出了其他时期，占整个城市绿化增量的一半。但是，第二阶段的实施进展之所以十分明显，最主要的动因还是当时市政府对冲击"国家园林城市"的热切推动，由此动员民众和市场一起进行"社会共建"。在这一时期所建成的2600hm²以上的400m绿带中，有500hm²以上的绿带并不在1999年版外环绿带的规划范围内，而是当时补充进去的"延伸范围"（图6-24）。因此，这一时期的绿带实施，更多的是政府借助外环绿带这项工程的政策和平台，大力提升城市绿量，为冲击园林城市增加筹码。但不能否认的是，1999年版实施性规划中的"绿线"范围对这一时期的绿化建设的基础作用是明显的，从图6-16中可以发现，2004年实施400m林带以后，除了南汇和闵行有少部分绿地偏离了"绿线"范围，其余大部分建设都在"绿线"范围以内，这从侧面反映了实施性规划的管控力度是比较好的。因此，在"提升城市的绿化指标方面"，虽然根本原因在于市政府的阶段性政策引导，但规划"绿线"在这一阶段还是体现了一定的管控绩效。

其次，在"提升城市生态效益"和"提升城市景观环境"方面，规划在第一、第二阶段的作用比较有限，更多的只是划定绿带控制范围，而具体的

图 6-24 1999 年版规划的林带范围与 2004 年的实施现状范围

绿化建设和生态改造等工作是由绿化部门来把控的。规划发挥较大影响的是在第三阶段的外环生态专项工程，在这一时期，规划模式主要发生了以下转变：①外环绿带的规划控制，由较为宏观的控制范围变为了具体的地块范围，并制定了相应的图则，直接根据地块的具体情况来进行规划引导，摆脱了之前较为"粗放"的管控模式；②外环绿带在总体层面虽然对各区进行了"风貌分区"，但在详细规划层面完全"放权"给区里，由区里的绿化专业部门来开展针对性的设计工作，营造特色化的次生林带；③外环绿带由之前成片的规模绿化，变为了60块以上的生态专项工程建设项目，征地和规划建设一体化运作，保证了实施的成效。由此可见，在第三阶段的生态专项规划中，外环绿带这种规划建设模式，能有效保证景观环境的营造（如各"春景秋色"标段），也能对形成较高生态效益的植物群落提供稳定的用地基础，不会出现400m绿带中经营管理失控的情况。由此可见，生态专项的管控模式，在外环绿带景观环境和生态效益的提升过程中是有帮助的。

综上所述，在"改善城市生态环境"方面，对于不同的具体目标而言，规划实施提供的帮助也是不同的，尤其是各个阶段对各个目标的贡献情况并不一致。如在"提升城市绿化指标"方面，规划实施的第二阶段贡献特别突出，但其背后的根本动因却并非来自于规划本身，而是当时市政府政策的大力推动，规划只是作为一种辅助工具，但其作用也是不能忽视的。而在"提升城市景观环境"和"提升城市生态效益"方面，规划在第三阶段的推动是比较明显的，因为这一阶段的规划管控模式更加专项化和精细化，更有助于绿化专业机构专注于提升外环绿带项目的质量，由此创造良好的景观环境和高效益的林带群落，但在这一过程中，规划的作用依然是辅助性的。因此总体来看，在"改善城市生态环境"方面，规划所体现出来推动作用是相对有限的。

6.5
城市发展目标的实施效果：
超乎预期但发人深省

6.5.1　规划目标的预期

　　城市发展的目标是各类外环绿带规划文献中最少提到的。毕竟，建设外环绿带的主要目的是为了限制外环周边的开发建设，而不是为了发展。但少数文献中还是提到，可以借助外环绿带中设置的大型游憩项目来招商引资，由此带动周边地区的经济发展，提升城市的经济效益。除此之外，根据2002年颁布的《上海市环城绿带管理办法》，外环绿带在用地管控方面提出了"弹性条款"，即如因"城市基础设施等"项目需要调整外环绿带范围的，在经规划部门批准后，可对其范围进行调整。从这个条款中可以发现，专项法规在制定过程中考虑了服务城市发展的需要，并没有完全杜绝绿带范围内的项目开发建设。因此，专项法规的出台，实际上让外环绿带又多出了一个隐性的"预期"，即通过"弹性条款"来应对某些新规划的城市建设项目。虽然这并不是一项明确的规划目标，但实际上法规条款中已经包含了这样的动机，因此在某种程度上也是一种预期。但无论是上述的

"以大项目带动地区发展",还是"以弹性条款应对城市建设需求",这一方面的预期在外环绿带的规划目标体系中都是非常低乃至非常不明显的。

6.5.2　规划目标的实现情况

(1)以"大项目"带动地区发展

在外环绿带规划的实施及调整过程中,迪士尼项目的引入,无疑是最引人注目的"大事件"。迪士尼作为具有全球文化号召力和巨大商业价值的公司,目前已经在世界众多的大都会开设了主题乐园项目,如美国洛杉矶和奥兰多、日本东京、法国巴黎和中国香港等。近年来,随着经济全球化蓬勃发展和中美文化交流常态化,迪士尼乐园终于落户中国内地,并选址在上海浦东的川沙一带,为上海乃至长三角的发展,带来了巨大的战略发展机遇。相关数据表明,自从2016年上海迪士尼开园以来,截止到2017年5月,游客量已经接近1000万人次,基本达到了日均3万的客流量。如此规模的主题公园项目,对于上海进一步提升国际地位和国际影响力有着至关重要的作用。

那么,外环绿带的规划实施与迪士尼项目有何关系?外环绿带规划如何在迪士尼项目的引进过程中发挥作用?首先,该项目所在的基地,位于浦东川沙新镇一带,该地区于2009年9月被浦东区政府征收为土地储备项目。①其次,从区位上来看,这里不但处在浦东新区战略规划所设定的区域"绿心"之内,同时,这里还和外环绿带的空间布局方案有很大的重合。而从历年的外环绿带规划方案中可以看到(图6-25):①在1994年的初步方案中,在外环东南方向迎宾大道以北的唐镇一带,规划了一片大规模的绿化用地,意图形成一个巨大的"绿瓜"(图6-25左)。按照当时的设想,如此规模的片区主要用来建设主题公园。但当时东南片区的绿带范围并不在迪士尼现在的范围内。②在1998年制定实施性规划的时候,情况发生了变化,这一次规划不但对绿带范围进行了可行性调整,还安排了具体的使用性质(图6-25中)。之前唐镇的那片规划用地,规模减少了大半。与此同时,实

① 《上海市浦东区(县)人民政府征收土地方案公告》〔沪(浦)征告〔2009〕第29号〕。

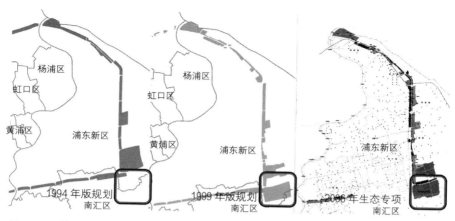

图 6-25　外环绿带规划方案演进图（圈内为迪士尼项目所在区域）

施性规划在外环东南角迎宾大道南侧形成了另一片大型规划用地，用地性质为"大型旷地型游乐设施用地"，这也就是现在迪士尼乐园所在的片区。③在2006年浦东外环生态专项规划中，东南角的这片用地被进一步确定了范围（图6-25右）。该地块的控制面积为840hm²，在控制图则中被冠以"布宜诺项目"的代号，并标明该地区属于2007年以后实施的用地。①而相关资料显示，"布宜诺"正是迪士尼旗下项目常用的代号之一。②由此可见，迪士尼的这片项目用地，在1994年版的规划中并未划入绿带，而在1999年的实施性规划中则被划入，一直延续到了2006年的生态专项规划中，作为一块特殊性质的用地。

那么，1999年版实施性规划中的这片用地是否就是为迪士尼准备的呢？从当时的文献资料来看，1999年版实施性规划中的这片"大型旷地型游乐设施用地"，正是为迪士尼项目准备的（韦东，1998）。多方面的文献也可为此提供佐证，如美国《时代周刊》（Time）2009年11月第4期的报道③。迪士尼在面对有13亿潜在消费者的中国市场时，并没有轻易放弃，而是坚持进行超过10年的谈判，最终获得了中国最高发展规划部门的许可，建起在中国

---

① 浦东新区规划土地管理局网站。
② 迪士尼的总部在美国加州伯班克市的"布宜诺维斯塔"南大街上。
③ 《时代周刊》原标题为 *Disneyland in Shanghai: A Second Try in China*。

的第二个迪士尼乐园，而这一次是落户上海。从《时代周刊》的消息来看，"超过10年的谈判"可以追溯到1999年以前，此时正是外环绿带实施性规划方案进行调整修正的年限。另如2011年有学者称，为了给迪士尼项目预留土地，上海川沙地区412hm^{2}的土地被长期冻结长达12年（沈开艳，2011）。2008年某学者在采访中提到，浦东新区已经为迪士尼项目的落户预留土地10年。[①] 2013年迪士尼乐园的用地正是浦东新区战略规划的"绿心"片区，长期以来一直被政府严格控制（濮卫民 等，2013）。另外，据2009年11月5日的《东方早报》报道[②]，川沙新镇证实了即将落户的迪士尼涉及黄楼社区赵行、棋杆、金家、学桥等四个村，这些地块已经控制了12年之久。也就是说，迪士尼项目用地被控制的时间应当是1998-1999年间，正是外环绿带实施性规划编制的时候。

综上所述，从多方文献考证中可以发现，迪士尼项目用地与外环绿带规划的关系是非常密切的。从时间上来看，早在20世纪90年代末，上海市政府便与迪士尼达成了合作意向，并通过修正绿带方案的契机，将浦东川沙黄楼一带的用地纳入环城绿带控制范围，作为迪士尼项目的预留用地。而迪士尼方面也对上海浦东的这片用地一直表示了很大的兴趣，并与中方展开了长达10多年的谈判。在这期间，这片用地也就一直被"冻结"，直到项目正式落户。

而从空间和区位来讲，外环绿带川沙的这片"绿瓜"也从各方面满足了迪士尼乐园的建设要求，甚至有过之而无不及：①该地区交通便捷，距离机场只有6km，车程十来分钟，并能通过外环线顺利地与长三角地区的高速路网便捷联系；②浦东机场的过境转机游客在过境免签时限内，可以方便地进入主题乐园游玩，上海从2013年起对45个国家的公民实行72小时的过境免签政策，这无疑为迪士尼带来大量的潜在客流；③由于和机场保持了适当的距离，南北跑道的浦东机场基本没有航线会经过该区域，保障了乐园中"童话王国"的原真性；④由于地处城郊，和中心城的密集建设区保持了距离，保障了主题乐园的时空独立性和功能完整性。

---

① 落户上海：迪士尼为什么这样红［N］. 北京科技报，2008-12-01（24）.
② 黄楼村民：十几年了，现在就等动迁大会了［N］. 东方早报，2009-11-05（A08）.

而作为"后世博"时代的重大战略项目，迪士尼乐园所带来的影响不仅仅是在浦东和川沙一带，对整个上海市乃至长三角地区的战略发展都有着积极的意义。很多学者都对此进行了展望。如张振国等认为迪士尼项目能汇集更多的人流、物流和资金流，促进上海完善都市功能，对上海金融和服务行业的竞争力提升，以及上海文化创意产业的发展，有着积极的推动作用（张振国 等，2013）；毛润泽等认为迪士尼项目能促使产业联动，发展经济，对国际商务、地产基建、仓储物流、文化旅游、电视电影制作等行业有着明显的带动作用（毛润泽 等，2010）；黄海天则认为通过需求惯性、产业关联和光环效应，迪士尼项目会给长三角地区的旅游业带来良好的拉动效应，促进地区旅游服务业发展与合作（黄海天，2011）。当然，严格意义上来讲，上述这些对于迪士尼发展前景的判断都还是预测，并没有成为事实，具体情况怎样，还需要时间来检验。但就如同奥运会、世博会等城市"大事件"一样，迪士尼的落户为地区发展带来的战略性影响几乎是可以确定的，只是说具体能发挥多大的影响，能为城市发展带来多大的经济效益，还需要时间来检验。

（2）以"弹性条款"应对新的城市建设需求

如果说外环绿带在1999年实施性规划中所作出的调整，是因为当时没有专项法规的管制而不得不作出的"妥协让步"，那么外环绿带在2006年生态专项规划中的调整，则完全是参照了专项法规的"弹性条款"。尽管外环生态专项也调出了一部分用地"让位"给建设项目，但与第一轮调整相比，这些项目的面积非常小，并且绿带用地的总量也维持了占补平衡。

由于2006年外环生态专项的用地调整有相应的法规依据，这也就意味着，生态专项中的用地调整完全是符合法规要求的，而对于那些获得了用地许可并成功"进驻"外环绿带的规划项目而言，专项法规中的"弹性条款"无疑成为这些项目顺利落地的重要基础。换句话讲，外环绿带的实施调整和配套的"弹性"法规条款，为新时期的规划项目创造了条件。而从这些项目本身的情况来看，均是市、区政府在新时期"植入"绿带的"新项目"，这类项目通常在数十公顷左右，其类型涵盖了捆绑带动用地、城镇综合开发用地、公共与市政设施用地、住宅开发用地和产业类用地。从背景上来看，这些项目都是步入新世纪以来，由市、区政府新一轮发展规划所推动的，有很强的时效性和针对性，尤其是在提升都市功能、推动城郊基础设施完善方面，有着不可替代的作用。那么这些项目的基本情况、背景及其现实意义都是怎样的呢？笔者对各类别中规模较为明显的建设项目信息进行了整理和分析（表6-7）。

外环绿带调出用地的项目背景及现实意义　　　　表 6-7

类别	项目	规划背景 / 相关政策	现实意义 / 必要性
带动用地		2004 年 5 月市政府"关于加快推进环城绿地建设"的会议精神，2006 年外环生态专项规划提出的生态建设"捆绑开发"政策。浦东和闵行在绿带范围内各选择了三块带动用地	（1）通过出让少量的绿带用地，筹集到较为充足的生态专项资金，是外环绿带维持建设和日常养护的主要资金来源； （2）客观上减轻了市政府对绿化建设的财政负担，使得资金更为集中地投向其他建设领域
城镇综合	高东集镇楼下村地区的开发	2000 年 5 月，根据上海市政府（2000）10 号文件，将原高东和杨园合并为高东镇，以楼下村"高界浜"为界。楼下村一带原为绿带规划用地，后被纳入高东集镇规划方案，成为以住宅、安置房、社区卫生服务和酒店为主的开发用地①	（1）高东集镇由于是被夹在外环运河和外环线之间的带形空间，因此高东和杨园中间的楼下村一带，在两镇合并后所体现出的连接功能非常必要； （2）该地段的开发承担了较多的安置房建设任务和公共服务功能，保证了新集镇的空间连续性和功能完整性
	唐镇新市镇	2006 年上海"十一五"提出建设与国际性大都市地位相适应的"1966"城镇体系，唐镇新市镇是浦东最主要的四大新市镇之一②。据规划资料显示，唐镇新市镇由于西侧紧邻外环绿带，规划方案中的二号动迁基地征用了一部分绿带用地，使绿带做出了调整	（1）唐镇新市镇的建设为浦东外环外侧唐镇一带的乡镇发展和产业联动提供了功能基础； （2）唐镇新市镇东部产业片区为金桥加工区，靠近外环的西部片区为居住和公共设施配套区，绿带的弹性为这一区域的整体布局提供了便利

---

① 相关的用地和项目信息可在浦东规划土地管理局的电子地图上查到。
② "1966"城镇体系，即1个中心城、9个新城、60个左右的新市镇和600个左右的中心村，以形成从中心城到自然村的逐级过渡体系，新市镇被认为是衔接新城和自然村的重要节点。公开资料显示，浦东新区当时重点确定了唐镇、川沙、曹路和外高桥等四大新市镇，以形成功能完善的区域核心地段。

续表

类别	项目	规划背景 / 相关政策	现实意义 / 必要性
城镇综合	七宝生态商务区	2011 年上海"十二五"提出重点发展 25 个现代服务业集聚区，七宝商务区便是其中之一，将打造为以文化创意为特色的国际生态商务办公区，成为闵行传统与现代文化的名片。在布局上，商务区与其东侧的闵行文化公园形成"一园一区"的格局。商务区中的大部分用地均来自外环绿带	（1）现代服务业集聚区是上海市产业转型发展的重要落脚点，是上海建设"四个中心"和全球城市的重要基础之一； （2）七宝商务区为闵行区的发展和七宝地区的崛起创造了机会，也会为外环绿带上的节点——闵行文化公园，带来更多的都市活力
公共设施	上海金融学院	前身为 20 世纪 50 年代成立的上海银行学校，2003 年由教育部批准成立上海金融学院，2004 年学院整体搬迁至浦东曹路外环绿带旁，紧邻上海金融信息服务产业基地，并与之建立了合作关系	（1）落实市级教育资源布局，满足社会对专业化人才的需求； （2）与上海金融信息产业基地（银行卡产业基地）形成产学研互动，带动地区发展
	曹路公交停车场	根据浦东新区公交设施规划（2010—2020 年）的资料，外环绿带曹路镇上川路北侧 1km 处的用地规划为公交停车场，其定位为 D 类公交枢纽	（1）落实了都市公交体系规划中的换乘节点空间布局； （2）在浦东曹路地区形成了中心城与外围地区相互衔接的公交换乘枢纽
	共富实验学校	2006 年，为解决四高小区居民子女的上学难问题，宝山区政府和顾村镇政府共同出资 1.1 亿元，在共富新村西侧建立的一所九年一贯制公办学校	（1）为周边居民，尤其是外来人口的子女提供公立教育资源，是极为重要的民生工程； （2）有效应对了近年来近郊区人口暴增、基础教育资源匮乏的现实难题
	华山医院北院	2009 年为落实城乡一体化发展的部署，上海市政府实施了"5+3+1"工程，目的是将优秀医疗机构设置到人口密集的近郊区，均衡市域医疗资源布局。华山医院北院便是对口落户在宝山的三甲医疗机构	（1）为上海北部城郊居民提供了优秀的三甲医疗资源，大大提升了都市公共医疗服务的水平； （2）为上海实现公共资源均等化、落实城乡一体化的目标，做出了重要的贡献
	7 号线陈太路基地	7 号线于 2009 年通车，是世博会期间连接世博会和市中心的主要线路，被称为"世博线"。基地于 2005 年开始建设，占用了一块绿带，世博会期间，基地是 7 号线的北部始发端	作为世博线路 7 号线的"终端"之一，是 7 号线正常运营的枢纽。因此，规划调整为世博会的正常运转创造了重要条件

续表

类别	项目	规划背景 / 相关政策	现实意义 / 必要性
住宅	保利叶语	2006 宝山新城规划中顾村公园北侧的生态居住区	充分利用顾村公园的资源优势，为宝山新城提供了高品质的住宅品牌，促进地区发展
产业设施	曹路工业园区	1991 年，伴随国家开发浦东的热潮，浦东的顾路和龚路两乡分别开始招商引资建设工业园，1991—2002 年 10 年间年产值约 20 亿元（陈晓钟，2007）。2000 年 6 月两乡并为曹路镇，工业园区统筹规划，由浦东院于 2001 年编制了《曹路工业园控规》，规划总面积约 263hm²。园区西靠外环绿带，由于产业趋于成熟，不得不迫使绿带做出调整	（1）浦东新区 20 世纪 90 年代以来城镇化和工业化的发展格局已经成形，浦东院的控规延续了之前的空间布局基础，由此未考虑绿带的实施范围； （2）保留"老资格"的产业设施，客观上避免了由于动迁而产生的各类社会、经济成本
	江杨农产品基地	位于上海吴淞国际物流园内，是上海市政府"十五"期间规划的区域性园区。该基地于 2004 年开始建设，2005 年开业，是上海北部地区唯一的特大型综合农产品批发基地	（1）完善了物流园的布局，同时还落实了上海食用农产品批发市场的规划要求； （2）形成了北部的大型农产品集散区，为该片区农产品市场的完善提供了基础

　　从表6-7中可以看出，每个占用绿带用地并迫使绿带规划发生调整的项目，各自的背景和现实意义都是大不相同的，涉及城市发展规划和都市功能完善的方方面面。比如唐镇新市镇用地、七宝商务区和江杨农产品基地，均与政府制定的"五年计划"密切相关，不但是从空间层面落实计划的重要措施，也是新时期都市发展的重要项目抓手；而诸如上海金融学院、曹路公交停车场、共富实验学校、华山医院北院、轨道交通基地等市政公共设施建设，则是完善上海大都市功能，促进地区有序而健康发展的现实选择。这些项目和设施的建设，对于城市的功能优化而言都是十分必要的，也是上海都市人口由中心城向近郊区"外溢"之后所带来的结果。而外环绿带规划通过设置"弹性条款"，为这些项目的用地选择创造了较好的条

件，^①有效应对了城市发展建设的需求。

6.5.3 规划目标的效果与贡献

从前面的实施状况中可以发现，在城市发展目标方面，外环绿带规划实施的贡献是比较明显的。如在上海迪士尼项目落户的过程中，其贡献主要体现在以下两个方面：①通过外环绿带方案的实施性调整，在川沙一带为迪士尼项目开辟了一片近乎"量身定制"的绿带控制范围，并通过用地性质予以限定，为迪士尼项目的落户保留了希望，这是绿带空间规划在编制层面所体现的作用；②通过外环绿带的专项法规，及相应的政策和管制措施，川沙片区的用地得到了长期而有效的"冻结"，为迪士尼项目的落户提供了现实基础，这是绿带空间规划在实施层面所体现的作用。可见，通过上海外环绿带规划实施中的用地调整和管控，给外环东南片区、浦东新区乃至上海市和长三角地区，带来了一次重大的战略发展机遇，由此带来的意义和影响也是深远的。

外环绿带专项法规中的"弹性条款"，促成了另外一个贡献，即为城市在新时期的发展项目提供了用地基础，换句话说，在外环绿带用地本身的区位条件和成本优势的基础上，绿带专项法规中的"弹性"条款，为一些新的都市设施提供了较好的用地选择，由此促进了都市功能进一步完善。虽然这样的"贡献"再一次更改了绿带的用地范围，但从城市发展的全局来考量，这样的贡献则具有一定的现实性和必要性。因此，从某种意义上来看，外环绿带的规划"弹性"实施，为新时期都市近郊区规划发展项目的落地提供了便利，由此进一步完善了都市的功能布局。

在城市发展目标方面，外环绿带规划实施的贡献是超乎预期的，但绿

---

① 之所以说外环绿带的用地条件较好，是依据上海市规土局相关同志提供的线索，主要包括两个方面：（1）经济方面：绿带不需要考虑动迁安置，避免了由此带来的大量的经济成本、社会成本乃至行政成本，因此是新项目落地的上佳选择。（2）区位方面：绿带地处外环周边，区位较好，能满足公共项目对区位条件的需求，因此绿带用地很容易受到青睐。最明显的案例就是宝山的华山医院北院，这块用地紧邻顾村公园和7号线站点，良好的生态环境和便利的交通条件都非常适合建设区域型综合医院。宝山区政府也是借助这样的用地资源，成功引进了这家三甲医院，为郊区居民的医疗服务提供了相应的保障。

带规划在这一方面的预期，其实是规划目标体系中最不明显且最为次要的内容。外环绿带规划实施在城市发展方面所做出的突出贡献，是以预期的规划空间范围调整为代价的。毕竟，对于同一块城市用地而言，不可能同时兼容建设用地和非建设用地这两类截然不同的用地。作为非建设用地的外环绿带，如果完全按规划预期实施，那么，法规中的"弹性"就不应该设置，自然也就不会对城市发展项目有任何帮助；而如果要应对城市发展的不确定性，为必要的发展项目留出机会，那么就必须牺牲外环绿带的"刚性"控制，这样，其规划范围也就不得不面临调整，理想的空间布局自然也就会受到挑战。

6.6
本章小结：
规划实施的多重效果

综合前面的分析，可以发现，尽管外环绿带的实施过程是相同的，但在不同目标框架下，其体现出来的推动和影响作用是完全不同的（表6-8）。

外环绿带规划的实施贡献总结　　　　　表6-8

规划目标	规划预期	实际的实现情况	规划实施的推动与贡献
空间结构目标	规划预期形成基本宽度为500m的绿化带，以遏制中心城"摊大饼"，由此协助上海市形成"一城多镇"的空间布局模式	在实际的建设中，500m的绿带宽度并未实现，与此同时，符合"一城多镇"模式的用地建设、人口分布特征也未能形成。中心城"摊大饼"的趋势在实际建设中较为明显，人口也较为明显地向外环周边的地域范围内集中。但外环绿带还是基本形成了"绿环"结构，并广泛运用在后续的空间规划编制中	规划实施在空间结构方面是无力的，因为仅仅依靠绿带并不能推动空间结构达成预期，而还需要配套的用地管控、人口疏导、交通引导等政策的配合才可能实现。规划的实施绩效未尽人意，唯独在延续空间结构中的"绿环"方面体现了相应的推动作用

续表

规划目标	规划预期	实际的实现情况	规划实施的推动与贡献
社会服务目标	规划预期在外环沿线形成 10 个公园游憩地，其中包括 3 处主题公园、5 处环城公园和 1 处体育中心，外环公园游憩地的规划总面积为 2362hm²	在实际建设中，外环周边形成了 12 个公园游憩地，总面积为 1909hm²，占预期总量的 80.8%。这其中包括了 5 个市级及以上的公园游憩地、3 个区级公园和 4 个镇级公园。从服务范围来看，实际建设公园服务了较多的人口高密度地区，符合规划的导向。从长期的使用评价来看，外环公园的总体关注度较高，部分公园已产生了良好的社会影响，体现了较高的服务质量。综上，这一目标的实际实现情况较好地体现了规划预期	规划最早设定的主题公园为目前的浦东滨江、闵行体育、闵行文化和顾村公园等划定了范围；通过规划调整，明确了各个公园的用地范围，并补充了三处新的公园；通过第二阶段的 400m 绿带建设，规划实施为金海湿地、华夏、闵行体育、顾村公园提供了绿化基础。规划活动在公园游憩地的形成过程中，其推动是明显的，体现了较好的推动效果
生态环境目标	规划预期从根本上改变了城市生态环境，包括三个方面：（1）提升绿量及相应的绿化指标；（2）改善外环周边的景观环境；（3）通过建设生态林，提升城市的生态效益。后两个方面的目标并没有量化指标	在实际建设中，外环绿带在提升城市绿量方面效果明显，尤其是第二阶段的 400m 绿带建设，贡献了近一半的城市绿化增量，但在建成总量上和预期相比尚有一定的差距；在林带的生态营造中，外环绿带的生态服务功能高于上海市城市森林的平均水平，尤其是在净化大气、固碳释氧、涵养水源、调节气候等方面效果突出。综上，这一目标的实现情况符合预期导向；在林带建设中，外环绿带上逐步形成的特色景观带开始产生公众影响	规划实施在不同目标的实现过程中体现了阶段性的促进作用。在提升绿量方面，第二阶段的规划实施贡献最大，而在提升环境景观和生态效益方面，第三阶段生态专项规划所提出的管控模式更有帮助。但总体而言，这一目标的推动更多的还是依靠规划之外的因素，如政府推动和绿化专业机构的营建，因而规划的实施推动只能算中等，并不突出
城市发展目标	规划预期以大项目来带动地区发展，同时，专项法规中的弹性条款也考虑了应对基础设施等开发项目带来的用地调整问题。这两个方面的预期都很低	在实际建设中，外环绿带的规划实施协助上海市成功地引入了迪士尼项目，为地区乃至区域的发展带来了巨大的战略机遇。同时，随着弹性条款的实施，第三阶段的调整为政府新规划的产业、公用、交通等设施的落地提供了较好的用地条件	规划实施的推动作用非常明显，完全超出了预期。在促进迪士尼落户方面，规划调整和相关的政策手段，确保了项目用地的稳定；而在弹性条款的实施方面，相关项目的落户，促进了都市功能的完善

从表 6-8 中可以看出，不同的规划目标，由于规划的预期效果完全是不同的内容，涉及不同的判断标准，因而规划实施的推动作用和贡献程度

也完全不同。比如对于空间目标而言，规划预期是要形成"一城多镇"的"中心—外围"式都市空间结构，同时遏制中心城的"摊大饼"建设，但在实际的实施中，虽然最后也形成了较为连续的绿带空间，但并未形成预期的空间结构。尤其是在新世纪以后人口、建设过度向外环周边集聚这一背景下，这一目标的实现充满了挑战，因此规划实施的贡献是相对不够的。而在社会目标方面，规划预期要形成一定规模的10个外环公园，以服务居民的游憩活动，在实际的实施中，尽管规划布局形态和范围一直有变化，但最后还是形成了12个不同级别的公园游憩地，不但服务到了较多的人口高密度地区，而且实际的使用状况也颇受好评，规划实施在这一过程中的范围划定、调出、补偿以及第二阶段协助推进400m绿带，有效促进了这些公园逐步落地，体现了较好的实施推动效果。在生态目标方面，规划实施的促进作用是阶段性的，如第二阶段协助推进400m绿带对提升绿化指标的贡献很大，而在提升环境景观和提升生态效益方面，第三阶段生态专项建设的管控模式提供了较好的协助与引导，总之，规划实施在生态目标的实现方面，其帮助是阶段性的。而在最后一项城市发展目标方面，尽管这一目标的预期非常低，甚至都不能算是正式提出的规划目标，但规划实施在这方面的贡献却相对突出，完全超乎预料，不但为"后世博"时代的城市发展带来了新的机遇，也为近郊区都市设施的完善提供了相应的条件。

综上可知，作为具有综合性目标的外环绿带规划而言，其最后的实施效果具有明显的多重性，不能仅仅以空间结构目标是否实现来判定其最后的效果。尽管空间结构目标对于城市规划政策本身而言是非常关键的，但就城市的整体发展而言，空间结构的重要性并不一定会优于如社会服务、生态环境和城市发展等方面的综合性目标。因此，结合前面两章的内容来看，即便是规划未能实现预期，规划因素未能在实施过程中发挥较强的主导性，也并不意味着规划实施对城市的整体贡献会减少。规划实施贡献的多重性，决定了规划实施效果存在着多重维度的判定视角，仅仅局限于规划实践本身的立场是远远不够的。

第 7 章

案例检视：规划绿带为何没能如期实现

前面三章分别从三个维度对外环绿带的规划实施进行了整体性的分析，较为全面地呈现了外环绿带规划实施的状况、过程和效果，揭示了规划实施背后的错综复杂性。那么，造成外环绿带未能如期实现的原因是什么？是哪些因素造成了外环绿带的规划实施不尽如人意？应该如何规避这些问题？另外，在外环绿带的实施过程中，规划的作用如何体现，有何局限？怎样才是最佳的实施途径？本章将围绕上述问题展开。

7.1
规划实施中的突出问题

7.1.1　实施中的"建设偏差"

绿带由于对城市空间结构有较强的塑造作用，因此，其空间建设的位置分布非常重要。如果实施中的用地偏离了规划设定的位置，那么就会带来"建设偏差"的问题，从而影响预期的空间结构及形态，进而带来城市布局的变化。本书第4章的内容揭示了外环绿带的建成范围内出现了一些不符合规划蓝图的"偏差"建设，虽然出现的量并不算大，但由于其分布形态打破了规划蓝图中相对规整的开放空间范围，尤其是在部分地段"偏差"建设垂直于外环线向中心城的外围地区"渗透"，这使得城市总体规划结构中的"中心—外围"的空间关系变得极其模糊。外环绿带这种"建设偏差"，使其更像是中心城与外围之间的"夹缝绿带"，而不是起隔离作用的环城绿带。

研究发现，外环绿带中的这些"偏差"建设大部分都不是由外环绿带规划所推动的，只有21%的比例是第三阶段的生态专项建设所建。这些"偏差建设"的绝大部分（70%）都是依托既有的高压走廊防护绿带形成的。也就是说，经过规划部门的合法调整，这些本来不属于法定规划范围内的防护绿带，转为了"合法"的外环绿带，成为外环绿带规划范围中的一部分。通过这个现象可以发现，一些原本不属于某规划范围中的某块用地或某一类项目，因为"地域毗邻"且"功能接近"，在其规划范围调整的过程中，有可能被纳入规划的控制范围之内。这类用地或项目并非直接由规划建设所推动，甚至跟建设没有任何关系，但由于是规划范围的"近水楼台"，且功能也比较相近，于是在规划实施的调整进程中被纳入其控制范围。通过这一现象可以发现，不符合城市规划蓝图的"偏差建设"，并非就一定违反了规划。这类用地虽然从表面上来看并不符合早期的规划布局蓝图，但很可能是后期调整进来的、与原有规划用地"地域毗邻"且"功能接近"的项目。而它们之所以被调入该规划控制范围，可能是因为规划用地"占补平衡"的需要，通过纳入"偏差"建设作为调出用地的补偿，这也反映了城市规划项目在规划实施中的可变性。但这种"偏差"建设调入规划布局范围的后果是，城市规划预设的空间结构会由此受到影响，同时，规划的严肃性也会受到挑战，因此，"建设偏差"的现象在规划实施中是非常值得注意的问题。

如果要在城市绿带规划的实施中适当避免因后期调整而产生的"偏差"用地，就应当在早期的方案编制阶段做好相应的准备。如，规划前应提前对预设绿带范围外侧一定距离内的用地进行详细的考察，对这些用地的现实条件与发展潜力进行评估。在评估的基础上，对其中"地域毗邻"且有可能发展为与绿带"功能接近"的地块进行辨识，将其作为绿带规划用地的"功能缓冲区"。这类"功能缓冲区"并非严格意义上的绿带规划用地，而是作为其未来"占补平衡"的预备用地，也就是说，如果绿带规划范围因某类项目的占用而不得不调出一部分时，便可将"功能缓冲区"当中的用地，根据当时的具体情况，纳入绿带的用地范围，之后再根据绿带的建设标准对其进行改造和修缮。以本文的外环绿带为例，在外环绿带方案的编制过程中，就应当将外环线周边的各类已建、在建和待建的防护林带、公园绿地、住区绿化、河道绿化等绿化要素划入外环绿带的"功能缓冲区"，在此基础上，再结合城市空间结构的整体特征进行统筹考虑，对绿带的形态分布进行总体性的调整。这样一来，由于规划提前统筹考虑了绿带形态及其"功能缓冲区"的整体布局，就能最大限度地应对因为临时调整而造成的"偏差"问题，这不但在一定程度上体现了规划管控的前瞻性与灵活性，也能较好地维护规划的严肃性，避免绿带规划出现过多前后调整的局面。

7.1.2 实施中的"方案缩变"

通常而言,合理的绿带空间能引发城市整体结构的均衡演化,而如果绿带空间在规划实施中产生了规模缩小或形态变化的情况,则可能带来相对"失衡"的问题。如绿带的形态、规模、布局的缩减和变化,能造成两侧建设区域的边界范围发生改变,由此影响城市建成区的分布特征,如果因为某些地段绿带空间缩减与变化,而让周围原本应该分开的建成区呈现彼此混杂而连续的情况,这便意味着规划的空间结构已经失去均衡了。

本书中外环绿带规划的"缩变"问题是非常突出的。以第5章的实施过程分析中可以发现,1994年版的规划方案中设置了500m的基本宽度,这一宽度贯穿了当时外环沿线的"七区一县",由此也影响了各个区的空间布局结构。而在实际的实施中,经过1999年、2006年以后的调整,随着绿带规划面积缩小与变化,外环绿带沿线500m的绿化宽度只在很少的地区实现了,而且还是在规划设置了公园节点的区域。总体来看,浦西地区的绿带总体都比较窄,如长宁区基本只保住100m的绿带宽度,宝山吴淞地区基本没有建成,浦东地区的情况虽然较好,但与预期的500m宽度相比,还是有一定的差距。这一结果使得绿带的均衡分布受到了很大的影响,毕竟对于城市空间结构而言,要形成"中心—外围"的建设用地布局关系,必须要有均衡的、宽度一致的隔离空间,这样才能形成"中心城—外围镇"两条明显的边界。而上海外环绿带在实施中的"缩变"问题,让这两条边界变得弱化而模糊,尤其是浦西地区的"缩变"问题最为明显,这样的"失衡"导致浦西地区的中心城几乎与外围连成一片,呈现出了蔓延的趋势。这一问题,除了给城市发展的空间秩序带来挑战外,还会影响规划的执行力与公信力,与"一张蓝图干到底"的精神相违背。因此,"方案缩变"也是绿带规划中的一个重要问题,是规划实施偏离于规划预期的重要因素。

结合本书的案例来看,要避免绿带规划在实施中出现"缩减"和"变异"问题,以下几方面非常重要:(1)应制定及时的专项法规,对城市绿带的空间布局范围进行刚性管控。上海外环绿带之所以出现"缩变"的问题,就在于专项法规出台太晚,外环线周边的城镇建设活动未能得到及时的控制,这就使得1999年版规划不得不调整范围。并且,即使后来颁布了专项法规，但由于设置了弹性条款，绿带范围仍然处于不稳定的状态。因此，及时的专项法规，同时配合刚性的管控手段，是阻止规划方案产生"缩变"的重要手段。（2）应注意绿带政策的规划时机，如果错过了最佳的时机，后续会面临不可逆转的问题。如上海外环线道路工程最早提出的时候，并没有提到要规划外环绿带，仅仅是对中心城的规划范围边界进行了论证，时任上海市长朱镕基亲自框定了600多平方千米的中心城发展范围，以具体落实外环线道路工程的选线（陆幸生，2011）。直到外环线道路选线报批以后，市政府才突然提出要规划建设外环绿带。但此时由于外环线道路规划早已提出，部分大型项目已选址在外环线周边（如外高桥保税区），这就使后来提出的外环绿带规划处于被动的地位，在调整中不得不进行"缩变"。如果外环绿带能较早地提出，并与外环线选线工作统筹考虑，就不会出现这样的问题。（3）应利用相关联的要素布局，配合绿带的规划目标，以有效引导绿带空间规划顺利实现。外环绿带的案例表明，绿带并没有得到其他相关方面的有力支持，其中最为明显的就是轨道交通布局。众所周知，轨道交通站点在引导城镇开发方面的作用是明显的，如果轨道交通在外环线内外设置较长距离的站点，会从外环线周边疏解一部分开发建设，从而减少外环绿带所承受的开发压力。然而现实情况是，上海市的轨道交通布点基本都是均衡设站，并未考虑在外环线内外设置长距离站点。不仅如此，很多轨道交通站点还非常接近外环线，甚至部分轨道交通设施的选点（如北瞿路停车场和陈太路基地）直接占用了外环绿带。不难发现，轨道交通不但没有协助外环绿带的规划实施，反而还为其进一步发生"缩变"创造了条件。由此可知，各类规划系统之间的相互配合与协同非常重要，只有在这样的关系下，绿带规划的实施方案才会有更好的稳定性。

7.1.3　实施中的"推力不足"

城市绿带的实施过程，也即这一要素在城市空间结构中的"生长"过程。而它能否顺利实现，则在于其背后的推动因素及条件是否完善。如果不够完善，那么便会使绿带规划在实施过程中呈现不稳定的状态，继而沦为被其他项目占用的"弱势空间"。如同植物生长所需的阳光、空气、水分、营养等，绿带规划实施中的各类政策、资源、条件和运作要素等，都是促成绿带顺利"生长"的基本条件，是绿带顺利实施的必要推动因素。

在上海外环绿带的规划实施中，无论是政府的引导，还是资源的投入，都未能达到很好的状态，由此导致了"推力不足"的现象。本文第5章中对此问题进行了整体性的揭示与讨论。首先政府在绿带实施过程的三个阶段中，均未能对外环绿带给予同等力度的干预条件，第一阶段是积极支持，第二阶段是大力推进，第三阶段则有限扶持；其次，在不同的政策引导背景下，外环绿带实施所得到的资源和条件自然就会有差异，如政策偏向、资金投入、法规编制方面便会给绿带实施的稳定性带来相应的影响；最后，在执行运作方面，政府机构在不同阶段均采取了不同的运作模式，如第一阶段政府全权负责，第二阶段企业和市场成为主力，第三阶段则是政府与市场优势互补。但无论哪种模式，规划实施在推进效率和避免不确定性方面都难以达到理想的效果，这也对实施推进的稳定性产生了较为明显的影响。总之，绿带建设中"推力不足"的问题非常值得关注，这是绿带规划实施能否真正到位的重要条件。

要保持绿带空间规划在实施过程中的稳定性，结合由本文案例得到的经验和教训，以下两点比较重要：

（1）在绿带规划实施期间，政府应保持长期而稳定的政策支持及资源投入。对于任何一项大型的城市绿带规划项目而言，其建设的长期性是不可避免的常态。本文的外环绿带案例就前后实施了20多年，目前仍然处于精细化的建设阶段。在这种长期推进的背景下，政府在政策引导、法规制定、资源投入力度方面都应当制定长远而切实的计划，并保持相应的稳定性，如在政策引导方面，不能因为形势变化了，就减弱对绿带规划实施的政策支持力度，也不能因为有某类大型项目的近期需求，就减少对绿带规划实施推进的资金投入；同时，强力的法规保障体系也应当配合实施。总之，城市绿带规划实施背后一定要有强大的政策支持、强力的法规保障和稳定的资金来源，如果政策、法规和资金不能同时产生恰当的"合力"，绿带的规划实施便会出现"失稳"的情况，就像本文的外环绿带案例一样，由于"失稳"问题出现，每一阶段的实施成效都与阶段目标产生了一定差距，从而影响了预期的规划进展。

（2）在实施过程中，市、区政府之间，政府和市场之间应形成稳定而高效的协作模式，共同推进绿带空间的稳步实施。上海外环绿带在实施过程的不同阶段，均采取了不同的运作模式，如在第一阶段主要依靠政府，第二阶段主要依靠市场，但这两种模式均有较为突出的问题，前者效率不高，而后者不确定性太明显。到了第三阶段，相关部门采取了政府与市场相结合的模式，终于使得外环绿带的建设推进相对稳定。因此，对于绿带规划而言，适宜的分工推进模式是影响实施稳定性的重要因素之一。在实施中应处理好市、区两级政府的分工问题，并在此基础上与市场合作，通过相关的优惠政策，为绿带空间的建设创造相对稳定的资金流，由此确保规划实施的稳定性。尤其是对于具有公益性质的城市生态绿化空间而言，适当引入市场融资是非常必要的。

7.1.4　实施中的"结构失灵"

城市大型绿带规划项目的实施，其目的是通过生态空间的组织来影响城市的战略空间布局，形成疏密有致、健全而可持续的城市空间结构体系。如果绿带规划的实施程度不够，便无法产生预期的结构性影响，由此可能会出现"结构失灵"的现象。而就绿带的规划建设而言，其关键的结构性影响在于：①维持建成区之间的适宜距离，避免大规模的建设过度集中；②促进城市形成有一定形态布局特征的空间布局模式，服务于城市的发展战略与地区管控；③在高密度社会经济活动集聚的地区引入适当的自然生态空间，以便利居民的游憩生活。如果绿带建成后仍然没有很好地避免诸如"摊大饼"之类的现象，那这样的结果就意味着绿带未能产生相应的结构性影响，从而产生"结构失灵"的现象。

从外环绿带的实施效果上来看，规划意图并未很好地实现。尽管规划"绿环"在现实中有所体现，后续的各类规划编制文件也认可了这一成果，并将其纳入新的规划框架，但在实际的建成环境，绿带并未达到预期效果。第6章的研究已经表明：①上海市中心城建设用地"摊大饼"的趋势还是非常明显，尤其是在浦西地区，几乎和外围近郊区连成一片，中心和外围的建设用地几乎完全集中，未能形成预想的"空间隔断"；②就人口密度的分布特征来看，规划结构中的"中心—外围"特征完全没有形成，反而呈现由中心向外围逐步递减的现象，进一步说明外环绿带存在"结构失灵"的问题；③外环绿带形成的公园体系在目前来看是值得肯定的，在高密度的城市建成区内形成了相应的生态绿色空间，公众评价也相对较高，服务了外环近郊区地段乃至整个城市的居民，也提升了城市整体的生态环境质量。但是，在"结构失灵"的背景下，外环绿带的一些潜在性贡献是不明显的，因为空间结构才是最为直观的因素，也是所有人可以直接判断的指标。在这种情况下，绿带未能按预期实现，是绝大多数人都容易认同的观点，也是绿带规划被认为"实施不够"的重要因由。

对于那些"结构失灵"的绿带规划而言，全方位地揭示其规划实施贡献，是非常必要的。一般而言，这一类案例往往是最有研究价值的，因为通过研究这样的案例，能对规划实施的经验和教训进行更好的总结，换句话讲，只有明白了失效的原因和导致失效的各种因素，才能明确如何保障规划实施的有效性。

从外环绿带案例的实施情况来看，绿带在空间结构层面的"失灵"并没有带来规划实施的"失效"。在第5章实施过程分析中已经揭示了，政府为实施外环绿带付出了不少的努力，只不过在不同阶段下的阶段形势和影响因素不同，使得规划实施未能完全遵从预期。从这个意义上来看，规划实施并非"失效"，只是未能走向较好的预期。而第6章的研究表明，虽然外环绿带在空间结构方面的实施效果相对较差，但在社会服务和城市发展方面的贡献却是相对较好的。如在社会服务方面，外环绿带上所建成的公园体系，其布局位置和服务范围均较好地服务了外环周边的人口高密度区域，与此同时，公众对于外环公园的服务质量也给予了较高的评价。而在城市发展方面，外环绿带的规划实施直接为迪士尼项目的引进提供了基础，其专项法规中的弹性条款，也为外环周边都市设施与功能的进一步完善创造了条件。这些贡献虽然与规划空间结构目标没有直接的关系，但对于城市的综合发展而言却是十分必要的。"结构失灵"的外环绿带，在城市建设的其他方面还是做出了明显的贡献，不但不是"无效"，反而是"有效"的。因此，"结构失灵"的规划绿带，并不一定意味着规划实施过程及其结果"无效"。当然，这一现象的背后，其实是规划政策目标的多元性和规划实施效果的多重性，空间结构层面的目标只是其中之一。因此，考察规划实施效果及影响的多重性，对于理解绿带规划实施的有效性，是非常关键的。

7.2
关于规划作用的讨论

7.2.1 规划的"得与失"

通过前面揭示出的问题，如何认识规划的作用？规划实施的经验教训有哪些？如何理解其得与失？绿带的规划实践最终收获了什么，失去了什么？

这里就涉及一个问题，怎样判定绿带规划实施的"收获"，或者说，绿带规划的实施在哪些方面是成功的？就最直观的空间结构来看，与伦敦、首尔、深圳等城市的刚性绿带相比，上海的案例并不成功。但如果站在城市整体发展的视角，刚性绿带也会造成如民生阻碍（如对绿带内产业经营的管控）和发展阻碍（如给公共项目选址带来影响）等负面影响。因此，有学者指出，城市绿带规划不应当是现代主义追随者们所欣赏的那种"地毯式"（blanket）的、具备严格管制条件的、单一的结构要素，它应当是在尊重地方差异的前提下，由各个地方机构依照自身诉求而形成的一个政策拼图（patchwork）。按照彼得·霍尔的观点，就连阿伯克隆比爵士本人在伦敦绿带实施后的半个世纪内，也从来没有认为绿带应该是绝对刚性的永久区域（Amati，2008）。

因此，外环绿带规划实施的成功之处，可以从以下几个方面来理解：

（1）通过规划编制和相应的政策实施，成功干预了外环线周边的开发建设。尤其是在上海市城市建设迅猛发展的大背景下，形成了外环线周边的绿色生态空间，一定程度上改变了近郊区蔓延的状况。

（2）尽管站在传统的规划立场上来看，外环绿带预设的空间目标未能实现，但从增加绿化建设、促进地区发展、优化生态环境等方面来看，外环绿带还是给城市带来了较为明显的提升。

（3）外环绿带规划体系中刚性和弹性并存的特征，在推进绿化建设和预留发展空间这两者之间创造了一定的平衡。通过在实施过程中不断调整方案，尽力实现占补平衡，外环绿带的总量在一定程度上得到了维持；而通过绿带法案中的"弹性条款"，为某些战略项目预留了发展空间，如迪士尼项目。

与此同时，外环绿带规划实施的缺憾也异常明显。当然，这些缺憾的来源是多方面的，以下几点比较重要：

（1）外环绿带规划"生不逢时"，提出的时机偏晚。而在实施过程中，外环周边用地所面临的开发压力巨大，绿带的规划实施需要不断地与不同时期、不同类型、不同重要程度的项目开发进行协调，导致了方案逐步偏离预期。

（2）政府系统对外环绿带的支持和推动呈现出较大的波动性。第5章的分析已经表明，政府系统在各个阶段给予绿带的支持条件和推行的运作模式都呈现出了差异，这导致外环绿带规划实施过程的不稳定性。

（3）绿带规划的相关法规不够及时，且在刚性管控方面力度不够。最初建设外环绿带时，虽然建委出台了一条控制性的条文，但真正的专项法规直到七年后才颁布，而此时外环绿带的规划范围已经不得不"缩减"。同时，由于多方面的现实原因，外环绿带的规划实施在动迁老旧建设和管制新增建设方面，并没有体现出明显的刚性特征。

7.2.2　规划的作用与局限

规划体系一般可包括规划编制、规划法规、规划行政、规划运作等四个方面，但就规划部门本身的职能来看，编制规划和审批管理是规划部门的主要任务。前者涉及绿带规划方案的制定及调整，后者涉及绿带规划范围内项目的审批与管控，两者构成了规划系统的核心操作环节。在本文的案例中，绿带规划体系的力量是相对有限的，主要体现在三个方面：

（1）规划体系对客观形势的回应能力：外环绿带规划不同阶段的调整，更多的是回应客观形势的需求，以解决面临的直接问题，而正是相关法规和行政程序为这一能力奠定了可能。

（2）规划体系对方案蓝图的延续能力：尽管外环绿带的规划范围在几轮

调整之后有所缩减，但蓝图最初的设想在每一轮调整中都在尽力保持，即使后期调入了防护绿带和"飞地"公园，也反映了规划体系对蓝图的尽力弥补。

（3）规划体系对方案实施的贯彻能力：在外环绿带规划实施的三个阶段中，每个阶段都产生了与该阶段规划目标相符合的建设成果，从第一阶段的100m林带，到第二阶段的400m绿带，再到第三阶段以公园节点为主的生态专项，反映了规划体系干预建成环境的有效性。

尽管上述三个方面的能力体现了规划体系的作用，但如果以规划预期蓝图为参照标准，这样的作用还不够完善。其原因在于，规划体系本身的力量并不足以产生强大的"规制效应"，因为这背后还涉及规划体系本身的"局限性"：

（1）规划体系难以影响城市的宏观政策

如城市有关人口、土地和交通方面的宏观布局政策。如果这三个方面的政策有意按照"中心—外围"的空间结构进行布局，绿带建设将获得最大的空间和最小的冲击。而现实情况是，政府系统对这三个要素的规制未能成行，规划系统自然也无能为力。

（2）规划体系难以直接获取足够高效的法规和行政资源

由于专项法规的制定必须遵循一定的行政程序，且需要各方面条件成熟，因此外环绿带的法规出台并不及时，给绿带的前期管控带来了很大的困难。同时，绿带建设管理部门由于行政级别设置的问题（属于绿化市容局的二级机构），在一些大型项目动迁的过程中难以占据主动，这给规划实施的进度带来了明显的影响。

（3）规划体系难以决定政府对绿带建设的支持力度

在城市建设高速发展的时代背景下，城市各个阶段的建设重点也有所差别。从外环绿带的案例中可以看到，政府对绿带规划的支持力度并不稳定，因为需要平衡各个阶段城市发展建设的重点，从而决定了绿带规划建设在资金保障、政策配套等方面所能获取的资源条件，进而给绿带规划实施的进度带来直接的影响。

7.2.3   规划实施的理想途径

在城市总体规划的用地布局中，绿带应当是战略布局和空间干预的预期蓝图。而在实际的规划实施中，它是一种尝试，借用威尔达夫斯基的话来讲，规划只是对控制我们行动结果的尝试。因此，在尝试之前，需要一个完美的计划来引领。但能否实现、实现多少，还在于现实的推力和阻力各有多大。而实施的过程，就是理想与现实相互"摩擦"的过程，既然是摩擦，便有可能存在相互损耗。外环绿带案例的过程就体现了这一特征，这在前文中已有所讨论。那么，结合外环绿带规划实施的经验与教训，要通过各种实施途径，才能顺利实现绿带规划的愿景。以下几个方面的条件必不可少：

（1）政府长期、稳定、积极的引导

这是绿带蓝图实现的关键。发达国家的经验表明，绿带的实现必须建立在政府长期而稳定的管控体系与资源投入上。墨尔本的案例说明，即使绿带如城市遗产一般历史悠久，也难以抵挡政府规划体系变化所引起的绿带政策的"失效"。而上海外环绿带的经验则表明，当市政府要重视绿化建设的时候，相关的资源投入就相对充裕；而当市政府重点转移的时候，绿带得到的支持力度就会相对减弱，甚至连区县的绿带考核指标都被转化为笼统的绿化建设指标。这说明大型绿带的建设必须以政府长期而稳定的引导为前提，如果没有这个前提，任何强大的规划体系也无能为力。

（2）及时而相对严格的法规保障

法规保障的重要性不言而喻，伦敦绿带、首尔绿带、深圳的生态控制线，皆以严格的刚性管控为基础，因此取得了符合愿景的空间效果。而上海外环绿带之所以偏离预期，一方面是因为专项法规的出台太晚，绿带开工8年后才颁布出台；另一方面，则与法规的弹性管控条款有着极大的关系。所以，虽然上海外环绿带的法规保障在近年来愈发完善，但其完善周期似乎相对比较漫长，在早期没能及时形成严格的法规管控，这对绿带这样的非建设用地而言是不够的。相比之下，国外成功的绿带案例表明，严格的管制条款和多层次的法规保障体系，是绿带实施的重要手段，如维也纳的案例。这部分在文献综述中已有介绍，在此不作赘述。

（3）"以村民为本"的配套政策

除了必要的法规政策以外，由于绿带的实施直接涉及大量的村民集体和乡村社区，妥善解决这些村民的出路至关重要，这就涉及相关的配套政策。就国内来看，深圳、北京和上海，无论绿带的实现程度如何，民生问题都成为绿带政策令人诟病的地方。如在深圳的案例中，尽管生态控制线规划达到了预期效果，但近乎苛刻的管控却遭到了内部居民的强烈反对。上海和北京的问题比较类似，都是在依靠农业产业结构调整而实施绿带的过程中，忽略了那些已经失去土地使用权的村民们的切身利益，由此引发了不必要的民生问题，带来了消极影响。因此，作为"三农问题"相对突出的农业大国，我国在城市绿带的规划实施中，应该把"以村民为本"的理念放在最为首要的位置，以此来制定绿带规划的配套政策。我们不应该只将绿带作为传统的城市规划手段，而应兼顾其引发的社会影响。绿带的空间效益固然重要，而如果能借此同时解决乡村的民生问题，推动相应的城镇化进程，创造更加和谐的城乡关系，则是一件更有意义的事情。

（4）市场资金的"有效"支持

作为长期性的公益性项目，政府不太容易成为城市大型绿带的"永久投资主体"。如德国柏林的环城公园体系，其运作模式是自下而上形成的，政府只起到助推作用。这表明长期而言市场才是绿带建设及维护资金的主要来源，特别是在我国这个人口大国，政府不太可能以全额的财政投入来维护一个巨大的绿化带。尽管上海市在400m林带的实施中引入了"企业模式"，但在引入资金的同时，将实施的主动权让给了企业，使得绿带的经营效果过分依赖于市场，由此导致了一些失控的情况；与之类似，北京在第一道绿隔的建设过程中，也依托房地产开发，由村集体组织负责实施绿带，但后面也出现了失控的情况。究其原因，还是因为绿带实施的主动权没由政府来把控，使得实施偏离了规划。因此，根据上海外环绿带第三阶段生态工程规划的经验，在绿带的实施中，市、区二级政府分工协作，共同把握绿带实施主动权，并采取出售捆绑用地的方式，从市场获取资金支持，这种方式目前看来是相对合理且有效的。虽然在建设进展上并不算快，但其稳定性要好于完全依赖市场的模式。从这个意义上来看，从市场获取资金来支持绿带是一方面，但如果要确保资金对绿带支持的"有效性"，还必须由政府来把握规划实施的主动权。换句话讲，绿带的成功实施，应当建立在"自下而上"的市场支持和"自上而下"的政府管控的双重途径的基础之上。

7.3
本章小结：
规划绿带未能如期实现的根源

　　本章对外环绿带案例在规划实施中的四个突出问题进行了审视，并探讨了规划作用的局限性问题。结合这两个内容，回到"规划实施为何未能如期实现"这一问题，可以发现，规划绿带未能如期实现，存在三个方面的"根源"：

（1）外部根源

　　来自于"建设类项目"对生态绿带这类"非建设类项目"的"占取"，以及绿带规划范围与周围"非建设类项目"的合并，这是表面上的原因，但不能认为是这些项目导致绿带规划的实施未能如期实现，因为这背后是整个城市空间规划决策体系运作所引起的后果，其原因在于规划管理的调整，故这些项目之间并不存在明显的因果关系。

（2）内部根源

　　规划体系中的决策变化和政策执行中的推力变化，与当前的实施状况的确有直接的关系。但就规划体系本身而言，"前瞻未来"和"回应现实"是规划实践的基本任务，规划体系的决策变化，很大程度上取决于对这两项任务的综合考虑。从外环绿带的案例中可以发现，规划方案的"前瞻性"相对比较理想化，而实施过程中的规划调整则倾向于"回应现实"。因此，规划体系也不能单独成为规划实施未能如期实现的原因。

（3）主观根源

尽管绝大多数人倾向于以空间蓝图作为评判标准，但外环绿带的空间效果不明显是一个不争的事实，即使在其他方面贡献突出，但由于没能较好地完成"本职工作"，故认为规划未能如期实现并非不妥。

综合来看，规划实施未能如期，并非某一类特定因素所致，而是各个方面的必要因素未能在恰当的时机、以恰当的方式形成协同效应。对于外环绿带这样的"大规划"而言，协同并不能靠规划体系的一己之力，期待新时期的国土空间规划体系能够真正解决这一问题。

第 8 章

结语：实施视角下的规划研究

8.1

再议规划实施

尼格尔·泰勒（Nigel Tylor）在其《1945年后西方城市规划理论的流变》中对普雷斯曼和威尔达夫斯基的《实施》（*Implementation*）一书给予了高度的评价，并揭示了规划实施研究的基本特征并非是展望更好的未来和更好的实施可能性，而是回顾过去实施过程中那些"显而易见"但又不为人知的细节，而正是这些细节，阻碍了原来的规划愿景实现。结合本书案例的研究经验，为了更好地理解规划实施，笔者提出了规划实施研究有别于传统规划研究的五个方面：

（1）以过去为导向

传统规划研究主要关注于未来，是以前瞻性为导向的研究；而实施研究主要关注过去，是以回溯性为导向的研究。

（2）以反思为途径

传统的规划研究是规划实施前或实施过程中的研究活动，其研究的目的是为了帮助规划形成更好的决策，修正或优化既有的规划决策；而实施研究则注重对规划实践进行检讨与反思，对规划实施中的一些重要议题进行剖析，探索规划体系在规划实践中的角色与作用。

（3）事后性

传统的规划研究在时间上通常会配合规划的编制和实施，作为规划编制中的专项研究，或者规划实施过程中服务于修编的专题研究；而实施研究则是在规划实施到一定阶段或完成以后才会开展。

（4）非参与者的视角

传统的规划研究的立场是规划实践的"参与者"，作为规划编制和实施的推动力量之一；而实施研究的立场则是规划实践的"反思者"，作为检讨规划实施相关问题的重要途径。

（5）以历史事件为对象

传统规划研究更注重城市空间如何在多种因素的作用下发生变化，基于对变化的判断，提出相应的干预政策；而实施研究则更注重对过去规划的干预情况及其带来的变化进行考察，这样的研究更像是对规划的实施进行"历史分析"，以对规划的作用和效果进行剖析。

综上所述，借鉴规划前辈法卢迪对规划理论的分类描述，传统的规划研究更类似于"规划中的研究"（Studies in Planning），是规划实践活动中的要素之一；而实施研究则属于"对规划的研究"（Studies of Planning）中的一类，是对规划实践活动所进行的"第三方"视角的研究。

另外，实施研究作为反思和检讨规划实施的一种手段，除了积累过去规划实施案例中的经验和教训，"以史为鉴"之外，还有一个重要的目的，便是对规划实施的有效性问题进行探寻。众所周知，由于城市规划工作的综合性、复杂性和长期性，规划实施的实际效力通常并不明显，需要通过相应的研究工作来回顾和揭示，由此加强对规划实践的认识。

就研究方法而言，"回溯"和"解读"在实施研究中极其重要。如本文对上海外环绿带所进行的实施评价研究，其中最重要的工作基础在于对外环绿带的规划演进及其实施过程所进行的"回溯"，由此尽量还原了外环绿带的规划建设历程，为深入了解结构性要素的"实施"活动及相关事件奠定了事实性的基础。实施评价的回溯工作的主要方法在于较大量的文献分析，尤其是外环绿带实施了20多年，期间的很多有关实施建设的信息都广泛地隐藏在各类论文、档案、新闻、专著、方志等多种文献中，如果要对规划的实施进行深入了解，那么对这些文献的搜寻、汇总、比较、提炼、建构是十分必要的，也只有基于这样的工作，有关绿带实施的历史演变过程才可能较为完整地展现出来。

此外，实施研究的目的，并不是要找出规划实施的"成败"与"对错"，而是要通过研究，对规划"实施"如何发生、如何演进、如何受到影响、如何体现出有效性等问题尝试进行"解读"，这样才能较好地理解"实施"及其背后的问题，由此对规划实践进行反思。如在本书的案例中，首先揭示了外环绿带当前的实施状况较为明显地偏离了规划的预期蓝图这一现象，基于这一现象，本书通过对实施过程和实施效果的考察，进一步讨论了规划实施为什么偏离了预期，规划实施的贡献究竟有多少等问题，在这个过程中，外环绿带的规划实施情况得到了整体性的呈现。

8.2
实施分析的逻辑

本书提出了"现象—历史—贡献"的研究逻辑，以此作为分析大型规划项目实施情况的逻辑框架：

8.2.1　"现象"判断：作为问题起点的实施状况分析

大型的城市规划项目，由于最终都会落实到物质空间层面，故而这样的空间是可见的，是能够在实际的现象中观察到的。因此，对其进行评价，第一步应当是从现象层面来观察和分析该类项目在建成环境中的实际情况，并以规划蓝图的空间范围为依据，评价规划的实施结果是否与规划蓝图相符合，也即对规划实施结果所进行的"现象"判断。

结合本书的案例，在"现象"判断方面，主要围绕外环绿带的实施状况。实施状况是外环绿带在城市土地空间及建成环境中的具体体现，是规划实施结果在物质空间层面的直接"现象"。通过将实施状况与规划蓝图进行相应的比对分析，才能明确规划实施是否符合预期的愿景，如果实施现状偏离了规划预期，那么就有必要对规划的实施历程进行追溯，以探明为什么规划预期未能实现。本书通过对外环绿带实施状况的"现象"进行分析，发现其实施在较大程度上偏离了规划预期，未能吻合最初的规划构想，也与调整后的法定规划有较大偏离。而要探究其背后的原因，就必须深入"现象"背后，对其实施的"历史"进行考察。由此可知，"现象"判断是规划实施研究的起点。

8.2.2 "历史"判读：作为关键环节的实施过程分析

如果我们发现现象出现了问题，那么就应该追问历史。如：该规划项目的实施缘何而起？其来龙去脉如何？为什么形成了今天这样的实施结果？而要回答这些问题，就需要对规划实施的运作过程进行分析。显而易见，任何物质空间现象的背后，都有其形成的历史进程，而这一历史进程正是由各种推动和制约此现象的多种力量所塑造。通过对实施的历史进行回溯与解读，便可找出规划实施背后的影响因素与决定性力量。因此，"历史"判读是对"现象"判断的结论所做的进一步揭示，是规划实施研究的关键。

就本书的案例来看，由于上海外环绿带的规划实施是一项长期性的、多部门的、综合性的政策过程，故对其历史进行研究，即对其实施过程进行分析。实施过程的研究有两个重要目的：一是判断"规划因素"在实施过程中到底体现了什么样的作用；二是明确制约"规划因素"发挥作用的各类影响因素，由此便可找出规划实施偏离预期的缘由。本书借助"背景问题""规划应对""实施条件""执行运作"和"阶段成效"的"五因素"框架，揭示了规划作用的有限性，并发现外环绿带所面临的城镇发展形势、政府不稳定的支持力度、不够及时的弹性法规以及各阶段不够高效的运作模式，在不同程度上制约了规划实施。由此可知，实施过程分析是规划实施研究的主体，又通过对实施运作的历史进程进行剖析，才有机会发现"现象"背后的深层次缘由。

8.2.3 "贡献"判析：作为研究重心的实施效果分析

在理解规划项目实施历史进程的基础上，研究规划实施的贡献应是接下来的重点。这部分主要围绕规划项目的实施是否带来了预期中的贡献，不同规划目标框架下的贡献情况如何，为城市带来了哪些变化。这一部分称为"贡献"判析。如果说"现象"判断只是对规划实施结果进行描述和分析，"历史"判读是对促成结果的实施过程及其变化特征进行揭示和解读，那么"贡献"判析则是对规划实施带来的有效性与积极影响进行的考察与评估。

　　本书的案例通过对外环绿带主要规划目标的提炼，考察了各项目标的实现情况，并在此基础上判断了规划的实施效果。研究表明，规划实施的效果在不同目标体系中所产生的贡献具有多重性，不能一概而论。尽管在空间结构方面，规划实施显得无能为力，但在社会服务、生态环境和城市发展方面，规划实施都体现出了不同程度的贡献。借助这个案例可以发现，对于大型的城市规划项目而言，其最后的实施贡献通常都具备多重性，即使未能实现空间结构的目标，其他方面的贡献也不应忽视。因此，对规划实施的"贡献"进行判析，是规划实施研究的重心，能为全面、公正、客观地认识城市规划实践的作为和有效性，创造必要的基础条件。

　　基于上述逻辑，本书提出了规划实施研究的总体框架，该框架包括"研究逻辑""导引问题"和"研究步骤"等三个方面（表8-1）：

规划实施研究的逻辑框架　　　　　　　表 8-1

总体逻辑	导引问题	研究步骤
"现象"判断：规划实施状况分析	规划项目的实施与规划蓝图的契合程度怎样，是否偏离了规划预期的空间布局？	（1）基础性评价：以"建成现状—规划蓝图"的比对分析为基础，对相关的指标进行测算；（2）"偏差建设"及特征：找出不契合规划蓝图的"偏差建设"，并对其特征进行考察；（3）总体评价：对规划项目的实施状况是否偏离了规划蓝图的空间布局进行综合判断
"历史"判读：规划实施过程分析	规划项目的实施为什么会偏离预期？实施过程中规划因素体现了多大的作用，哪些因素影响了规划实施，如何影响的？	（1）建立实施过程框架：根据规划项目的实施历程，划分阶段，建立实施过程分析的因素体系；（2）对过程因素进行分析：在历史回溯工作的基础上，借助实施过程框架，对规划项目的实施历程还原，并对其各阶段的因素特征进行评价；（3）实施过程的总体评价：对各因素在不同实施阶段中的变化特征进行总结，在此基础上，对规划因素的作用，以及影响规划作用的各项因素进行分析、讨论与评价
"贡献"判析：规划实施效果分析	规划实施在各项预期目标的推进过程中，是否体现了促进作用，有多大的贡献？	（1）对规划目标进行提炼：通过分析规划文献，对规划项目背后的相关政策目标进行提炼；（2）对各目标的实施情况进行考察：在明了规划预期的基础上，对各项目标在当前的实施情况进行考察，以明确其是否体现了规划预期；（3）规划实施的绩效分析：结合实施的历史与过程，判断规划实施是否有助于该目标的达成，是否对各项目标的实现做出了贡献

8.3
实施研究的未来

通过规划实施的相关研究，可以找到规划偏离预期的因由，即规划未能如期实现的"罪魁祸首"。本书透过外环绿带的案例分析，发现规划未能实现的"罪魁祸首"并不是某一件事或某一个原因，而是多方位的。本书倾向于形成一个完善而整体的规划实施研究框架：即"状况—过程—效果"，这也是考虑了外环绿带案例"有所实施、有所未实施"的特征。但在实际情况中，针对不同实施状况的规划项目，还有两类研究倾向值得注意：

8.3.1 "过程倾向"的实施研究

如果规划案例的实施状况距离规划预期非常大，乃至最终未能如期实施，那么实施研究就应当注重对案例的实施过程进行剖析，以找出为什么规划实施会走向这一结果？哪些因素以何种方式影响了规划的实施进程？普雷斯曼和威尔达夫斯基的《实施》一书所揭示的案例，正是这种类型，即"过程倾向"的规划实施研究。

8.3.2 "效果倾向"的实施研究

如果规划案例的实施状况比较好，基本接近规划预期，那么在实施研究中除了回溯规划实施过程外，最主要应关注规划实施的效果，以考察在规划项目基本建成的情况下，其实施效果是否真的符合规划政策所提出的多元目标？是否达到了相应的意图？如果没有达到，为什么？规划实施是否还带来了新的问题？这是"效果倾向"的实施研究。

对于城市规划实施研究的课题而言，本书的成果非常初步，进一步推进该课题的方向也比较多，以下几个方向值得注意：

（1）针对国内外各类大都市绿化带的规划实施进行比较研究。本书提出了一个较为整体性的理解规划实施的理论框架。可将此框架运用于国内外其他城市绿带的规划实施案例之中，以总结不同类型城市绿带规划项目在实施过程和实施效果中的共性规律与个性特征。这一方向的课题，在我国当前生态文明战略导向的大背景下，有重要的理论与现实意义。

（2）对不同类型的城市结构性规划项目的实施过程进行研究。结合本书提出的研究逻辑和方法框架，可尝试对其他类型的城市规划项目——如城市的核心功能体系规划（如创意产业集群规划、公共中心规划、商业办公体系规划等），以及大型的道路交通体系规划等项目的实施进行整体性评价，借此对规划体系的作用进行研究，为进一步认识城市规划实践的有效性提供参照。

（3）站在城市发展史的视角对城市规划实践的作用进行研究。无可否认，城市规划实践是促进城市空间演变的推动力之一，它通常在"自上而下"的框架内，并与各种"自下而上"的力量交互在一起，共同影响我们的城市建成环境。因此，从城市规划实践的角度来研究城市发展史，对更进一步了解规划实践的历史源头及演进脉络，及其在建成环境演化过程中的具体作用与影响，有着独特的理论价值和学科意义。

附录　上海市外环绿带实施的节点事件

1993年5月　上海市规划局向市建委上报了《上海市外环线规划方案》，确定了外环线的走向，方案提出道路红线宽100m，两侧各留25m的绿化隔离带。

1993年6月　上海市政府召开了第三次城市规划工作会议，时任市长黄菊同志明确提出："要抓紧规划，在外环路外侧规划至少500m的大型绿化带，从根本上改善上海的生态环境，并将其作为上海迈向21世纪、造福子孙后代的一项重大举措。"

1994年2月　上海市规划院完成了《上海城市环城绿化系统规划》的初步方案。

1994年8月　上海市副市长夏克强召开会议，听取了由上海市建委、规划局和园林局共同完成的《21世纪上海环城绿带建设研究报告》，并提出继续深化落实规划方案。

1994年10月　上海市规划局编制完成了《上海城市环城绿带规划》，并会同园林区和有关区县政府进行审议，将其纳入全市绿化系统规划。规划绿带面积超过了72km²。

1995年9月　上海市副市长夏克强召开市政府专题会议，决定成立外环线及环城绿带工程建设领导小组，并在市、区两级层面，设立环城绿带指挥部和外环线道路工程指挥部，以推进外环线及其绿带的工程实施。

1995年11月　上海市建设委员会下发了《上海市建设委员会关于外环线环城绿带工程规划控制和梳理项目用地的紧急通知》，着重对沿线外侧100m林带用地内的建设项目进行了严格的控制。

1995年12月　上海市外环线环城绿带100m林带第一期工程在普陀区桃浦镇开工建设，一期工程全长37km，以普陀沪嘉高速公路为起点，沿线经过嘉定、长宁、闵行、徐汇、南汇和浦东等6个区县，最后以浦东孙小桥为终点。

1996年1月　普陀区在一年内完成了约13hm²的林带建设。

1997年1月　普陀区在一年内完成了约15hm²的100m林带建设，浦东新区、徐汇区和闵行区的100m林带工程也开工建设，共完成了从浦东杨高路到闵行朱梅路全长约11km的林带建设，实施面积为69hm²。

1997年12月 普陀、闵行、徐汇和浦东共完成外环100m林带97hm²。

1998年2月 上海市政府将环城绿带列为当年的重大工程和实事工程，环城绿带启动了新一年的建设，按计划将穿越嘉定、长宁和闵行这一城镇化极为密集的区域。

1998年6月 上海市人大法治办公室、市建委、市园林局对环城绿带的法治问题开展了课题研究，并形成了环城绿带管理办法大纲。

1998年8月 上海市副市长韩正在面对"98中华环保世纪行"的采访中，将外环绿带列入上海正在形成的五大城市功能区之中。与此同时，由于实施难度大，进展慢，市政府召开了环城绿带重点实事工程立功竞赛动员大会，相关区县的领导在会上签下了"军令状"，保证按期完成任务。

1999年1月 各个区县排除万难，超额完成了任务，由此形成了从浦西沪嘉高速到浦东杨高路之间的宽100m、长25km、总面积为256hm²的"绿色城墙"。

1999年2月 环城绿带管理部门引入市场竞争机制，对绿带建设进行统一招投标，吸引了一批优秀的工程公司来参与外环绿带的建设。

1999年3月 外环绿带已建成的浦东三林段生态效益初显，出现了大量的野生动物，引起了绿带管理部门的高度重视。

1999年5月 环城绿带管理部门与日本生态学会开展合作，通过恢复上海本地的乡土物种，来探索营造生态次生林的方法，日方为此捐赠了30万元的科研经费。

1999年6月 上海市规划委员会办公室批准了《上海市外环绿带实施性规划》，该规划依据现状城镇化情况，在1994年版方案的基础上，调出了约24.8km²的用地，新增了约13.8km²的用地，进一步落实了外环绿带的"一级控制线"，并对地块的性质进行了相应的安排。

2000年2月 环城绿带完成了浦东杨高路至迎宾大道的绿化工程，由此基本贯通了普陀沪嘉高速公路至浦东迎宾大道的长46km、总面积达380hm²的"绿色长城"，环城绿带100m林带的一期工程竣工。月底，宝山区启动了环城绿带100m林带的二期工程。

2000年5月　上海市规划局依照实施性规划的范围，向各区下发了外环绿带控制线的规划图纸，提出了"统一规划，逐步实施，长期控制"的原则。

2000年11月　上海市人大常委会通过了修订的《上海市植树造林绿化管理条例》，其中明确提出了要以"绿线"为手段，对城市规划的绿地（含外环绿带）进行管理，这是全国第一例关于"绿线"的法规。

2001年5月　中华人民共和国国务院批复了《上海市城市总体规划（1999-2020）》的方案，并在批文中明确提出了要"加紧建设外环绿化带"。

2002年3月　上海市政府发布了《上海市环城绿带管理办法》，对环城绿地的建设管理、规划计划、调整审判、建设养护、管制原则等各方面做出了明确的规定。

2002年5月　上海市第八次党代会提出，上海将加快城市生态绿化建设的速度，以创建"国家园林城市"。

2002年7月　上海市政府提出了要在2003年新建绿地4000hm^{2}的"超常规"发展计划。

2002年8月　上海市政府批准了《关于促进本市林业建设的若干意见》，将以城郊农业结构调整，加大城乡林业建设比重，使全市的绿化总量获得大幅度增长，外环400m绿带也在此政策范围内。

2002年10月　随着宝山区外环100m林带基本竣工，全长98km、总面积达920hm^{2}的上海市外环线环城100m林带建设完成，与外环线道路工程同时完工。与此同时，《上海市绿地系统规划（2002-2020）》编制完成，规划进一步强调了外环绿带在中心城"环、楔、廊、林、园"中的主导地位。

2002年11月　上海市绿化委员会向全社会发起了"创建园林城市，共筑绿色家园——百万市民百万树"的全民义务植树活动。月底，该活动在宝山杨行镇正式启动，标志着外环400m绿带一期工程开工。

2003年3月　上海市环城绿带建设部门和住宅发展局推出了"租地备苗"计划，旨在引进房地产企业的力量，支持外环400m林带的建设。

2003年7月　上海市外环400m绿带到6月底已建成2106hm^2，提前半年完成了年度计划。

2003年10月　市政府召开上海市创建"国家园林城市"新闻发布会，宣布上海市的三大绿化指标均已经全面达到了国家园林城市的基本要求。月底，建设部考察组来到上海，对上海市园林城市的创建工作进行了评估。

2004年1月　在北京召开的全国建设工作会议上，上海市顺利获得了"国家园林城市"的称号。与此同时，外环绿带上的重要节点——闵行体育公园在已有400m绿带的基础上建成开放。

2004年3月　上海市市长韩正主持市政府常务会议，听取了环城绿带规划实施专项检查的汇报，提出要整治环城绿带，严格查处违法建设。

2004年5月　环城绿带一级控制区范围内的违法拆除工作全面启动，二、三级控制范围内的普查工作也已经结束。

2004年6月　上海市绿化局会同市规划局对环城绿带各区县的绿线调整、项目落地和村民动迁等内容开展调研，并对各区的上报方案进行整合，提出绿线的调整方案，为环城绿带的下一轮建设启动做准备。

2004年7月　上海市政府提出"双增双减"的城市规划方针，即增加公共绿地与公共空间，建设开发容积率和建筑总量，在该方针的指导下，外环绿带拆违量达到了9.5万m^2。

2005年6月　普陀区规划局会同上海市规划院编制完成了《普陀区生态专项建设工程规划》，对该区的绿带范围重新进行了调整。

2005年8月　环城绿带管理部门引入了智能防火监控体系，该套系统首先在绿带的川沙段通过验收，并会很快覆盖整个环城绿带的区域。

2005年12月—2006年10月　徐汇、闵行、长宁、嘉定、宝山等区的规划局先后会同上海市规划院编制完成了各区的《生态专项建设工程规划》，对各区的绿带范围重新进行了调整。

2006年4月　浦东新区外环张江镇段绿化工程、高东镇段绿化工程，和徐汇区生态专项建设同时获得规划许可（选址意见书），是获得许可的第一批外环生态专项用地。

2007年3月　市规划局、绿化局、规划院合作编制完成了各区的《生态专项工程指导意见与控制性图则》，依据各区绿带的调整情况，提出了生态专项工程的设计原则和相应的控制要求。月底，外环绿带上的重要节点——浦东滨江森林公园一期建成开放。

2007年4月　浦东新区规划局会同上海市规划院编制完成了《浦东新区

生态专项建设工程规划》，对该区的绿带范围重新进行了调整。

2009年9月　各区共有60块生态专项建设用地获得了相应的规划许可。

2009年10月　外环生态专项工程中的大型郊野公园——宝山区顾村公园一期建成开放。

2010年8月　上海市规划院编制完成了《上海市基本生态网络结构规划》，外环绿带在市区"双环"的生态结构中依然不可动摇。

2010年11月　上海市迪士尼乐园项目正式启动，其用地中有大部分都属于浦东新区川沙新镇外环绿带东南部地块的控制范围。

2012年3月　《新民晚报》以整版对环城绿带进行了专题报道，内容主要涉及其8.99亿元的生态价值、大量的野生鸟类及居民如何享用绿带。

2013年3月　外环绿带上的重要节点——闵行文化公园一期建成开放。

2014年3月　上海市规土局与环保局联合，对上海市的生态保护红线进行了划定，发改委、农委、绿化局、水务局等部门也参与了该项工作，并完成了初步方案。

2015年9月　上海市生态保护红线划示规划方案对社会进行公示，外环绿带被定位为"绿道"系统中的"环廊"要素，其面积缩减为52.46km^2。与此同时，上海市首个绿带规划《上海市外环林带绿道建设实施规划》出台，提出在2020年之前依托外环绿带建120km长的绿道，为市民的休闲娱乐活动提供服务。

参考文献

外文文献：

[1] ALTERMAN R, HILL M, 2007. Imple-
mentation of urban land use plans [J].
Journal of the American Institute of
Planners, 44 (3): 274-285.

[2] ALEXANDER E R, FALUDI A, 1989.
Planning and plan implementation: notes
on evaluation criteria [J]. Environment
& planning B: planning & design,16
(2): 127-140.

[3] AMATI M, 2008. Green belts: a twentieth-
century planning experiment [M] //
AMATI M. Urban green belts in the
twenty-first century. Hampshire:
Ashgate, 1-18.

[4] AMATI M, YOKOHARI M, 2006. Tem-
poral changes and local variations in the
functions of London's green belt [J].
Landscape and urban planning, 75 (1-
2): 125-142.

[5] BAER W C, 1997. General plan ev-
aluation criteria [J]. Journal of the
American Planning Association,63 (3):
329-344.

[6] BASSOK A, 2008. Instruments to
preserve open space and resource lands
in the Seattle, Washington metropolitan
region: A US alternative to green belts
[M] //AMATI M. Urban green belts
in the twenty-first century. Hampshire:

Ashgate, 149-164.

[7] BREILING M, RULAND G, 2008. The
Vienna green belt: from localized
protection to a reginal concept [M] //
AMATI M. Urban green belts in the
twenty-first century. Hampshire:
Ashgate, 167-183.

[8] BUXTON M, GOODMAN R, 2008. Pro-
tecting Melbourne's green wedges: fate
of a pulic policy [M] //AMATI M. Urban
green belts in the twenty-first century.
Hampshire: Ashgate, 61-82.

[9] BRODY S, CARRASCO V, HIGHFIELD
W, 2006. Measuring the adoption of
local sprawl: reduction planning policies
in Florida [J]. Journal of planning
education & research, 25 (3): 294-310.

[10] BRODY S, HIGHFIELD W, 2005.
Does planning work? Testing the
implementation of local environment
planning in Florida [J]. Journal of the
American Planning Association, 71 (2):
159-175.

[11] CALKINS H W, 1979. The planning
monitor: an accountability theory of
plan evaluation [J]. Environment and
planning A, 11 (7): 745-758.

[12] CORRELL M, LILLYDAHL J, SINGELL
L, 1978. The effects of greenbelts on
residential property values: some findings
on the political economy of open space

［J］. Land economics, 54（2）: 207-217.

［13］FALUD A, 2000. The performance of spatial planning［J］. Planning practice & research,15（4）: 299–318.

［14］GARNAUT C, 2008. The Adelaide Parklands and the endurance of the green belt idea in South Australia［M］//AMATI M. Urban green belts in the twenty-first century. Hampshire: Ashgate, 107-128.

［15］GORDON D, SCOTT R, 2008. Ottawa's greenbelt evolves from urban separator to key ecological planning component ［M］//AMATI M. Urban green belts in the twenty-first century. Hampshire: Ashgate, 129-147.

［16］HALL P, 1974. The containment of urban England［J］. The geographical journal, 140（3）: 386-408.

［17］HEALEY P, 1991. Researching planning practice［J］. Town planning review,62（4）: 447-459.

［18］KHAKEE A, 1998. Evaluation and planning: inseparable concepts［J］. Town planning review,69（4）: 359-374.

［19］KIM J, KIM T, 2008. Issues with green belt reform in the Seoul metropolitan area ［M］//AMATI M. Urban green belts in the twenty-first century. Hampshire: Ashgate, 37-58.

［20］KUHN M, GAILING L, 2008. From green belts to regional parks: history and challenges of suburban landscape planning in Berlin［M］//AMATI M. Urban green belts in the twenty-first century.

Hampshire: Ashgate, 185-202.

［21］LARUELLE N, LEGENNE C, 2008. The Paris-Ile-de-France ceinture verte ［M］//AMATI M. Urban green belts in the twenty-first century. Hampshire: Ashgate, 227-242.

［22］LAURIAN L, DAY M, BERKE P, et al., 2004. Evaluating plan implementation: a conformance-based methodology ［J］. Journal of the American Planning Association, 70（4）: 471-480.

［23］MASTOP H, FALUDI A, 1997. Evaluation of strategic plans: the performance principle［J］. Environment and planning B: planning and design,24（6）: 815-832.

［24］MASTOP H, NEEDHAM B, 1997. Performance studies in spatial planning: the state of the art［J］. Environment and planning B: planning and design, 24（6）: 881-888.

［25］MILLER C, AMATI M, 2008. The green belt that wasn't: the case of New Zealand from 1910 to the 1990s［M］//AMATI M. Urban green belts in the twenty-first century, Hampshire: Ashgate, 83-104.

［26］MORRISON N, PEARCE B, 2000. Developing indicators for evaluating the effectiveness of the UK land use planning system［J］. Town planning review, 71（2）: 191-211.

［27］NELSON A, 1986. Using land markets to evaluate urban containment programs ［J］. Journal of the American Planning Association , 52（2）: 156-171.

[28] NORTON N, 2005. Local commitment to State-Mandated Planning in Coastal North Carolina [J]. Journal of planning education and research, 25（2）: 149-171.

[29] OLIVEIRA V, PINHO P, 2009. Evaluating plans, processes and results [J]. Planning theory & practice,10（1）: 35-63.

[30] OLIVEIRA V, PINHO P, 2010. Measuring success in planning: developing and testing a methodology for planning evaluation [J]. Town planning review, 81（81）: 307-332.

[31] OLIVEIRA V, PINHO P, 2010. Evaluation in urban planning: advances and prospects [J]. Journal of planning literature,24（3）: 343-361.

[32] SABATIER P, MAZMANIAN D, 1980. The implementation of public policy: a framework of analysis [J]. Policy studies journal, 8（4）: 538-560.

[33] SENES G, TOCCOLINI A, FERRARIO P, 2008. Controlling urban expansion in Italy with green belts [M] //AMATI M. Urban green belts in the twenty-first century. Hampshire: Ashgate, 203-226.

[34] TALEN E, 1996. After the plans: methods to evaluate the implementation success of plans [J]. Journal of planning education & research,16（2）: 79-91.

[35] TIAN L, SHEN T, 2011. Evaluation of plan implementation in the transitional China: a case of Guangzhou city master plan [J]. Cities, 28（1）: 11-27.

[36] VAN METER D, VAN HORN C, 1975. The policy implementation process: a conceptual framework [J].Administration & society, 6（4）: 445-488

[37] VEDUNG E, 2004. Evaluation models and the welfare sector [M] //Julkunen I. Perspectives, models and method in evaluating the welfare sector: a nordic approach Helsinki: Stakes: 158-179.

[38] WANTANABE T, AMATI M, ENDO K, et al., 2008. The abandonment of Tokyo's green belt and the search for a new discourse of preservation in Tokyo's suburbs [M] // AMATI M. Urban green belts in the twenty-first century. Hampshire: Ashgate, 21-36.

[39] WILDAVSKY A, 1973. If planning is everything, maybe it's nothing [J]. Policy sciences , 4: 127-153.

论文及专著文献:

[1] 鲍承业，2008. 城市开敞空间环的规划与实施策略研究 [D]. 上海: 同济大学.

[2] 蔡北溟，陈晓双，达良俊，等，2012.上海市环城绿带建成初期林下自然草本植物多样性格局及其成因 [J]. 华东师范大学学报（自然科学版）（6）: 13-20.

[3] 蔡来兴，1995. 迈向21世纪的上海: 1996—2010年上海经济、社会发展战略研究报告说明 [M]//上海市《迈向21世纪的上海》课题领导小组. 迈向21世纪的上海: 1996—2010上海经济社会发展

战略研究. 上海：上海人民出版社，1-8.

［4］查萍，郑颖，王祥荣，1996.上海城市绿
化发展的思路及对策［J］. 上海建设科
技（5）：39-41.

［5］陈伟，2003. 科学管养，走绿带可持续
发展之路：对上海市环城绿带后续管养
的思考［J］. 中国园林（11）：39-40.

［6］陈伟峰，达良俊，陈克霞，等，2004.
"宫胁生态造林法"在上海外环环城绿
带建设中的应用［J］. 中国城市林业
（5）：21-33.

［7］陈晓钟，2007. 曹路镇志. 上海：上海
辞书出版社.

［8］达良俊，余倩，蔡北溟，2010. 城市生
态廊道构建理念及关键技术［J］. 中国
城市林业，8（3）：11-14.

［9］丁卓明，赖寿华，黄慧明，2012. 河源市
城市总体规划（2001—2020）实施评估及
应用［M］//孙施文，桑劲. 理想空间第
54辑. 上海：同济大学出版社，70-75.

［10］段鹏，郑伯红，侯科，2011. 基于GIS
的城市总体规划实施评估：以长沙市总
体规划（2003—2020）为例［C］//中国
城市规划年会论文集（光盘版）. 北京：
中国城市规划学会.

［11］凯泽，戈德沙尔克，沙潘，2009. 影响
评价及其减轻对策［J］. 王磊，译. 国
际城市规划（6）：15-25.

［12］范昕婷，2013. 上海市外环绿带不同植
物群落生态功能研究［D］. 上海：华东
师范大学资源与环境科学学院.

［13］范昕婷，郭雪艳，方艳辉，等，2013.
上海市环城绿带生态系统服务价值评估
［J］. 城市环境与城市生活，26（5）：1-5.

［14］方角，1999. 上海市规划委员会审议城
市总体规划［J］. 城市规划通讯（20）：3.

［15］费潇，2006. 城市总体规划实施评价研
究［D］. 杭州：浙江大学建筑工程学院.

［16］高凯，秦俊，胡永红，2012.上海市环城
绿带热岛效应改善分析［C］//中国园艺
学会观赏园艺专业委员会学术年会论文
集. 北京：中国园艺学会：594-597.

［17］顾凌云，管群飞，王璐，2006.上海市宝
山区生态专项建设工程（B11-B13）地
块园林绿化方案设计［J］. 风景园林
（1）：66-69.

［18］管群飞，2004. 上海市外环线环城绿带
后续建设对策研究［D］. 上海：上海交
通大学.

［19］上海市统计局，国家统计局上海调查总
队，2009. 光辉的60载：1949—2009上
海历史统计资料汇编［M］. 北京：中国
统计出版社.

［20］郭淳彬，徐闻闻，2012.上海市基本生态
网络规划及实施研究［J］. 上海城市规
划（6）：55-59.

［21］贺璟寰，2014. 城市规划实施评估的两
种视角［J］. 国际城市规划（1）：80-86.

［22］黄海天，2011.上海迪士尼对长三角
旅游业的拉动效应研究［J］. 特区经济
（1）：63-65.

［23］黄吉铭，1995. 上海城市总体规划已有初
步方案［M］//上海经济年鉴. 上海：上
海社会科学院《上海经济年鉴》社：60.

［24］黄吉铭，1999. 上海城市规划实施和发
展［J］. 上海城市规划（5）：2-5.

［25］黄菊，1993. 上海市政府工作报告［M］
//1993上海经济年鉴. 上海：上海经济

年鉴社.

［26］本刊编辑，2000．立法新视角［J］．上
　　海人大月刊（11）：16-17.

［27］李斌，2013．关于推进外环生态专项工
　　程建设的研究［J］．上海农业科技（5）：
　　81-85.

［28］李王鸣，2007．城市总体规划实施评价
　　研究［M］．杭州：浙江大学出版社.

［29］李智慧，宋彦，陈燕萍，2010．城市规
　　划的外在有效性评估探讨：以深圳市城
　　市规划为例［J］．规划师（3）：25-36.

［30］刘宏彬，2012．环城绿带（南汇段）人
　　工植物群落现状分析与评价研究［D］.
　　上海：上海交通大学.

［31］刘俊娟，2007．城市交通规划后评价
　　［J］．城市交通（11）：44-48.

［32］刘旭辉，2004．90年代以来我国小城市
　　土地利用变化分析及其总体规划实施评
　　价［D］．上海：同济大学.

［33］刘俊娟，王炜，程琳，2007．城市公共
　　交通规划后评价研究［J］．现代城市研
　　究，22（11）：25-33.

［34］龙瀛，韩昊英，2011．城市规划实施的
　　时空动态评价［J］．地理科学进展（8）：
　　967-977.

［35］鹿金东，1997.加快环城绿带建设，改善
　　上海生态环境［J］．上海建设论苑（3）：
　　14-15.

［36］鹿金东，吴国强，余思澄，等，1999.上
　　海环城绿带建设实践初析［J］．中国园
　　林（2）：46-48.

［37］罗振东，廖茂羽，2013.政府运行视角下
　　的城市总体规划实施过程评价方法探讨
　　［J］．规划师（6）：10-17.

［38］陆幸生，2011．巨变：上海城市重大工
　　程建设实录（快速路网）［M］．上海：
　　上海文艺出版集团.

［39］吕传廷，黎云，姚燕华，等，2012．广
　　州市战略规划实施评估的实践与探索
　　［M］//孙施文，桑劲．理想空间第54辑.
　　上海：同济大学出版社.

［40］马璇，郑德高，孙娟，等，2017．真
　　评估与假评估：总规改革背景下的总
　　规评估探索和思考［J］．城市规划学刊
　　（Z2）：149-154.

［41］毛蒋兴，闫小培，李志刚，周素红，
　　2008．深圳城市规划对土地利用的调控
　　效能［J］．地理学报（3）：311-320.

［42］毛润泽，何建民，2010.上海迪士尼乐园
　　多重效应的问题与对策研究［J］．华东
　　经济管理（10）：1-5.

［43］希尔，休普，2011.执行公共政策［M］.
　　黄建荣，等，译．北京：商务印书馆.

［44］欧阳鹏，2008．公共政策视角下城市规
　　划评估模式与方法初探［J］．城市规划
　　（12）：22-28.

［45］欧阳鹏，陈姗姗，李世庆，2012.对完
　　善城市总体规划评估工作的思考与建议
　　［M］//孙施文，桑劲．理想空间第54辑.
　　上海：同济大学出版社.

［46］HALL P，2009.明日之城：一部关于20
　　世纪城市规划与设计的思想史［M］．童
　　明，译．上海：同济大学出版社.

［47］濮卫民，郭云，2013．打造一体化的
　　国际旅游"绿心"：浦东迪士尼项目周
　　边地区规划研究［J］．城市规划学刊
　　（z2）：169-174.

［48］蒲向军，2005.城市总体规划实施研究：

以天津市为例［D］．武汉：武汉大学．

［49］桑劲，2013．基于多元回归模型的规划实施评价方法研究［J］．规划师（10）：79-85．

［50］桑劲，2013.控制性详细规划实施结果评价框架探索：以上海市某社区控制性详细规划实施评价为例［J］．城市规划学刊（4）：73-80．

［51］沈沉沉，2011.上海市环城绿带生态系统服务功能评价及其价值评估［D］．上海：华东师范大学．

［52］盛鸣，2010．从规划编制到政策设计：深圳市基本生态控制线的实证研究与思考［J］．城市规划学刊（z1）：48-53．

［53］上海市《迈向21世纪的上海》课题领导小组，1995．迈向21世纪的上海：1996—2010上海经济社会发展战略研究［M］．上海：上海人民出版社．

［54］本刊编辑，2002．上海：实施环城绿带管理办法［J］．领导决策信息，18（5）：17．

［55］上海市宝山区史志编纂委员会，2009.上海市宝山区志（1988—2005）［M］．北京：方志出版社．

［56］上海市城市规划设计研究院，2008．循迹启新：上海城市规划演进［M］．上海：同济大学出版社．

［57］上海市人民政府经济研究中心，1995.21世纪上海环城绿带建设研究［M］//上海市《迈向21世纪的上海》课题领导小组．迈向21世纪的上海：1996—2010上海经济社会发展战略研究．上海：上海人民出版社．

［58］上海市园林管理计划处，1995.上海市城市园林绿化"九五"计划和2010年规划［J］．上海建设科技（6）：27-44．

［59］沈开艳，2011.上海迪士尼：让人欢喜让人忧［J］．检查风云（2）：58-59．

［60］史利江，王圣云，姚晓军，等，2012.1994—2006上海市土地利用时空变化特征及驱动力分析［J］．长江流域资源与环境，12（12）：1468-1479．

［61］宋彦，江志勇，杨晓春，等，2010.北美城市规划评估实践经验及启示［J］．规划师（3）：5-9．

［62］上海市规划和国土资源管理局，上海市城市规划设计研究院，2012．转型上海，规划战略［M］．上海：同济大学出版社．

［63］孙平，1999.上海市城市规划志［M］．上海：上海社会科学院出版社．

［64］孙施文，2012．关于城市规划实施评价及其研究［M］//孙施文，桑劲．理想空间第54辑．上海：同济大学出版社．

［65］孙施文，2015．基于城市建设状况的总体规划实施评价及其方法［J］．城市规划学刊（3）：9-14．

［66］孙施文，2016.基于绩效的总体规划实施评价及其方法［J］．城市规划学刊（1）：22-27．

［67］孙施文，周宇，2003．城市规划实施评价的理论与方法［J］．城市规划汇刊（2）：15-20．

［68］孙瑶，马航，邵亦文，2014.走出社区对基本生态控制线的"邻避"困局：以深圳市基本生态控制线实施为例［J］．城市发展研究（11）：11-15．

［69］汤海孺，2012．杭州市城市总体规划实

施评估的实践［M］//孙施文，桑劲．理想空间第54辑．上海：同济大学出版社．

［70］唐子来，顾姝，2015．上海市中心城区公共绿地分布的社会绩效评价：从地域公平到社会公平［J］．城市规划学刊（2）：48-56．

［71］田莉，吕传廷，沈体雁，2008．城市总体规划实施评价的理论与实证研究：以广州市总体规划（2001—2010年）为例［J］．城市规划学刊（5）：90-96．

［72］汪昭兵，杨永春，2009．城市总体规划对多组团城市物质空间安排的实施效果分析：以兰州市为例［J］．现代城市研究（8）：38-44．

［73］吴江，王选华，2013．西方规划评估：理论演化与方法借鉴［J］．城市规划（1）：90-96．

［74］韦东，1998．构筑上海城市外围的绿色走廊：外环线绿化带规划简介［J］．上海建设科技（4）：3-6．

［75］汪军，陈曦，2011．西方规划评估机制的概述：基本概念、内容、方法演变以及对中国的启示［J］．国际城市规划（6）：78-83．

［76］文慧，1994．上海召开城市规划工作会议，黄菊要求在更新更高的基点上完善城市总体规划［J］．城市规划通讯（21）：3-6．

［77］闻美英，1985．上海市园林绿化系统规划的探索［J］．城市规划（1）：21-24．

［78］文萍，吕斌，赵鹏军，2014．北京城市"绿隔"的绩效评价［C］//中国城市规划年会论文集（光盘版）．北京：中国城市规划学会．

［79］温旭丽，2002．公路网规划后评价方法研究［D］．南京：东南大学．

［80］吴国强，2001．上海城市环城绿带规划开发理念初探［J］．城市规划（4）：74-75．

［81］吴琳，徐亚军，2012．浙江省兰溪市域总体规划实施评估［M］//孙施文，桑劲．理想空间第54辑．上海：同济大学出版社．

［82］吴为廉，葛春霞，2002．森林走进城市，城市呼唤森林：以共青森林公园为基准，构筑上海现代森林城的战略策划［J］．规划师，18（4）：42-46．

［83］向前忠，2002．公路网规划后评价方法及其应用研究［D］．西安：长安大学．

［84］肖强华，1996．上海环城绿带动工建设［J］．园林（1）:44．

［85］谢欣梅，2008．绿隔十年谈：记朝阳区绿隔实施情况调研［J］．北京规划建设（5）：112-115．

［86］欣晨，1995．泰和新城荣获1996年最受欢迎微利房金奖，厦门大洋实业有限公司创淡季销售新高［J］．上海建设科技（5）：31．

［87］徐全勇，沈飞，2001．三村合并：浦东新区环东中心村的形成模式［J］．小城镇建设（2）：49．

［88］杨小鹏，2009．北京市区绿化隔离地区政策回顾与实施问题［J］．城市与区域规划研究，2（1）：171-183．

［89］姚凯，2007．上海城市总体规划的发展及其演化进程［J］．城市规划学刊（1）：101-106．

［90］叶贵勋，熊鲁霞，2002．上海市城市总体规划编制［J］．城市规划汇刊（4）：1-4．

［91］袁念琪，2012．巨变：上海城市重大工程建设实录（绿化建设与管理）［M］．上海：上海文艺出版集团．

［92］袁也，2016．城市规划评价的类型与基本范畴：文献评述及相关思考［J］．城市规划学刊（6）：38-44．

［93］张桂莲，2016．上海市森林生态服务价值评估与分析［J］．中国城市林业（6）：33-38．

［94］张凯旋，2010．上海环城林带群落生态学与生态效益及景观美学评价研究［D］．上海：华东师范大学．

［95］张凯旋，车生泉，马少初，等，2011．城市化进程中上海植被的多样性、空间格局和动态响应（Ⅵ）：上海外环林带群落多样性与结构特征［J］．华东师范大学学报（自然科学版）（4）：1-14．

［96］张浪，2007．特大型城市绿地系统布局结构及其构建研究：以上海为例［D］．南京：南京林业大学．

［97］张浪，李静，傅莉，2009．城市绿地系统布局结构进化特征及趋势研究：以上海为例［J］．城市规划（3）：32-36．

［98］张林，2014．生态控制线的划定对深圳上岭排社区不同利益群体的影响研究［J］．房地产期刊（12）：237．

［99］张尚武，汪劲柏，程大鸣，2018．新时期城市总体规划实施评估的框架与方法：以武汉市城市总体规划（2010—2020年）实施评估为例［J］．城市规划学刊（3）：33-39．

［100］张尚武，晏龙旭，王德，等，2015．上海大都市地区空间结构优化的政策路径探析：基于人口分布情景的分析方法［J］．城市规划学刊（6）：12-19．

［101］张式煜，2002．上海城市绿地系统规划［J］．城市规划汇刊（6）：13-16．

［102］张振国，李雪丽，陶婷芳，2013．迪士尼项目对上海服务业发展的影响研究［J］．现代管理科学（8）：30-32．

［103］赵民，汪军，刘锋，2013．关于城市总体规划实施评估的体系建构：以蚌埠市城市总体规划实施评估为例［J］．上海城市规划（3）：18-22．

［104］赵毅，郑俊，邬弋军，2012．江阴市城市总体规划实施评估研究［M］//孙施文，桑劲．理想空间第54辑．上海：同济大学出版社．

［105］郑中霖，2006．基于CITYgreen模型的城市森林生态效益评价研究［D］．上海：上海师范大学．

［106］周国艳，2010．纳撕尼尔·利奇菲尔德及其社会影响规划评价理论［J］．城市规划（8）：79-83．

［107］周国艳，2012．西方城市规划有效性评价的理论范式及其演进［J］．城市规划（11）：58-66．

［108］周国艳，2013．城市规划评价及方法：欧洲理论家与中国学者的前沿性研究［M］．南京：东南大学出版社．

［109］周珂慧，蒋劲松，2013．西方城市规划评价的研究述评［J］．城市规划学刊（1）：104-109．

［110］周伟，向前忠，2004．公路网规划后评价的理论与方法研究［C］//第八届国际交通新技术应用大会论文集，北京：中国交通部科学研究院：738-734．

［111］周伟，向前忠，2003．陕西省干线公

路网发展规划后评价研究 [J]. 交通
运输系统工程与信息，3（2）：88-93.

[112] 朱丽娜，2015.城市综合交通规划实施
评价研究 [J]. 交通与港航，6（4）：
42-45.

[113] 邹兵，2003. 探索城市总体规划的实
施机制：深圳市城市总体规划检讨与
对策 [J]. 城市规划汇刊（2）：21-27.

政策法规文献：

[1] 上海市人民政府，2001. 上海市城市总
体规划（1999—2020）说明书 [R].

[2] 上海市人民政府，2001. 上海市城市总
体规划（1999—2020）图集 [R].

[3] 国务院，2001. 国务院关于上海市城市
总体规划方案的批复（国函 [2001]48
号）[Z].

[4] 上海市城市规划设计研究院，2008. 上
海市城市总体规划（1999—2020）实施
评估 [R].

[5] 上海市城市规划设计研究院，2010. 上
海市基本生态网络结构规划 [R].

[6] 普陀区规划管理局，上海市城市规划设
计研究院，2005. 普陀区生态专项建设
工程规划 [R].

[7] 徐汇区规划管理局，上海市城市规划设
计研究院，2006. 徐汇区生态专项建设
工程规划 [R].

[8] 闵行区规划管理局，上海市城市规划设
计研究院，2006. 闵行区生态专项建设
工程规划 [R].

[9] 长宁区规划管理局，上海市城市规划设
计研究院，2006. 长宁区生态专项建设

工程规划 [R].

[10] 宝山区规划管理局，上海市城市规划设
计研究院，2006. 宝山区生态专项建设
工程规划 [R].

[11] 浦东新区规划管理局，上海市城市规
划设计研究院，2007. 浦东新区生态专
项建设工程规划 [R].

[12] 上海市规划管理局，上海市绿化市容
局，上海市城市规划设计院，2007. 上
海市生态专项建设工程规划建设指导性
意见与控制性图则 [R].

[13] 上海市建设委员会，1995. 关于外环线
环城绿带工程规划控制和梳理项目用地
的紧急通知 [Z].

[14] 上海市人民政府，2002. 关于促进本市
林业建设若干意见（沪府（2002）87号）
[Z].

[15] 上海市人大常委会，2000. 上海市植树
造林绿化管理条例 [Z].

[16] 上海市人民政府，2002. 上海市环城绿
带管理办法 [Z].

[17] 上海市绿化和市容管理局，上海市规划
和国土资源管理局，2012. 环城绿带工
程设计规范：DG/TJ08-2112-2012 [S].

[18] 上海同济城市规划设计研究院，上海市
宝山区规划设计研究院，2007. 宝山新
城规划（2006—2020）[R].

[19] 上海市城市规划设计研究院，2005.
宝山区区域总体规划（2005—2020）
[R].

[20] 闵行区规划规划局，上海市城市规划设
计研究院，2007. 闵行新城总体规划
（2006—2020）[R].

[21] 上海市浦东新区人民政府。2009. 上海

市浦东区（县）人民政府征收土地方案
公告（沪（浦）征告［2009］第29号）
［Z］.

［22］关于上海市国民经济和社会发展第十
个五年计划纲要（草案）的报告［Z/OL］.
［2004-5-18］. http：//www.shanghai.
gov.cn/nw2/nw2314/nw24651/nw13097/
nw13101/u21aw84237.html.

［23］上海市人民政府办公厅，2001. 关于上
海市农村集体土地使用权流转试点意见
（沪府办（2001）54号）［Z］.

［24］上海市营都城市规划设计有限公司，
2007. 上海市徐汇区外环生态专项建设
工程详细规划［R］.

［25］上海市城市规划管理局办公室，2007.
关于《徐汇区生态专项建设工程详细
规划》的批复（沪规划［2007］1212）
［Z］.

［26］韩正，2006. 关于上海市国民经济和社
会发展第十一个五年规划纲要（草案）
的报告——2006年1月15日在上海市第
十二届人民代表大会第四次会议的发言
［Z］.

［27］上海市人民政府，2003. 关于印发《上
海市被征用农民集体所有土地农业人员
就业和社会保障管理办法》的通知（沪
府发［2003]66号）［Z］.

［28］贾虎. 上海环城绿带建设的实践和启示
［R/OL］.［2012-12-03］. http：//www.
doc88.com/p-701895730845.html.

［29］上海市浦东新区人民政府，2007. 关于

同意《社会主义新农村浦东新区张江合
庆及环东中心村先行试点区规划》的批
复（浦府［2007]0168号）［Z］.

［30］上海市人民政府办公厅，2012. 关于同
意《浦东新区高东集镇（Y00-0602）控
制性详细规划5、9a、12、23、24街坊
局部调整（实施深化）》的批复（沪府
规［2012]222号）［Z］.

［31］上海市规划和土地管理局，宝山区人民
政府，2008. 宝山区泰和结构绿地控制
性详细规划［R］.

报刊媒体文献①：

［1］树主角意识，创绿色新绩：上海园林绿
化新三年大变样的几点思考［N］. 城
市导报，1998-04-04（1）.

［2］向绿色长城挺近［N］. 城市导报，
1998-05-12（5）.

［3］森林引入上海市区，万株大树年内扎根
［N］. 文汇报，1998-05-21（1）.

［4］申城绿化：点线面环齐头并进，明后
两年发展步子更大［N］. 解放日报，
1998-06-15（5）.

［5］"金厦""银都""城区""蓝带""绿洲"
申城出现五大功能区［N］. 城市导报，
1998-08-04（1）.

［6］闵行、长宁、嘉定、普陀四区立下"军
令状"廿二公里环城绿带年内建成［N］.
解放日报，1998-08-22（1）.

［7］本市闵行等区立下军令状，年内建成环

① 由于部分报纸中的析出文献年代略久，作者难以考证，故此部分参考文献采用顺序编码
制。——编者注

城绿带［N］. 文汇报, 1998-08-24（2）.

[8] 多方努力, 各施巧计, 上海环城绿带一期工程百日内将完成［N］. 城市导报, 1998-08-25（1）.

[9] 全长97公里, 面积7241公顷, 上海环城绿带开始展露迷人身姿［N］. 文汇报, 1998-09-05（5）.

[10] 今年绿化任务有望超额完成, 市人大代表视察本市绿化工作［N］. 上海环境报, 1998-10-22(1).

[11] 建大片绿地, 织环城绿带, 移大树进城, 筑园林景观, 上海"绿肺"日长夜大［N］. 文汇报, 1998-10-22（1）.

[12] 今年建环城林带一百二十公顷［N］. 解放日报, 1999-01-15（3）.

[13] "绿色项链"绕申, 环城绿带一期工程全面完成［N］. 文汇报, 1999-01-15（5）.

[14] 热土延伸, 绿色长城 99环城绿带战役打响［N］. 城市导报, 1999-01-06（2）.

[15] 上海环城绿带建设引入市场机制［N］. 文汇报, 1999-02-11（5）.

[16] 项目实行全过程招投标, 环城绿带建设启动［N］. 解放日报, 1999-02-11（4）.

[17] 上海绘就下世纪初可持续发展蓝图［N］. 文汇报, 1999-03-01（2）.

[18] 市绿化工作会议提出"环、楔、廊、园", 全面推进城乡联动植树绿化［N］. 解放日报, 1999-02-27（1）.

[19] 外环绿带引来野生灵［N］. 青年报, 1999-03-05（3）.

[20] 外环线绿带引来数千候鸟, 小生灵频繁出入人工森林［N］. 城市导报, 1999-03-18（2）.

[21] 徐汇区将新辟绿地30万平方米, 人均绿地逾8平方米［N］. 解放日报, 1999-03-22（2）.

[22] 葱葱嘉木海上生, 郁郁绿带拥申城:"世界森林日"踏访人造森林［N］. 文汇报, 1999-03-22（5）.

[23] 应重视外环线经济林带建设［N］. 文汇报, 1999-03-22（9）.

[24] 环城绿带将进行生态造林试点, 自然森林环护大都市［N］. 新民晚报, 1999-05-06（2）.

[25] 中日合作开展生态造林研究试点［N］. 文汇报, 1999-05-07（6）.

[26] 环城绿带引起日本同行关注［N］. 城市导报, 1999-05-11（2）.

[27] 环城绿带生态造林［N］. 解放日报, 1999-05-12（3）.

[28] "绿色项链"绕申城, 环城绿带一期工程全面完成［N］. 解放日报, 1999-07-07（6）.

[29] 上海绿化成绩显著[N]. 解放日报, 1999-07-15（2）.

[30] 环城绿带建设向自然贴近［N］. 劳动报, 1999-08-09（1）.

[31] "绿色项链"绕申城, 环城绿带建设贴近大自然［N］. 新民晚报, 1999-08-18（3）.

[32] 环城绿带何时结"瓜"［N］. 城市导报, 1999-09-02（2）.

[33] 绿色的长征［N］. 文汇报, 1999-09-17（9）.

[34] 本市确定今年绿化建设目标, 申城绿意更浓郁［N］. 新民晚报, 2000-01-25（2）.

[35] 走在绿色的长城上［N］. 城市导报,

2000-02-19（4）.

［36］环城绿带二期工程启动［N］. 解放日报，2000-02-26（3）.

［37］垃圾山披上绿装，外环线嘉定区绿化景观喜获金银奖［N］. 新民晚报，2000-03-01（3）.

［38］上海将让八百万公顷土地披绿［N］. 解放日报，2000-03-08（3）.

［39］市郊大地植树护绿忙［N］. 解放日报，2000-03-10（3）.

［40］2000：上海绿色行动［N］. 新闻晨报，2000-03-10（1）.

［41］2000年上海绿色大行动［N］. 无锡日报，2000-03-13（4）.

［42］城市与自然共存，申城今年启动19块大型绿地建设［N］. 新民晚报，2000-04-25（5）.

［43］申城"大手笔"铺绿［N］. 解放日报，2000-05-29（4）.

［44］"绿线"无奈走弯路：来自环城绿带的报告之一［N］. 新民晚报，2000-07-15（5）.

［45］"绿色项链"显出生态景：来自外环线环城绿带报告之二［N］. 新民晚报，2000-07-22（5）.

［46］走进绿色，和谐共存：访市绿化管理局局长胡运骅［N］. 新民晚报，2000-08-02（4）.

［47］全国城市绿化市长座谈会在沪举行［N］. 解放日报，2000-08-08（4）.

［48］申城绿化蓝图：2005年市区人均绿地7平方米［N］. 解放日报，2000-11-10（4）.

［49］"规划绿线"保绿护绿，已建绿地内不

许建房再建新房边必须建绿［N］. 新民晚报，2000-11-29（6）.

［50］上海规定：已建绿地内不许建房［N］. 解放日报，2000-11-30（4）.

［51］苗圃数量猛增，绿化申城催生苗木生产业［N］. 解放日报，2001-03-08（4）.

［52］建设绿地，营造林带，破墙透绿，申城今年添绿手笔大［N］. 新民晚报，2001-01-04（4）.

［53］上海今年绿化覆盖率将上升至22%［N］. 解放日报，2001-01-05（5）.

［54］申城绿化覆盖率达23%，市区人均公共绿地面积将达5.2平方米［N］. 解放日报，2001-01-20（4）.

［55］上海五年内净增50万亩林地 未来的空气更新鲜［N］. 解放日报，2001-03-13（4）.

［56］水泥森林见缝播绿，上海叫绿化上快车［N］. 中国环境报，2001-03-17（3）.

［57］人造森林景观 迎海外嘉宾 外环绿化今起"扩容"［N］. 新民晚报，2001-03-17（4）.

［58］绿绕沪江生态美，都市引得珍禽来，七种珍稀小鸟首度"定居"上海［N］. 中国环境报，2001-04-11（2）.

［59］"上海—横滨"友好生态林开建［N］. 解放日报，2001-04-16（4）.

［60］科技为绿化加油 环城绿带尝试生态造林方法［N］. 新民晚报，2001-04-18（4）.

［61］百鸟鸣啭，花草争艳，小兽出没，外环绿带已成生态课堂［N］. 新民晚报，2001-04-29（4）.

［62］上海四周"环城绿带"镶边 郊区将成

天然氧吧〔N〕. 上海青年报, 2001-06-25.

〔63〕上海市环城绿带外拓 100米到500米〔N〕. 解放日报, 2001-07-06.

〔64〕市郊绿化造林遭遇困难, 专家建议走产业化道路〔N〕. 新民晚报, 2001-09-17（5）.

〔65〕新一轮绿化规划年末出台, 至2010年上海绿化覆盖率将达40%〔N〕. 新闻晚报, 2001-11-14（4）.

〔66〕城市森林, 绿透申城〔N〕. 新民晚报, 2002-02-26（5）.

〔67〕挥就四大手笔, 构建"林中上海、绿色上海"〔N〕. 解放日报, 2002-03-14（4）.

〔68〕"绿项链"有了法规"保护神"〔N〕. 新民晚报, 2002-05-23（4）.

〔69〕绿化带带来野生动物, 然而, 罪恶的捕杀也跟踪而至: 住手, 外环绿带捕猎者〔N〕. 新民晚报, 2002-06-23（4）.

〔70〕让野生动物安心居住, 本市有关部门今天清晨检查外环绿带〔N〕. 新民晚报, 2002-07-04（5）.

〔71〕未来5年上海将建成国家园林城市〔N〕. 人民日报, 2002-05-24.

〔72〕上海最大跨世纪生态工程 绿带绕申城〔N〕. 解放日报, 2002-10-25.

〔73〕"绿色项链"绕城挂 环城绿带百米林带年内建成〔N〕. 新民晚报, 2002-10-28（4）.

〔74〕"百万市民百万树"今启动〔N〕. 新民晚报, 2002-11-06.

〔75〕上海明年建成国家园林城市, 百万市民栽百万棵树, 环城四百米宽绿带建设启动, 韩正出席仪式并参加义务植树

〔N〕. 解放日报, 2002-11-30.

〔76〕上海400米环城绿带建设今拉开序幕〔N〕. 东方网, 2002-11-30.

〔77〕上海外环线将建400米宽绿带, 全民义务植树展开〔N〕. 新华网, 2002-11-30.

〔78〕亲近森林不再遥远: 2600公顷森林环带建设启动〔N〕. 解放日报, 2002-12-06（5）.

〔79〕环城绿带"租地备苗"〔N〕. 青年报, 2003-03-11.

〔80〕绿地预存树种适时移回小区〔N〕. 青年报, 2003-03-11.

〔81〕城市环境改善, 申城花园洋房浓绿惹来鸟蛇蛙鹭〔N〕. 青年报, 2003-03-26.

〔82〕申城打通郊区绿色"输氧通道"〔N〕. 青年报, 2003-04-21.

〔83〕外环线400米绿带一期工程进展顺利〔N〕. 园林在线, 2003-06-02.

〔84〕上海"都市森林"初具雏形 松鼠刺猬频现绿带〔N〕. 新闻晚报, 2003-06-06.

〔85〕市府"一号工程"外环绿带提前半年完成年度建设计划〔N〕. 解放日报, 2003-07-10.

〔86〕上海今年将全面达到国家园林城市标准, 10年绿化人均9平方米, 申城奏响"绿色交响曲"〔N〕. 文汇报, 2003-09-24.

〔87〕申城环城绿带建设加速9个月完成年计划125%〔N〕. 上海市政府网站, 2003-10-12.

〔88〕上海走近国家园林城市〔N〕. 华东新闻, 2003-10-24.

〔89〕建设部考察组在上海评估创建国家园林城市工作〔N〕. 文汇报, 2003-10-31.

〔90〕上海, 老工业基地撑起"绿伞"〔N〕.

华东新闻，2003-10-31.

［91］上海外环林带里有金色池塘［N］. 新华网，2003-11-14.

［92］上海昨日成为国家园林城市［N］. 东方早报，2004-1-14.

［93］上海被授予"国家园林城市"称号［N］. 新华网，2004-02-03.

［94］韩正主持市政府常务会议，研究整治环城绿带违法建设等工作［N］. 上海市政府网站，2004-03-22.

［95］三月底前拆除外环线绿带违章建筑的各项措施［N］. 上海市政府网站，2004-03-23.

［96］本市拆除外环线环城绿带违章建筑工作开始执行［N］. 上海市政府网站，2004-04-09.

［97］外环绿带违法建筑项目拆除工作全面启动［N］. 上海市政府网站，2004-05-31.

［98］市绿化局就环城绿带绿线调整等工作开展调研［N］. 上海市政府网站，2004-06-23.

［99］外环绿带违章建筑两月拆除5.5万平米［N］. 东方网，2004-07-15.

［100］上海人的绿色生活［N］. 新民晚报，2005-01-10.

［101］在上海外围撑起"绿伞"的人们［N］. 主人，2005-04-20.

［102］宝山区政府投亿元消除外环绿带内两污染源［N］. 中国国际招标网，2005-07-25.

［103］上海环城绿带将全面受控"千里眼"监控人为野火［N］. 国际在线，2005-08-17.

［104］500米厚绿带助外环降噪［N］. 新闻晚报，2006-11-21.

［105］环城绿带建设效益后评估课题年终总结会日前召开［N］. 上海市政府网站，2010-12-19.

［106］闵行立足便民利民，外环爱鸟角又添新设施［N］. 上海市政府网站，2011-01-24.

［107］环城绿带进一步完善外环生态专项建设政策体系深化研究课题［N］. 上海市政府网站，2011-08-20.

［108］市绿化局反馈主题:绿化借地补偿标准、生态公益林种植［N］. 东方城市报，2012-01-10（A4）.

［109］上海环城绿带初具雏形，全长98公里，总面积3000公顷［N］. 新民晚报，2012-01-18.

［110］环城绿带初具雏形，将沿外环线建设郊野公园［N］. 新民晚报，2012-01-18.

［111］申城今年将再增千顷绿地［N］. 新闻晨报，2012-01-20.

［112］今挥锹植绿明荫庇子孙　俞正声韩正等到环城绿带植树［N］. 上海市政府网站，2012-03-16.

［113］申城"绿带长城"现雏形，"十二五"期末建成滨江森林公园二期成点睛之笔［N］. 新闻晨报，2012-02-10.

［114］俞正声、韩正、刘云耕、冯国勤、殷一璀等昨赴长宁林带植树［N］. 解放日报，2012-03-17.

［115］上海环城绿带初具雏形，每年"生态价值"8.99亿元［N］. 新民晚报，2012-03-26.

［116］申城"绿项链"将成郊游乐园［N］.
　　　新闻晚报，2012-03-26.

［117］市民如何体验8.99亿元"生态价值"
　　　［N］.新民晚报，2012-03-26（A3）.

［118］外环生态专项推进暨2012年立功竞赛
　　　动员会日前召开［N］.上海市政府网
　　　站，2012-04-18.

［119］赏绿带浓浓绿意，听林中莺声燕语：
　　　《青年报》走访环城绿带开展系列报道
　　　［N］.青年报，2012-04-24.

［120］绿带很养眼，绿廊更亲民［N］.新民
　　　晚报，2012-07-07.

［121］绿树绿化绿长藤，绕田绕水绕申城
　　　［N］.新民晚报，2012-10-18.

［122］上海公共绿地：人均13平方米，绿
　　　化和森林覆盖率分别达38.15%和
　　　12.58%，全市拥有公园156座［N］.
　　　解放日报，2012-10-23.

［123］市民信步绿荫中，探访上海生态城市
　　　建设专项环城绿带［N］.上海市政府
　　　网站，2012-12-27.

［124］外环线环城绿带长藤结瓜，闵行文化
　　　公园完美呈现［N］.劳动报，2013-
　　　04-21.

［125］"爱鸟角"成环城绿带一道亮丽的风景
　　　线［N］.上海市政府网站，2014-11-25.

［126］环城绿带隐藏历史遗迹　韩世忠虞姬
　　　各有故事流传［N］.劳动报，2014-
　　　12-16.

［127］上海市首个绿道规划：《上海外环林
　　　带绿道建设实施规划》方案正式结题
　　　［N］.上海市绿化市容局网站，2015-
　　　01-07.

［128］外环林带拟建百余公里绿道　计划
　　　2020年前建成［N］.解放网，2015-
　　　01-15.

［129］花开不止梅园有，环城绿带暗香来
　　　［N］.上海市政府网站，2015-02-28.

［130］春风舞绿带美哉大上海，建成近百公
　　　里外环林带，2020年之前将再建设120
　　　公里绿道［N］.中国环境报，2015-
　　　03-23.

［131］净增公共绿地逐年减少外环封闭林带
　　　逐步开放，外环林带莘庄段10月底竣
　　　工开放［N］.新民晚报，2015-05-03.

［132］环城绿带"千米花道"10周岁了［N］.
　　　上海市政府网站，2015-04-05.

［133］借问花海何处有，且向环城绿带行
　　　［N］.新民晚报，2015-04-10.

［134］市委、市政府督查室联合督查外环生
　　　态专项工程普陀段［N］.中国日报，
　　　2015-06-26.

［135］"环城绿带森林行"招募500名市民参
　　　与，体验森林健康之旅［N］.新民晚
　　　报，2015-09-10.

［136］环城绿带100米绿带生态景观及功能提
　　　升试点改造工程近日获批［N］.上海
　　　市政府网站，2015-09-08.

［137］申城首份绿道规划出炉，外环林带
　　　内将建120公里绿道［N］.解放网，
　　　2015-09-22.

［138］上海2020年前将建成120公里外环林带
　　　绿道［N］.青年报，2015-09-23.

［139］沧海桑田六十年：上海城乡建设发展
　　　回眸［N］.中国建设报，2019-10-24.

后　记

　　本书在作者博士论文的基础上修改而成，由于时间仓促，不足之处在所难免，如果您愿意成为本书的读者，还请谅解并赐教。

　　感谢我在同济大学读书时的导师孙施文教授，从最初的研究选题，到中间的研究推进，再到最后的论文"出炉"，无不浸透着孙老师的关怀与启迪。尤其是在本书主体框架形成的过程中，孙老师给予了非常中肯的意见，这让我真正明白了如何去撰写一篇论文，而不是去拼凑一篇论文。

　　感谢在论文推进期间给予我帮助的各位前辈、学长和同学。感谢赵民教授给予机会让我参与了实施评估的实践项目，感谢张立博士和汪军博士在项目过程中给予我的中肯建议。感谢论文开题时侯丽教授、耿慧志教授和杨帆教授所提出的问题与建议。感谢论文初期给予我生态规划资料的王伟学长，给予我上海市规划实施评估资料的刘培锐，给予我上海总体规划资料的胡斌，以及给予我韩国绿化带规划实施资料的陶诗琦。感谢中规院林永新师兄在某次讨论上给予的启发。感谢论文调查之初上海市规土局高岳同志和宝山区规土局张雯副局长提供的资料和线索。尤其要感谢同门郭淳彬的帮助，不但帮我找到了很多重要资料，还数次与我讨论，令我收获颇丰。

　　感谢博士论文盲审的两位评阅老师，我在写作中的各种不足、疏忽、错误，均在两位老师的批评中得到了全面的反映，我也借此重新审视了自己。感谢博士论文答辩委员会的孙斌栋教授、张尚武教授、耿慧志教授、黄健中教授、王新哲副院长和杨辰副教授对论文提出的问题与建议。同时，感谢师门兄弟姐妹们多年来的关心与启迪，感谢写作期间相互勉励的各位博士生同学。

　　感谢自我进入西南交通大学工作以来的各位领导和同事。尤其是在本书出版的过程中，得到了沈中伟院长、支锦亦副院长和于洋教授等学院领导的大力支持。感谢各位同事的相互勉励与信息互通。感谢J.Odgaard教授和周斯翔老师组织的"英文论文写作工坊"，正是借助该活动的准备工作，我进一步厘清了本书所要回答的基本问题。感谢中国建筑工业出版社王晓迪编辑在本书出版过程中的给予的帮助和建议。另外，还要感谢西南交通大学中央高校基本科研业务费（项目编号：2682019CX54）的支持，使得本书出版的一些前期工作得以开展。

　　最后，感谢父母对我选择读博这一道路的支持，感谢妻子周颖萍在这一漫长过程中的照顾，也感谢家人和亲朋好友们的理解。

2019年8月于成都